"十二五"职业教育国家规划立项教材

视频设备应用与维修

SHIPIN SHEBEI YINGYONG YU WEIXIU

主　编◎王　徽

副主编◎李道军

参　编◎魏　兴

语文出版社
·北京·

图书在版编目（CIP）数据

视频设备应用与维修/王徽主编．—北京：语文
出版社，2016.5
ISBN 978-7-80241-913-1

Ⅰ．①视…　Ⅱ．①王…　Ⅲ．①视频设备—维修　Ⅳ．
①TN948.57

中国版本图书馆 CIP 数据核字（2016）第 044732 号

责任编辑	张程
封面设计	北京宣是国际文化传播有限公司
出　版	语文出版社
地　址	北京市东城区朝阳门内南小街 51 号 100010
电子信箱	ywcbsywp@163.com
排　版	天利排版
印刷装订	北京艾普海德印刷有限公司
发　行	语文出版社　新华书店经销
规　格	787mm×1092mm
开　本	1/16
印　张	17.25
字　数	404 千字
版　次	2016 年 9 月第 1 版
印　次	2016 年 9 月第 1 次印刷
印　数	1—3,000 册
定　价	36.00 元

010－65253954（咨询）010－65251033（购书）010－65250075（印装质量）

电子电器应用与维修专业

前言

　　本书是根据教育部最新颁布的《中等职业学校专业教学标准（试行）》中《视频设备应用与维修》的教学大纲，同时根据家用电器产品维修工、家用电子产品维修工、电子设备装接工的职业标准，根据规划教材和双证书教材开发的技术规范编写而成。

　　视频技术就是多媒体信息的采集、编辑、存储、传输以及显示的方法和技术，在计算机技术、多媒体技术、网络技术的发展推动下应用广泛于通信、教育、医学、监控、科学研究、影视娱乐等领域。目前，视频技术正经历着从模拟到数字化的进程。

　　本书主要介绍了视频技术的基础知识及各种视频设备的维修方法。在内容上，力求简洁明了，深入浅出讲述各个视频系统的基础知识及设备故障维修方法，并增强实践环节，充分体现任务驱动、项目导向的设计思路。每个项目下细化成多个任务，并辅以能力训练和任务考核，以保证任务的完成和项目的落实。同时，每个项目增加了新产品、新工艺、新知识、新技术、新技能等"5新"内容。

　　本书共分5个项目。项目一是视频技术基础理论认知，为本书的基础理论部分，主要介绍了视频技术基础知识、视/音频信号压缩编码技术、视频信号的处理技术、常用的视频显示技术等知识，为视频应用部分的学习打下理论基础；项目二至项目五是视频设备维修的技能培养部分，主要介绍了模拟电视、数字电视系统、摄像机和录像机。项目二是模拟电视原理与维修，讲述了不同电视制式的原理及信号处理过程，通过大量的能力训练详细地讲解了电视接收机的原理及应用。项目三是数字电视原理与维修，介绍了数字电视传输技术与标准，并分析多种数字电视接收机原理，全面系统地介绍了数字机顶盒及条件接收技术。项目四是摄像机原理与维修，介绍了摄像机的工作原理、内部结构、故障维修及维护等相关知识。项目五是录像机原理与维修，介绍了录像机的工作原理、内部结构、故障维修等相关知识。

　　本书内容全面，实用性强，重视知识、技能及综合能力的全面训练和提升，充分考虑中职教育理论知识讲明、够用为度、突出专业知识的实用性、实际性和实效性的特点。读者可根据各专业在使用本书时的学时情况或不同层次读者的需要而有所侧重。本书适合作为中职学校电子电器应用与维修以及信息技术类相关专业的教学用书，同时也可作为家电维修从业人员及专业爱好者阅读和参考。

　　本书由王徽任主编，并负责全书的统稿工作。其中，项目一由魏兴编写，项目二和项目四由王徽编写，项目三和项目五由李道军编写。

本书在编写过程中，参考了大量的著作、刊物和网站的文献资料，在此对这些文献的作者表示衷心的感谢。限于编者的学识和水平，书中难免存在不当和疏漏，还望同行和广大读者批评指正。

为了满足读者需求，提高教学服务水平，本书提供有配套的电子教学资源，可登录语文出版社官网 http：//www.ywcbs.com/下载。

编者

2016 年 4 月

目录

项目一

视频技术基础理论认知

项目描述

　　视频设备作为信息传播、媒体记录、检测监控的载体，与人们的生活息息相关。随着计算机技术的发展，日常生活中的视频设备日新月异，应用也更加广泛。从最早的视频设备 CRT 电视机，到现在的液晶电视、MP4、智能手机、车载导航、医疗仪器、智能监控，各种各样的视频设备在日常生活中变得不可或缺，为人们的工作学习带来便利。

　　小李同学是某中专电子电器应用与维修专业的学生，对视频设备非常感兴趣，但是他觉得视频设备太复杂，自己基础差，能力一般，难以学好。老师采用了一种实用性很强的教学方法——项目教学法，通过完成项目的各项任务对学习思考进行引领，使同学们在"做中学"，通过设备最终要求来熟悉原理与设计，通过动手操作来获取相关知识与技能。

学习目标

1. 知识目标

　　（1）学习视频技术的基础知识，认识大自然的光特性和彩色的形成、人的视觉特性以及最新的视频技术发展和应用。

　　（2）了解视音/频信号压缩编码的必要性，学习常用的视频信号压缩标准。

　　（3）学习数字视频信号处理的基础知识，认识视频信号、彩色电视信号、电视图像的数字化以及基本的图像编码技术和编码后的调制技术。

　　（4）学习常用的视频显示技术及设备，了解视频设备的发展。

2. 技能目标

　　掌握当前显示及调制设备视频信号的方法。

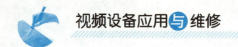

任务 1　视频基础知识

任务分析

通过视频系统的采样传输与复现，无论是模拟电视系统还是数字电视系统，都可以使人们感觉看到的电视图像与实际景物一致，为什么这个系统可以起到相同视觉的作用？人眼看到的光和色彩有什么关系？人眼有哪些视觉特性可以被视频技术所应用？人们看到的连续的视频是连续的图像吗？现代视频技术的应用和发展情况是怎样的？

任务准备

要回答这些问题，首先需要了解视频技术的基本概念，理解光与彩色的关系，认识人眼的视觉特性，了解视频技术的应用和发展。

必备知识

一、什么是视频技术？

随着信息媒介技术的发展和进步，人类通过视听觉途径获求信息的习惯不断强化，占据了人们获得外部信息最突出的位置。视频技术是集图像、声音、文字等为一体的综合性多媒体技术，包含了采集、压缩、传输和格式转换等各种技术，是一门技术性非常强的学科。

二、光与彩色

（一）光

光是一种客观存在的物质，兼有波动性和粒子性，以电磁波的形式传播。电磁波的波长范围很宽，按从长到短的排列依次为无线电波、红外线、可见光、紫外线、X射线和宇宙射线等。人眼对380～780nm不同波长的光有彩色感觉。随着波长的缩短和频率的升高，可见光依次为红、橙、黄、绿、青、蓝、紫。图1-1所示为可见光光谱。

当一束光的各种波长的能量大致相等时，无法给人眼以色彩的感觉，称为无色彩光线，俗称白光。太阳光是最常见的白光，太阳光可以分解出红、橙、黄、绿、青、蓝、紫7种不同波长的彩色光，如图1-2所示。

只包含一种波长的光称为单色光。日常看到的大多数光不是一种波长的光，而是由许多不同波长的光组合成的。每个波长的光均具有自身的强度。如果光源由单波长组成，就称为单色光源。

在近代照明技术中，按国际规定选用了如图1-3所示的5种标准白光源。

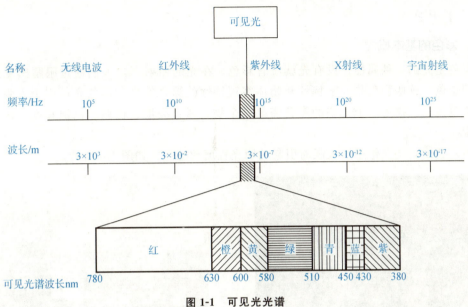

图 1-1　可见光光谱

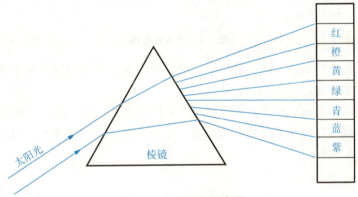

图 1-2　白光分解示意图

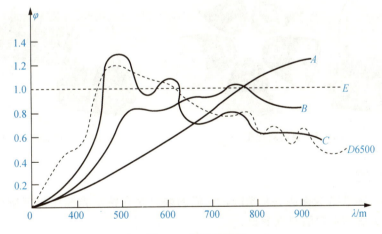

图 1-3　标准白光源

A—白光源；B—白光源；C—白光源；D—6500 白光源；
E—白光源（为方便计算而假想为等能光源）

（二）彩色

1. 彩色的基本概念

彩色是光的一种属性，没有光就没有彩色。在光的照射下，人们通过眼睛感觉到各种物体的彩色，这些彩色是人眼特性和物体客观特性的综合效果。彩色光作用于人眼，使之产生彩色视觉。描述一个完整的彩色需要三个物理量：亮度、色调、色饱和度，称为色彩三要素。

（1）亮度：是光作用于人眼时引起的明亮程度的感觉，如图 1-4 所示。

(a) 低亮度

(b) 高亮度

图 1-4　亮度对比图

（2）色调：指光的颜色。红、橙、黄、绿、青、蓝、紫等不同颜色分别表示不同的色调，是彩色的重要属性，如图 1-5 所示。

（3）色饱和度：又称色浓度，是指彩色所呈现的深浅程度。色饱和度越高，颜色越深，反之则越浅。色调与色饱和度又合称为色度，它既反映了颜色的类别，又反映了颜色的深浅程度，如图 1-6 所示。

图 1-5　色调对比图

饱和度低

饱和度高

图 1-6　色饱和度对比图

2. 景物的彩色

自然界的实际景物本身是不发光的，它们的颜色是在特定光源照射下所反射的一定光谱成分作用于人眼而引起的视觉效果。

景物呈现的颜色取决于两个条件：一是景物表面的光学属性，即它对不同波长的光的吸收、反射或透射的特性；另一个是光源的光谱成分，如蜜蜂在红色光下，它的腹部发出红色（见图1-7），激光二极管发红光是由于其光谱为780nm。

3. 三基色原理与混色

在彩色电视技术中，以红（R）、绿（G）、蓝（B）为三基色。用3种不同颜色的基色光按一定的比例混合，可以得到自然界中绝大多数的彩色，这一原理称为三基色原理。三基色原理是彩色电视实现的基础。

通过实验可以得出以下结论：

（1）选择3种基色，按不同比例相加混合可以引起几乎所有自然界的彩色感觉。

（2）三基色必须互相独立，电视技术中规定以红、绿、蓝为三基色，分别用R、G、B表示。

图1-7　蜜蜂的颜色

（3）混合色的亮度等于参与混色的基色的亮度总和。

（4）混合色的色度（包括色调和色饱和度）由三基色的比例决定。

利用3种基色按不同比例混合来获得彩色的方法就是混色法。混色法分相加混色和相减混色两种方法，混色效果如表1-1所示。

表1-1　混色效果表

相加混色效果	彩色分解效果
红＋绿＝黄	黄＝红＋绿
红＋蓝＝紫（也称品色）	紫＝红＋蓝
绿＋蓝＝青	青＝绿＋蓝

彩色电视技术中使用的是相加混色法。将红、绿、蓝3束光投影到白色屏幕上，调节它们的比例，可得到如图1-8所示的相加混色效果。

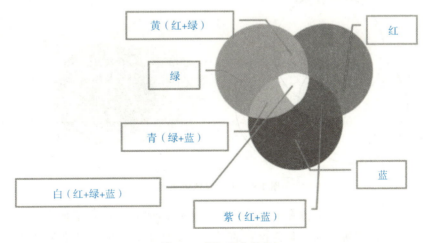

图1-8　相加混色效果

4. 彩色空间

彩色空间指彩色图像所使用的颜色描述方法，也称为彩色模型。在 PC 和多媒体系统中，表示图形和图像的颜色常常涉及不同的彩色空间，如 RGB 彩色空间、CMY 彩色空间、YUV 彩色空间等。

一个能发出光波的物体称为有源物体，它的颜色由该物体发出的光波决定，使用 RGB 相加混色模型；一个不发光波的物体称为无源物体，它的颜色由该物体吸收或者反射哪些光波决定，使用 CMY 相减混色模型。

（1）RGB 彩色空间。

计算机中的彩色图像一般都用 R、G、B 分量表示，彩色显示器通过发射出 3 种不同强度的电子束，使屏幕内侧覆盖的红、绿、蓝荧光材料发光而产生色彩。这种彩色的表示方法称为 RGB 彩色空间表示法，又称为 RGB 相加模型。彩色显示器的输入需要 R、G、B 彩色分量，通过 3 个分量的不同比例，在显示屏幕上可合成任意所需要的颜色。

（2）CMY 彩色空间。

彩色打印的纸张不能发射光线，它只能使用能够吸收特定的光波而反射其他光波的油墨或颜料来实现。用彩色墨水或颜料进行混合，这样得到的颜色称为相减色。从理论上说，任何一种颜色都可以用 3 种基本颜料按一定比例混合得到。这 3 种颜色是青色（Cyan）、品红（Magenta）和黄色（Yellow），通常写成 CMY，称为 CMY 模型。用这种方法产生的颜色之所以称为相减色，是因为它减少了为视觉系统识别颜色所需要的反射光。

在相减混色中，当三基色等量相减时得到黑色；等量黄色（Y）和品红（M）相减而青色（C）为 0 时，得到红色（R）；等量青色（C）和品红（M）相减而黄色（Y）为 0 时，得到蓝色（B）；等量黄色（Y）和青色（C）相减而品红（M）为 0 时，得到绿色（G）。这些三基色的相减结果如图 1-9 所示。

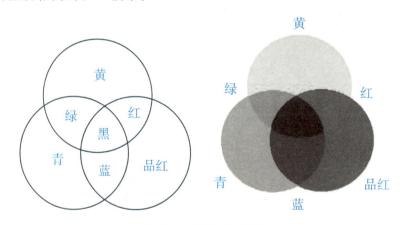

图 1-9 相减混色效果图

按每个像素每种颜色用 1 位表示，相减法产生的 8 种颜色如表 1-2 所示。由于彩色墨水和颜料的化学特性，用等量的三基色得到的黑色不是真正的黑色，因此在印刷术中常加入一种真正的黑色（black ink），所以 CMY 又写成 CMYK 相加色与相减色的关系如表 1-3 所示。

表 1-2 相减色表

青色（Cyan）	品红（Magenta）	黄色（Yellow）	相减色
0	0	0	白
0	0	1	黄
0	1	0	品红
0	1	1	红
1	0	0	青
1	0	1	绿
1	1	0	蓝
1	1	1	黑

表 1-3 相加色与相减色的关系

相加混色（RGB）	相减混色（CMY）	生成颜色
000	111	黑
001	110	蓝
010	101	绿
011	100	青
100	011	红
101	010	品红
110	001	黄
111	000	白

（3）YUV 彩色空间。

在现代彩色电视系统中，通常采用三管彩色摄像机或彩色 CCD 摄像机，它把摄得的彩色图像信号，经过分色、放大和校正得到 R、G、B 三基色，再经过矩阵变换得到亮度信号 Y、色差信号 $U_{(R-Y)}$ 和 $V_{(B-Y)}$。最后发送端将这 3 个信号分别进行编码，用同一信道发送出去。这就是通常采用的 YUV 彩色空间。电视图像一般都是采用 Y、U、V 分量表示，如果只有 Y 分量而没有 U、V 分量，那么所表示的图像是黑白灰度图像。

（4）颜色空间的转换

为了使用人的视角特性以降低数据量，通常把 RGB 空间表示的彩色图像变换到其他彩色空间。目前采用的彩色空间变换有 3 种：YIQ、YUV 和 YCrCb。每一种彩色空间都产生一种亮度分量信号和两种色度分量信号，而每一种变换使用的参数都是为了适应某种类型的显示设备。其中，YIQ 适用于 NTSC 彩色电视制式，YUV 适用于 PAL 和 SECAM 彩色电视制式，而 YCrCb 适用于计算机用的显示器。

①YUV 与 YIQ 模型。

在彩色电视制式中，使用 YUV 和 YIQ 模型来表示彩色图像。在 PAL 彩色电视制式中使用 YUV 模型。其中，YUV 不是英文单词的组合词，而是符号，Y 表示亮度，UV 用来表示色差，U、V 是构成彩色的两个分量；在 NTSC 彩色电视制式中使用 YIQ 模型，其中的 Y 表示亮度，I、Q 是两个彩色分量。

②YUV 与 RGB 彩色空间变换。

在考虑人的视觉系统和阴极射线管（CRT）的非线性特性之后，RGB 和 YUV 的对应关系可以近似地用下面的方程式表示：

$$\left.\begin{array}{l} Y = 0.299R + 0.587G + 0.114B \\ U = -0.147R - 0.289G + 0.436B \\ V = 0.615R - 0.515G - 0.100B \end{array}\right\} \tag{1-1}$$

③YIQ 与 RGB 彩色空间变换。

RGB 和 YIQ 的对应关系用下面的方程式表示：

$$\left.\begin{array}{l} Y = 0.299R + 0.587G + 0.114B \\ I = 0.596R - 0.275G - 0.321B \\ Q = 0.212R - 0.523G + 0.311B \end{array}\right\} \tag{1-2}$$

④YCrCb 与 RGB 彩色空间变换。

数字域中的彩色空间变换与模拟域的彩色空间变换不同，它们的分量使用 Y、Cr 和 Cb 来表示，与 RGB 空间的转换关系如下：

$$\left.\begin{array}{l} Y = 0.299R + 0.578G + 0.114B \\ Cr = (0.500R - 0.4187G - 0.0813B) + 128 \\ Cb = (-0.1687R - 0.3313G + 0.500B) + 128 \end{array}\right\} \tag{1-3}$$

（5）亮度方程

三基色混合后，除包含一定的色调和色饱和度之外，还包含一定的亮度。混合色的总亮度是三基色亮度之和。由于人眼对各基色光的亮度感觉不同，经过理论研究得出，混合光的总亮度用 Y 表示，与三基色光的关系可以用下面的方程式表示：

$$Y = 0.3R + 0.59G + 0.11B \tag{1-4}$$

其中，Y 表示彩色图像的亮度，也就是黑白电视中的图像。

三、人眼的视觉特性

人眼的视觉系统是世界上最好的图像处理系统，但它并不是完美的。人眼的视觉系统对图像的认知是非均匀的和非线性的，并不是对图像中的任何变化都能感知。人眼的视觉特性包括亮度视觉、彩色视觉、视觉暂留现象、对图像细节的分辨率和对彩色的分辨率。

（一）亮度视觉

亮度视觉是指人眼所能感觉到的最大亮度与最小亮度的差别，以及在不同环境亮度下对同一亮度所产生的主观感觉。人眼对不同波长的光有不同的灵敏度，常用相对视敏度曲线表示，如图 1-10 所示。

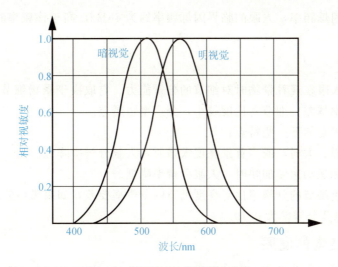

图 1-10　人眼的相对视敏度曲线

（二）彩色视觉

眼睛本质上是一台摄像机。人的视网膜通过神经元来感知外部世界的颜色，每个神经元或者是一个对颜色敏感的锥体，或者是一个对颜色不敏感的杆状体。红、绿和蓝 3 种锥体细胞对不同频率的光的感知程度不同，对不同亮度的感知程度也不同，如图 1-11 所示。人眼的红、绿、蓝 3 种锥状细胞的视敏函数峰值分别在 580nm、540nm、440nm，而且部分交叉重叠可引起混合色的感觉。不同波长的光对 3 种锥状细胞的刺激量不同，产生的彩色视觉也不同。

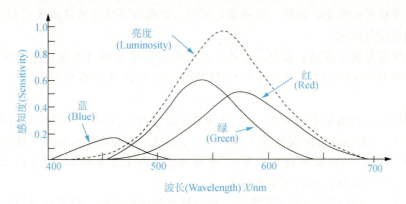

图 1-11　视觉系统对颜色和亮度的响应特性

（三）视觉暂留现象

人眼具有一种视觉暂留的生物现象，即人观察的物体消失后，物体映象在人眼的视网膜上会保留一个非常短暂的时间（0.1～0.2s）。利用这一现象，将一系列画面中物体移动或形状改变很小的图像，以足够快的速度（24～30f/s）连续播放，人就会感觉画面变成了连续活动的场景。

当人眼感受到重复频率较低的光强时，会有亮暗的闪烁感。通常将不引起闪烁感的最低频率称为临界闪烁频率，人眼的临界闪烁频率约为46Hz，高于该频率时人眼不再感觉到闪烁。

(四) 分辨率

分辨率是指人眼在观看景物时对细节的分辨能力，它取决于景物细节的亮度和对比度，亮度越低，分辨率越差；细节对比度越小，分辨率也越差。

人眼的分辨率有如下一些特点：

①当照度太强、太弱，或当背景亮度太强时，人眼分辨率降低。

②当视觉目标运动速度加快时，人眼分辨率降低。

③人眼对彩色细节的分辨率比对亮度细节的分辨率要差，如果黑白分辨率为1，则黑红分辨率为0.4，绿蓝分辨率为0.19。

四、视频技术的发展

随着科学技术的不断进步，以及网络化的日益普及，视频技术得到了很大程度的发展。视频应用范围非常广泛，从视频会议、网络教学到远程医疗、视频点播、视频监控等各个领域都涉及视频。

视频技术是信息通信领域的重要分支。以视频技术为代表的消费类产品产量大、覆盖面广、利润高，可以带动相关产业迅猛发展。视频技术领域的发展方向是数字化、高集成化、多功能化。视频产品的数字化可以提高产品的技术含量。与模拟视频相比，数字视频的优点如下：

(1) 不会产生噪波和失真的累积。

(2) 数字信号的检错、容错、纠错能力很强，如在数字信号传输放大过程中出现误码，很容易实现检错与纠错。

(3) 数字信号便于存储、控制、修改，存储时间与信号特点无关，存储媒体的存储容量大，存储媒体可以是CMOS型半导体存储器，也可以是计算机的硬盘、高密度激光盘等。

(4) 可以提高传输信道的效率。音/视频数字信号经压缩后，可以在6～8MHz的传输信道内传输2～4套标准清晰度电视（SDTV）节目或一套高清晰度电视（HDTV）节目。

(5) 便于实现加密/解密技术和加扰/解扰技术，便于专业应用（军用、商用、民用）或条件接收、视频点播、双向互动传送等。

(6) 数字音/视频信号具有可扩展性、可分级性和可操作性，便于在各类通信信道和网络中传输。

(7) 便于与其他数字设备融合。因为它们的信号语言是相同的，只要有一套数字信号传输、编码、调制协议，就可以做到互连、互通，以音/视频数字化为代表的消费类电子，将逐渐与电子计算机、通信技术相融合。

目前，音/视频技术领域正在发展的主要技术包括以下几点：

(1) 压缩码率更高、算法更先进的视频数字信号压缩编码/解码技术。

(2) 传输效率更高、传输质量更优的数字信号调制/解调技术。

(3) 加快已成熟的数字视频技术产品的商品化，推广、普及高清晰度电视（HDTV）

技术，通过卫星电视直播接收、电缆电视传输系统、地面广播三个途径实现模拟电视向数字电视的过渡。

（4）发展存储容量更大的存储媒体，例如高集成度的 CMOS 半导体存储器、固体存储器、蓝光技术的高密度光盘等。

（5）发展新型显示器件，提高显示器件的清晰度、对比度、亮度，降低成本，提高重显彩色色域，寻求新型平板显示方式和新型发光材料。除目前比较成熟的平面型阴极射线管之外，还有等离子显示屏（PDP）、液晶显示（LCD）、有机发光二极管（OLED）型显示器等。

（6）发展新型电声器件和数字音频技术，包括微传声器，基于传声器阵列的语言增强和说话定位技术、多声道回声抵消技术等。

目前，我国视频行业基本掌握了产品的设计技术和生产制造技术，能自行设计、制造出具有先进水平的音、视频产品，成为名副其实的生产、制造和出口大国，且产品价廉物美，具有一定的国际竞争能力。但与先进国家相比，仍有一定差距。比如我国在视频技术领域的专利技术很少，关键技术大多掌握在国外大公司手中，视频产品的某些关键器件仍然依靠进口等。我国视频技术通过引进、消化吸收、创新、国产化，走出了一条发展高、新技术的成功道路，不仅缩小了与国外先进国家的差距，提高了广大人民群众的生活质量，满足了人们日益增长的物质文明和精神文明的需要，而且带动了国民经济持续、稳定和健康发展。在国际市场上，我国已成为以彩色电视机、DVD 激光视盘机、彩色显像管等为代表的视频产品的重要生产基地。视频产品对电子信息产业的生产增长贡献率达到 45% 以上。此外，视频技术领域的飞速发展，带动了模具制造、精密机械制造、微电子、光机电、冶金及化工等相关产业的发展。

任务 2   认识视频信号压缩编码技术

任务分析

与模拟视频相比，数字视频有很多的优点，清晰度高，色彩绚丽，传输效果稳定。然而它的最大缺陷就是数据量大，占据很大的存储空间，处理和传输的时延较长。那如何才能既发挥数字视频的优点，又节约存储空间，提高通信干线的传输效率呢？

任务准备

要解决这个问题，要学习数字视频信号压缩，掌握常用的视频信号压缩标准。

必备知识

一、数字视频信号压缩的必要性

视频信号往往都是模拟信号，必须对其进行采样、量化、编码，转换成数字视频信号，当视频图像变为数字图像时，就可以利用计算机的显示器来进行播放。视频信号与静止的数字图像的区别在于，视频信号是连续的运动图像，如 PAL 制电视信号每秒要求播放 25 帧画面，NTSC 制要求每秒播放 30 帧画面。由于数字视频信号表示的是连续的运动图像，所以将其数字化之后产生了如下几个问题。

（一）存储方面

将视频信号数字化之后会产生十分庞大的数据量，需要大量的磁盘空间。一幅不压缩的 PAL 制电视画面包含 442 368 像素，转换成数字视频后，每个像素必须由 3 字节即 24 位信息表示 RGB 值，所以每帧数字化视频图像需要存储的信息量为 1 327 104B，1s 数字化 PAL 制视频所需的存储空间约为 33.2MB，1 张容量为 650MB 的光盘所能存储的数字视频为 20s。此外，不仅视频要占大量的存储空间，音频也会占用很大的存储空间。显然，如果不对音/视频进行压缩，所需的存储空间是不可承受的。

（二）传输方面

视频的捕捉和回放要求很高的数字传输速率，目前的传输介质中的数据传输速度远远低于活动视频所需的存取速度，将导致大量数据丢失，影响接收端的质量，甚至出现跳帧现象。以 PAL 制为例，想要以 25 帧/s 的速率来播放数字视频信号，数据的传输速率要达到 216 Mb/s，而现在的传输技术水平远远满足不了这一需要。目前最快的传输介质光纤只能达到 100 Mb/s，所以要以正常的速度传输、播放不压缩的数字视频信号是不可能的。

（三）实时播放方面

目前的两种电视制式 PAL 制和 NTSC 制的播放速度分别是 25 帧/s 和 30 帧/s，这样依据人眼的视觉暂留现象，所看到的画面自然流畅。若播放速度低于这个速度，画面效果将很难令人满意。计算机屏幕上经常出现的撕裂或抖动的现象就是因为播放速度达不到标准的原因。

目前，视频技术的应用范围很广，如网上可视会议、网上可视电子商务、网上政务、网上购物、网上学校、远程医疗、网上研讨会、网上展示厅、个人网上聊天、可视咨询等业务。但是，以上所有的应用都必须进行压缩。传输的数据量之大，单纯用扩大存储器容量、增加通信干线的传输速率的办法是不现实的，数据压缩技术是一个行之有效的解决办法。通过数据压缩，可以压缩信息数据量，以压缩形式存储、传输，既节约了存储空间，又提高了通信干线的传输效率，同时可使计算机实时处理音/视频信息，以保证播放出高质量的音/视频节目。可见，视频压缩技术是非常必要的。由于多媒体声音、数据、视频等信源数据有极强的相关性，也就是说有大量的冗余信息，数据压缩可以去掉庞大数据中的冗余信息，保留相互独立的信息分量，因此，音/视频数据压缩是完全可以实现的。

二、常用的视频信号压缩标准

视频压缩技术是处理视频的前提。视频信号数字化后数据带宽很高，通常在20Mb/s 以上，因此计算机很难对之进行保存和处理。采用压缩技术以后，通常数据带宽可以降到 1～10Mb/s，这样就可以将视频信号保存在计算机中并作相应的处理。常用的编/解码压缩标准有国际电信联盟（ITU）的 H.261、H.263，运动静止图像专家组的 M－JPEG，以及国际标准化组织运动图像专家组的 MPEG 系列标准。此外，在互联网上被广泛应用的还有 Real－Networks 的 Real Video、微软公司的 WMT 以及 Apple 公司的 Quick Time 等。

（一）H.261 标准

H.261 是 1990 年国际电信联盟 ITU－T 制定的一个视频编码标准，属于视频编/解码器。其设计目的是能够在带宽为 64 kb/s 的倍数的综合业务数字网（ISDN for Integrated Services Digital Network）上传输质量可接受的视频信号，主要应用在 ISDN 上传输电视电话会议等低码率的多媒体领域。

H.261 标准是第一个实用的数字视频编码标准，主要采用运动补偿的帧间预测、DCT 变换、自适应量化、熵编码等压缩技术。H.261 标准主要针对实时编码和解码设计，压缩和解压缩的信号延时不超过 150ms，编码程序设计的码率能够在 40 Kb/s～2 Mb/s 之间工作。

（二）H.263 标准

H.263 视频编码标准是专为中、高质量运动图像压缩所设计的低码率图像压缩标准。H.263 的编码算法以 H.261 为基础，其基本原理框图和 H.261 十分相似，原始数据和码流组织也相似，但作了一些改善和改变，吸收了 MPEG 等其他一些国际标准中有效、合理的部分，以提高性能和纠错能力。

H.263 标准压缩率较高，CIF 格式全实时模式下单路占用带宽一般为几百赫兹，具体占用带宽视画面运动量多少而不同。它的缺点是画质相对差一些，占用带宽随画面运动的复杂度而大幅变化。

（三）M－JPEG 标准

M－JPEG（Motion － Join Photographic Experts Group）技术即运动/静止图像（或逐帧）压缩技术，广泛应用于非线性编辑领域，可精确到帧编辑和多层图像处理，把运动的视频序列作为连续的静止图像来处理，这种压缩方式单独完整地压缩每一帧，在编辑过程中可随机存储每 2 帧，可对帧进行编辑。此外，M－JPEG 的压缩和解压缩是对称的，可由相同的硬件和软件实现。但 M－JPEG 只对帧内的空间冗余进行压缩，不对帧间的时间冗余进行压缩，故压缩效率不高。

M－JPEG 的优点是可以很容易做到精确到帧的编辑，设备比较成熟，画质比较清晰；缺点是压缩效率不高，占用带宽很大，一般单路占用带宽 2MB 左右。

（四）MPEG－1 标准

MPEG（Moving Picture Experts Group，运动图像专家组）于 1992 年制定了 MPEG－1 标准，它用于传输 1.5Mb/s 数据传输速率的数字存储媒体运动图像及其伴音的编码。与 M－JPEG 技术相比较，MPEG－1 在实时压缩、每帧数据量、处理速度上均有显著的提高。

为了提高压缩比，MPEG－1 视频压缩同时使用帧内和帧间图像数据压缩技术。经过 MPEG－1 标准压缩后，视频数据压缩率为 1/200～1/100，影视图像的分辨率为 360×240×30（NTSC 制）或 360×288×25（PAL 制），它的质量比家用录像系统（VHS－Video Home System）的质量略高。音频压缩率为 1/6.5，声音接近于 CD－DA 的质量。MPEG－1 允许超过 70 min 的高质量的视频和音频存储在一张 CD－ROM 盘上。VCD 采用的就是

MPEG－1 的标准，该标准是一个面向家庭电视质量级的视频、音频压缩标准。

（五）MPEG－2 标准

MPEG－2 标准制定于 1994 年，设计目标是高级工业标准的图像质量以及更高的传输率，主要针对高清晰度数字电视（HDTV）的需要，传输速率为 3～10Mb/s，与 MPEG－1 兼容，适用于 1.5～60Mb/s 甚至更高的编码范围。分辨率为 720×480×30（NTSC 制）或 720×576×25（PAL 制）。影视图像的质量是广播级的质量，声音也是接近于 CD－DA 的质量。MPEG－2 是家用视频制式（VHS）录像带分辨率的 2 倍。

MPEG－2 建立在 MPEG－1 基础之上，并具备扩展功能，能支持隔行视频及更宽的运动补偿范围。它显著提高了运动估计的性能要求，并充分利用更宽搜索范围与更高分辨率优势的编码器，需要比 H.261 和 MPEG－1 高得多的处理能力。它很快在许多应用中得到普及，如数字卫星电视、数字有线电视、DVD 以及后来的高清电视等。MPEG－2 的画质质量最好，但占用的带宽也非常大，为 4～15 MB，不太适于远程传输。

（六）MPEG－4

MPEG－4 是超低码率运动图像和语言的压缩标准，它不仅是针对一定比特率下的视频、音频编码，更加注重多媒体系统的交互性和灵活性。MPEG－4 标准主要应用于视像电话、视像电子邮件和电子新闻等，其传输速率要求较低，为 4800b/s～64Kb/s，分辨率为 176×144。MPEG－4 标准的占用带宽可调，占用带宽与图像的清晰度成正比。以目前的技术，一般占用带宽为数十万赫兹。MPEG－4 利用很窄的带宽，通过帧重建技术，压缩和传输数据，以求以最少的数据获得最佳的图像质量。它的应用领域有：互联网多媒体应用、广播电视、交互式视频游戏、实时可视通信、交互式存储媒体应用、演播室技术及电视后期制作、采用面部动画技术的虚拟会议、多媒体邮件、移动通信条件下的多媒体应用、远程视频监控、通过 ATM 网络等进行的远程数据库业务等。

（七）H.264 标准

H.264 是一种高性能的视频编/解码技术。它是由国际电联（ITU－T）和国际标准化组织（ISO）两个组织联合组建的联合视频组（Joint Video Team，JVT）共同提出的继 MPEG－4 之后的新一代数字视频压缩格式，它既保留以往压缩技术的优点和精华，又具有其他压缩技术无法比拟的许多优点。H.264 标准继承了 H.263 和 MPEG－1. MPEG－2. MPEG－4 视频标准协议的优点，但在结构上并没有变化，只是在各个主要的功能模块内部使用了一些先进的技术，提高了编码效率，这使得它获得了比以往标准好得多的整体性能，应用也更为广泛。

（八）Real Video

Real Video 是 Real Networks 公司开发的在窄带（主要的互联网）上进行多媒体传输的压缩技术。

（九）WMT

WMT 是微软开发的在互联网上进行媒体传输的音/视频编码压缩技术，该技术已与 WMT 服务器与客户机体系结构结合为一个整体，使用了 MPEG－4 标准的一些原理。

（十）Quick Time

Quick Time 是一种存储、传输和播放多媒体文件的文件格式和传输体系结构，所存储和传输的多媒体通过多重压缩模式压缩而成，传输是通过 RTP 协议实现的。

标准化是产业化成功的前提，H. 261、H. 263、H. 264 推动了电视电话、视频会议、视频监控的发展。早期的视频服务器产品基本采用 M－JPEG 标准，开创了视频非线性编辑时代。MPEG－1 标准成功地在中国推动了 VCD 产业，MPEG－2 标准带动了 DVD 及数字电视等多种消费电子产业，其他 MPEG 标准的应用也在实施或开发中，Real Networks 的 Real Video、微软公司的 WMT 以及 Apple 公司的 Quick Time 带动了网络流媒体的发展。视频压缩/解码标准紧扣应用发展的脉搏，与工业和应用同步。未来是信息化的社会，各种多媒体数据的传输和存储是信息处理的基本问题，因此，可以肯定视频压缩编码标准将发挥越来越大的作用。

任务 3　数字视频信号处理技术基础

任务分析

视频设备需要对视频信号进行接收和处理才能显示出丰富多彩的视频画面，小李感觉要学好这门课需要知道很多关于视频信号处理的知识，可是他并没有学过图像信号处理，那怎么办呢？

任务准备

要掌握视频设备的工作原理，知道一些基本的视频信号处理的基础知识，了解视频信号、电视信号、图像的数字化方法及编码、调制技术就可以了。

必备知识

一、视频信号概述

提到视频信号，人们首先想到的是电视信号，这是一种动态视频图像信号；还有静态图像信号。其他如可视电话的图像信号也属于视频信号。各种图像信号有黑白和彩色之分，也有模拟和数字之分。图像信号的根源都是模拟的。

图像的属性主要有分辨率、像素深度、真/伪彩色、图像的表示法和种类等。

经常遇到的分辨率有两种：显示分辨率和图像分辨率。

在计算机中，有两种类型的图：矢量图和位映象图。矢量图是用数学方法描述的一系列点、线、弧和其他几何形状，如图 1-12（a）所示，因此存放这种图使用的格式称为矢量图格式，存储的数据主要是绘制图形的数学描述；位映象图也称光栅图，这种图就像电视图像一样，由像点组成的，如图 1-12（b），因此存放这种图使用的格式称为位映象图格式，经常简称为位图格式，存储的数据是描述像素的数值。

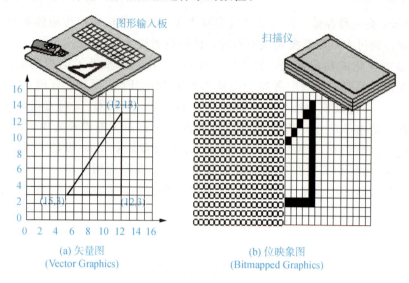

(a) 矢量图
(Vector Graphics)

(b) 位映象图
(Bitmapped Graphics)

图 1-12　图的种类

二、视频信号的编码和译码

彩色视频信号的编码过程框图如图 1-13 所示。图中假设视频信号源提供的是模拟的三基色 R、G、B 信号。先将 R、G、B 信号变换为亮度和两个色差信号（Y、U、V），而后对 Y、U、V 3 个信号分别进行采样并进行 A/D 变换。后面的工作主要是对这些信号进行数据压缩，以保证在一定质量指标的基础上最大限度地减少数据量。经过数据压缩的彩色视频信号可用于传递（无线、光纤等），也可用磁盘（或磁带等媒体）存储起来或用光盘将其记录下来。

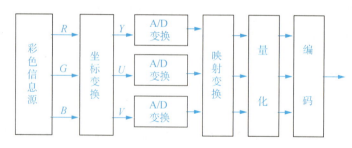

图 1-13　彩色视频信号的编码过程框图

当视频信号传送到接收端（或存储于不同媒体的视频信号回放）时，要经过译码来恢复原始数据，译码过程框图如图 1-14 所示。

已压缩的视频信号经解码器进行解压缩，再由 D/A 变换器恢复亮度和两个色差信号（Y、U、V）。这 3 个信号（Y、U、V）经变换可恢复原始的 R、G、B 三基色信号。R、G、B 加到输出设备上（最常见的输出设备就是电视机、监视器、彩色打印机等）供用户观察。

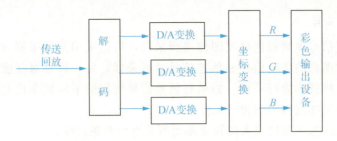

图 1-14　视频信号译码过程框图

三、彩色电视信号的类型

（一）复合电视信号

包含亮度信号、色差信号和所有定时信号的单一信号叫作复合电视信号，或者称为全电视信号。

（二）分量电视信号

分量电视信号是指每个基色分量作为独立的电视信号。每个基色既可以分别用 R、G 和 B 表示，也可以用亮度—色差表示，如 Y、I 和 Q，Y、U 和 V。使用分量电视信号是表示颜色的最好方法，但需要比较宽的带宽和同步信号。

（三）S－Video 信号

分离电视信号（S－Video）是亮度和色差分离的一种电视信号，是分量模拟电视信号和复合模拟电视信号的一种折中方案。

四、电视图像数字化

（一）数字化的方法

在大多数情况下，数字电视系统都希望用彩色分量来表示图像数据，如用 YCbCr、YUV、YIQ 或 RGB 彩色分量。电视图像数字化常用的方法有以下两种。

（1）先从复合彩色电视图像中分离出彩色分量，然后数字化。现在接触到的大多数电视信号源都是彩色全电视信号，如来自录像带、激光视盘、摄像机等的电视信号。对这类信号的数字化，通常的做法是首先把模拟的全彩色电视信号分离成 YCbCr、YUV、YIQ 或 RGB 彩色空间中的分量信号，然后用 3 个 A/D 转换器分别对它们进行数字化。

（2）首先用一个高速 A/D 转换器对彩色全电视信号进行数字化，然后在数字域中进行分离，以获得所希望的 YCbCr、YUV、YIQ 或 RGB 分量数据。

（二）数字化标准

早在 20 世纪 80 年代初，国际无线电咨询委员会（International Radio Consultative Committee，CCIR）就制定了彩色电视图像数字化标准，称为 CCIR 601 标准，现改为 ITU－R BT.601 标准。该标准规定了彩色电视图像转换成数字图像时使用的采样频率、RGB 和 YCbCr（或者写成 YC_BC_R）两个彩色空间之间的转换关系等。

（三）图像子采样

压缩彩色电视信号须对彩色电视图像进行采样，可以采用两种采样方法，一种是使用相同的采样频率对图像的亮度信号和色差信号进行采样，另一种是对亮度信号和色差信号分别采用不同的采样频率进行采样。如果对色差信号使用的采样频率比对亮度信号使用的采样频率低，这种采样就称为图像子采样。

这种压缩方法的基本根据是人的视觉系统所具有的两条特性。

（1）人眼对色度信号的敏感程度比对亮度信号的敏感程度低，利用这个特性可以把图像中表达颜色的信号去掉一些而使人不察觉。

（2）人眼对图像细节的分辨能力有一定的限度，利用这个特性可以把图像中的高频信号去掉而使人不易察觉。

五、基本的图像编码技术

（一）行程编码

现实中有许多这样的图像，在一幅图像中具有许多颜色相同的图块，在这些图块中，许多行上都具有相同的颜色，或者在一行上有许多连续的像素都具有相同的颜色值。在这种情况下就不需要存储每一个像素的颜色值，而仅仅存储一个像素的颜色值，以及具有相同颜色的像素数目，或者存储一个像素的颜色值，以及具有相同颜色值的行数。这种压缩编码称为行程编码，常用 RLE（Run Length Encoding）表示，具有相同颜色并且是连续的像素数目称为行程长度。

为了叙述方便，假定一幅灰度图像，第 n 行的像素值如图 1-15 所示。

图 1-15　RLE 编码的概念

用 RLE 编码方法得到的代码为 80315084180。代码中用黑体表示的数字是行程长度，黑体字后面的数字代表像素的颜色值。例如黑体字 50 代表有连续 50 个像素具有相同的颜色值，它的颜色值是 8。

RLE 所能获得的压缩比有多大，主要是取决于图像本身的特点。如果图像中具有相同颜色的图像块越大，图像块数目越少，获得的压缩比就越高；反之，压缩比就越小。

译码时，应按照与编码时采用的相同规则进行，还原后得到的数据与压缩前的数据完全相同。因此，RLE 是无损压缩技术。

（二）LZW 编码

LZW 编码又称字串表编码，它是通过建立一张字符串表，用较短的代码表示较长的字符串来实现压缩。提取原始文本文件数据中的不同字符，基于这些字符创建一张编译表，然后用编译表中的字符的索引来替代原始文本文件数据中的相应字符，减少原始数据大小。

看起来这与调色板图像的实现原理差不多，但是应该注意到的是，这里的编译表不是事先创建好的，而是根据原始文件数据动态创建的，解码时还要从已编码的数据中还原出原来的编译表。

（三）预测编码

预测编码是根据离散信号之间存在着一定关联性的特点，利用前面一个或多个信号预测下一个信号进行，然后对实际值和预测值的差（预测误差）进行编码。如果预测比较准确，误差就会很小。在同等精度要求的条件下，就可以用比较少的比特进行编码，达到压缩数据的目的。预测编码中典型的压缩方法有脉冲编码调制（Pulse Code Modulation，PCM）、差分脉冲编码调制（Differential Pulse Code Modulation，DPCM）、自适应差分脉冲编码调制（Adaptive Differential Pulse Code Modulation，ADPCM）等。它们较适合于声音、图像数据的压缩，因为这些数据由采样得到，相邻样值之间的差相差不会很大，可以用较少位来表示。

（四）变换编码

变换编码是从频域的角度减小图像信号的空间相关性，它在降低数码率等方面取得了和预测编码相近的效果。变换编码不是直接对空域图像信号进行编码，而是首先将空域图像信号映射变换到另一个正交矢量空间（变换域或频域），产生一批变换系数，然后对这些变换系数进行编码处理。变换编码是一种间接编码方法，其中的关键问题是在时域或空域描述时，数据之间相关性大，数据冗余度大，经过变换在变换域中描述，数据相关性大大减少，数据冗余量减少，参数独立，数据量少，这样再进行量化，编码就能得到较大的压缩比。

典型的变换编码有 DCT（离散余弦变换）、DFT（离散傅里叶变换）、WHT（Walsh Hadama 变换）、HrT（Haar 变换）等。其中，最常用的是离散余弦变换。

正交变换具有如下特性：熵保持、能量保持、去相关、能量重新分布与集中。

六、常用的调制方法

视频信号经编码后，将面临信号的传输，频率较低的信号一般传输距离很短，如何才能远距离传递信息呢？信号长途传输中，会有传输失真、传输损耗及干扰等，如何提高频谱利用率，增加抗干扰能力呢？

（一）调制概述

调制就是对信号源的信息进行处理，使其变为适合于信道传输的形式的过程。一般来说，信号源的信息含有直流分量和频率较低的频率分量，称为基带信号。基带信号往往不能作为传输信号，因此必须把基带信号转变为一个相对基带频率而言频率非常高的信号以适合于信道传输，这个信号叫作已调信号，而基带信号叫作调制信号。调制是通过改变高频载波，即消息的载体信号的幅度、相位或者频率，使其随着基带信号幅度的变化而变化来实现的。而解调则是将基带信号从载波中提取出来，以便接收者（也称为信宿）处理和理解的过程。调制在通信系统中有十分重要的作用。通过调制，不仅可以进行频谱搬移，把调制信号的频谱搬移到所希望的位置上，从而将调制信号转换成适合于传播的已调信号，而且它对系统的传输有效性和可靠性有着很大的影响，调制方式往往决定了一个通信系统的性能。

调制技术分为模拟调制技术与数字调制技术，其主要区别如下：模拟调制是对载波信号的某些参量进行连续调制，在接收端对载波信号的调制参量连续估值；而数字调制是用载波信号的某些离散状态来表征所传送的信息，在接收端只对载波信号的离散调制参量进行检测。

调制方式按照调制信号的性质分为模拟调制和数字调制两类；按照载波的形式分为连续波调制和脉冲调制两类。模拟调制有调幅（AM）、调频（FM）和调相（PM）。数字调制有振幅键控（ASK）、移频键控（FSK）、移相键控（PSK）和差分移相键控（DPSK）等。脉冲调制有脉幅调制（PAM）、脉宽调制（PDM）、脉频调制（PFM）、脉位调制（PPM）、脉码调制（PCM）和增量调制（ΔM）等。

（二）模拟调制

模拟调制一般指调制信号和载波都是连续波的调制方式。它有调幅、调频和调相三种基本形式。

调幅（AM）是用调制信号控制载波的振幅，使载波的振幅随着调制信号变化。已调波称为调幅波。调幅波的频率仍是载波频率，调幅波包络的形状反映调制信号的波形。调幅系统实现简单，但抗干扰性差，传输时信号容易失真。

调频（FM）是用调制信号控制载波的振荡频率，使载波的频率随着调制信号变化。已调波称为调频波。调频波的振幅保持不变，调频波的瞬时频率偏离载波频率的量与调制信号的瞬时值成比例。调频系统实现稍复杂，占用的频带远较调幅波宽，因此必须工作在超短波波段。其抗干扰性能好，传输时信号失真小，设备利用率也较高。

调相（PM）是用调制信号控制载波的相位，使载波的相位随着调制信号变化。已调波称为调相波。调相波的振幅保持不变，调相波的瞬时相角偏离载波相角的量与调制信号的瞬时值成比例。在调频时相角也有相应的变化，但这种相角变化并不与调制信号成比例。在调相时，频率也有相应的变化，但这种频率变化并不与调制信号成比例。

（三）数字调制

数字调制一般指调制信号是离散的，而载波是连续波的调制方式。它有四种基本形式：振幅键控、移频键控、移相键控和差分移相键控。

1. 振幅键控（ASK）

振幅键控是用数字调制信号控制载波的通断。如在二进制中，发 0 时不发送载波，发 1 时发送载波。有时也把代表多个符号的多电平振幅调制称为振幅键控。振幅键控实现简单，但抗干扰能力差。

2. 移频键控（FSK）

移频键控是用数字调制信号的正负控制载波的频率。当数字信号的振幅为正时载波频率为 f_1，当数字信号的振幅为负时载波频率为 f_2。有时也把代表两个以上符号的多进制频率调制称为移频键控。移频键控能区分通路，但抗干扰能力不如移相键控和差分移相键控。

3. 移相键控（PSK）

移相键控是用数字调制信号的正负控制载波的相位。当数字信号的振幅为正时，载波起始相位取 0°；当数字信号的振幅为负时，载波起始相位取 180°。有时也把代表两个以上符号的多相制相位调制称为移相键控。移相键控抗干扰能力强，但在解调时需要一个正确的参考相位，即需要相干解调。

4. 差分移相键控（DPSK）

差分移相键控是利用调制信号前后码元之间载波相对相位的变化来传递信息。就频带利用率和抗噪声性能（或功率利用率）两个方面来看，一般而言，都是 PSK 系统最佳，所以 PSK 在中、高速数据传输中得到了广泛的应用。

在视频信号传输系统中，选择不同的调制方式时必须考虑传输信道的特性，具体如下：有线广播上行信道存在漏斗效应，卫星广播电波干扰严重，因此应选择抗干扰能力较强而频谱利用率不高的 QPSK 技术；在地面广播中，由于多径效应非常严重，因此应采用抗多径干扰显著的 OFDM 技术；而在有线广播下行信道中，由于干扰较小，因而可采用频谱利用率较高的 QAM 技术。总之，应根据数字电视传输信道的特性来选择合适的数字调制方式，以实现有效利用信道资源、消除各种噪声干扰的目的。

任务 4　常用的视频显示技术

任务分析

随着步入信息化社会，人们在社会活动和日常生活中越来越离不开视频显示设备。CRT 已经基本淘汰，LCD 已经普及，新的 PDP 和背投显示技术是怎样的？更先进的显示设备都有哪些新功能？它是如何满足用户平板化、高密度、高分辨率、节能化、高亮度、彩色化等显示要求的？

任务准备

应了解视频显示技术的发展过程以及显示技术的基本特点；掌握 CRT、液晶、等离子、背投显示技术的显像原理及特点。

必备知识

一、显示技术的发展及特点

在 21 世纪，显示产业就像 20 世纪的微电子产业一样，是又一重要的新兴高新技术产业。信息处理、传输、接收技术的发展，以及国际互联网网络的普及，使得显示器成为全球性、实时性信息交流的主要手段。近年来，通信技术的迅速发展，要求显示器向多功能和数字化方向发展。具体来说，现代显示技术应该向高亮度、高对比度、高分辨力，并有大显示容量、能全彩色显示、低电压驱动、低功耗显示器件与驱动电路连为一体、可靠性高、长寿命以及薄而轻的方向发展。

（一）显示器件的分类

电子显示器件可分为主动发光型和非主动发光型两大类。

主动发光型电子显示器件是利用信息来调制各像素的发光亮度和颜色而进行直接显示的，比如 CRT、等离子体显示板（PDP）等。

非主动发光型电子显示器件是本身不发光，而是利用信息调制外光源而使其达到显示目的，比如液晶显示器、各种光闸管投影仪等。

显示器件的分类有各种方式，按显示材料可分固体（晶体和非晶体）、液体、气体、等离子体和液晶体显示器。但是最常见的是按显示原理分类，主要有阴极射线管（CRT）显示、等离子体显示板（PDP）显示、机电发光（DEL）显示、发光二极管（LED）显示、有机发光二极管（OLED）显示、真空荧光管（VFD）显示、场发射（FED）显示、液晶（LCD）显示，只有 LCD 为非主动发光显示。

在 20 世纪的图像显示器件中，阴极射线管（CRT）占了绝对统治地位，如电视机显示器等绝大多数采用 CRT。与此同时平板显示器也在迅速发展，其中液晶显示器以其大幅度改善的质量、持续下降的价格、低辐射量等优势在中小屏幕显示中代替 CRT。而另一种适合大屏幕的显示器件——等离子显示器（PDP），也逐渐发展并且商品化。

（二）显示器件的主要参数

由于显示器件可用来重现图像图形、显示信号波形和参数，因此对显示器来说最重要的是显示彩色图像的质量。以下对显示器件的主要参数进行说明。

1. 亮度

最大亮度的含义即屏幕显示白色图形时白块的最大亮度，其量值单位为 cd/m^2。对画面的亮度要求与环境的光亮度有关，例如在电影院中，电影亮度有 $30\sim45cd/m^2$ 就可以了；在室内看电视，要求显示器画面亮度应大于 $70cd/m^2$；在室外看则要求显示器画面亮度达到 $300cd/m^2$。所以对高质量的显示器亮度的要求应为 $300cd/m^2$ 左右，并不是越亮越好。

2. 对比度和灰度

对比度的含义是显示画面或字符（测试时用白块）与屏幕背景底色的亮度之比。对比度越大，则显示的字符或画面越清晰。一般要求显示器在正常显示时其底色可以调到基本看不见。

灰度是指图像黑白亮度的层次。一般人眼可分辨的最大亮度层次为 100 级。显示字码、图形、表格曲线对灰度没有要求，只要对比度高即可；但显示图像不但要求有足够的对比度，还要求有丰富的灰度级。

3. 分辨力

只有兼备高分辨率、高亮度和高对比度的图像才可能是高清晰度的图像，所以上述三个条件是获得高质量图像显示所必不可少的。简单来说，分辨率就是指屏幕上水平方向和垂直方向所显示的点数。比如 1024×768，其中"1024"表示屏幕上水平方向显示的点数，"768"表示垂直方向显示的点数。分辨率越高，图像也就越清晰，且能增加屏幕上的信息容量。

4. 刷新频率

从显示器原理上讲，人们在屏幕上看到的任何字符、图像等都是由垂直方向和水平方向排列的点阵组成的。由于显像管荧光粉受电子束的击打而发光的延时很短，所以此扫描显示点阵必须得到不断地刷新。刷新频率就是屏幕刷新的速度。刷新频率越低，图像闪烁和抖动得就越厉害，眼睛疲劳得就越快，有时会引起眼睛酸痛、头晕目眩等症状。过低的刷新频率，会产生令人难受的频闪效应。而当采用 75Hz 以上的刷新频率时可基本消除闪烁。因此 75Hz 的刷新频率应是显示器稳定工作的最低要求。

此外，还有一个常见的显示器性能参数是行频，即水平扫描频率，是指电子枪每秒在屏幕上扫描过的水平点数，以 kHz 为单位。它的值也是越大越好，至少要达到 50kHz。

5. 扫描方式

显示器的扫描方式分为逐行扫描和隔行扫描两种。用户长时间使用隔行扫描显示器眼睛容易疲劳，目前已被淘汰。逐行扫描显示器使视觉闪烁感降到最小，长时间观察屏幕也不会感到疲劳。

6. 点距

点距是显像管最重要的技术参数之一，它的单位为毫米（mm）。一般来说，点距越小，显示器越好。问题是点距有许多种不同的测量方法，因此并不一定代表什么意义。传统上采用点状式荫罩结构的 CRT 点距是指显像管两个最接近的同色荧光点之间的直线距离，点距越小越好，点距越小，显示器显示图形越清晰。

7. 带宽

带宽是衡量显示器综合性能的最重要的指标之一，以 MHz 为单位，值越高越好。带宽是造成显示器性能差异的一个比较重要的因素。带宽决定着一台显示器可以处理的信息范围，就是指特定电子装置能处理的频率范围。可接受带宽的一般公式如下：可接受带宽＝水平像素×垂直像素×刷新频率×额外误差（一般为 1.5）。带宽越大，在高分辨率下就越稳定。

8. 响应时间和余晖时间

响应时间是指从施加电压到出现图像的显示时间，又称上升时间。余晖时间是指从切断电源到图像显示消失的时间，又称下降时间。

电视图像显示时需要小于 1/30s 的响应时间，一般主动发光型显示器件的响应时间都可小于 0.1ms，而非主动发光型 LCD 的响应时间为 10～500ms，在显示快速运动的电视图像时，会出现脱尾或余像，使运动图像模糊。

9. 寿命

目前寿命问题是大多数用户关心的问题。作为实用化的显示器件，其寿命都应在 3 万小时以上。

显示器的其他参数还有显示色、发光率、工作电压和功耗、存储功能、体积、显示面积、视角以及性能价格比等。

二、CRT 显示技术

（一）CRT 阴极射线管的结构及工作原理

CRT 显示器的核心组成部分是阴极射线管，这是一个漏斗形的电真空器件，由显示屏、电子枪和偏转控制装置三部分组成，如图 1-16 所示。

显示屏是显示信息的主体部分，由玻璃屏和涂在其内壁的荧光粉薄层构成，这层荧光粉可在电子束撞击下发出不同颜色和亮度的光点。为了在显示屏上显示信息，必须有为其提供电子束和选择电子束在屏幕上撞击位置的相关部件。

电子枪是用于产生电子束的部件，由灯丝、阴极、栅极、阳极、聚焦极几部分组成。电子枪的工作原理简介如下：灯丝在通电之后产生热量，使阴极被加热，变热的阴极会释放出大量的电子；栅极用于控制这些电子通过栅极进

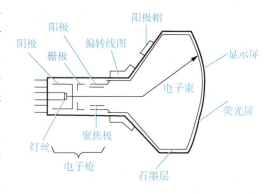

图 1-16 阴极射线管的结构

入阳极区域，进而撞向显示屏的电子的数量，即打向显示屏的电子束的强弱；阳极实现对电子束的加速，确保电子束有足够的动能，以提高显示屏的显示亮度；聚焦极用于对电子束进行聚焦，把原来初速不等、方向不尽相同的电子聚焦成一个很细的电子束，以便打到显示屏上能形成一个很小的亮点，保证较高的显示清晰度。

偏转控制装置是指套在阴极射线管尾部的偏转线圈，用于控制电子束沿着水平和垂直两个方向的运动轨迹，以便准确地控制一束电子能打到显示屏幕上任何一个位置，这是在显示屏幕上全屏显示信息所必须实现的控制功能。

（二）CRT 显示器的分类及特点

CRT 显示器是过去十几年来应用最广泛的显示器，如图 1-17 所示。按照不同的标准，CRT 显示器可划分为不同的类型。

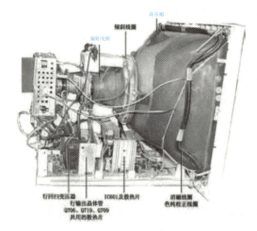

图 1-17 CRT 显示器

1. 按尺寸大小分类

从十几年前的 12in（1in＝0.0254m）黑白显示器，到现在的 19in、21in 大屏彩显，CRT 经历了由小到大的过程。

2. 按调控方式分类

CRT 显示器的调控方式有早期的模拟调节和数字调节两种。

3. 按显像管种类分类

显像管是显示器生产技术变化最大的环节之一，也是衡量一款显示器档次高低的重要标准，按照显像管表面平坦度的不同可分为球面管、平面直角管、柱面管、纯平管。

三、液晶显示技术

LCD（Liquid Crystal Display），即液晶显示器，是指采用了液晶控制透光度技术来实现色彩的显示器。它是一种数字显示技术，可以通过液晶和彩色过滤器过滤光源，在平面面板上产生图像。LCD 具有体积小、重量轻、省电、辐射低、易于携带、画面稳定、无闪烁感等优点。LCD 显示器还通过液晶控制透光度的技术原理让底板整体发光，所以它做到了真正的完全平面，因此应用十分广泛，如液晶显示器、液晶手机、液晶 DV、液晶 MP3等，如图 1-18 所示。

图 1-18　液晶显示屏设备

（一）LCD 的基本结构

不同类型的液晶显示器件，其组成可能会有所不同，但是所有液晶显示器件都可以认为是由一个上、下两片导电玻璃制成的液晶盒，盒内充有液晶，四周用密封材料——胶框

密封，根据需要可在导电玻璃外侧贴上偏振片。液晶显示器的结构图如图 1-19所示。

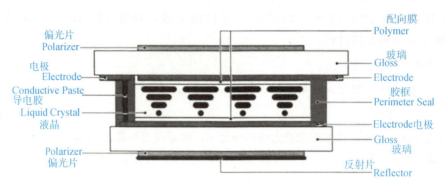

图 1-19　液晶显示器的结构图

1. 玻璃基板

这是一种表面极其平整的浮法生产薄玻璃片，其表面蒸镀有一层 In_2O_3 或 SnO_2 透明导电层，即 ITO 膜层，经光刻加工制成透明导电图形。这些图形由像素图形和外引线图形组成，因此，外引线不能进行传统的锡焊，只能通过导电橡胶条或导电胶带等进行连接。如果划伤、割断或腐蚀，则会造成器件报废。

2. 液晶

液晶是一种介于固态和液态之间的物质，当被加热时会呈现透明的液态，而冷却的时候又会结晶成混乱的固态，液晶是具有规则性分子排列的有机化合物。

（1）液晶的分类。

液晶按照分子结构排列的不同分为四种，如图 1-20 所示，有类似黏土状的 Sematic 晶、类似细火柴棒的 Nematic 液晶、类似胆固醇状的 Cholesteric 液晶、类似碟子的 Disk 液晶。

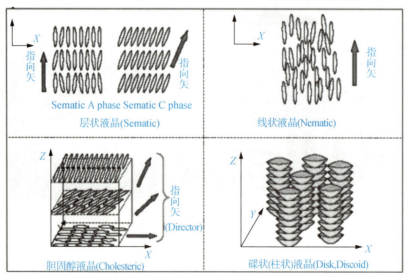

图 1-20　液晶分子结构排列图

这四种液晶的物理特性都不尽相同，常用于液晶显示器的是 Nematic 液晶，分子都是长棒状的，在自然状态下，这些长棒状的分子的长轴大致平行。当电流通过液晶层时，这些分子将会以电流的流向方向进行排列，如果没有电流，它们将会彼此平行排列。对带有细小沟槽的外层，将液晶倒入后，液晶分子会顺着槽排列，并且内层与外层以同样的方式进行排列。

（2）液晶的特性。

由于液晶介于固态和液态之间，既具有固态晶体的光学特性，又具有液态晶体的流动特性。液晶的物理特性包括它的黏性（viscosity）、弹性（elasticity）和极化性（polarizality）。液晶的黏性和弹性从流体力学的观点来看，可以说是具有排列性质的液体，依照作用力的不同方向，会有不同的效果。因此，光线射入液晶物质中，必然会按照液晶分子的排列方式传播行进，产生了自然的偏转现象。至于液晶分子中的电子结构，都具有很强的电子共轭运动能力，当液晶分子受到外加电场的作用时，便很容易被极化，产生感应偶极性（induced dipolar），这也是液晶分子之间互相作用力量的来源。而一般电子产品中所用的液晶显示器，就是利用液晶的光电效应，借助外部的电压控制，再通过液晶分子的光折射特性，以及对光线的偏转能力来获得亮暗差别（或者称为可视光学的对比），进而达到显像的目的。

液晶同固态晶体一样具有特异的光学各向异性，而且这种光学各向异性伴随分子的排列结构不同将呈现不同的光学形态。例如，选择不同的初期分子取向和液晶材料，将分别得到旋光性、双折射性、吸收二色性、光散射性等各种形态的光学特性。一旦使分子取向发生变化，这些光学特性将随之变化，于是在液晶中传输的光就受到调制。由此可见，变更分子的排列状态即可实现光调制。这种由电场产生的光调制现象叫作液晶的电光效应（electro－optic effect），它是液晶显示的基础。这种光学特性可通过表面处理、液晶材料选择、电压及其频率的选择获得。

3. 偏振片

偏振片又称偏光片，是将高分子塑料薄膜在一定的工艺条件下进行加工而成的，涂有一层光学压敏胶，可以贴在液晶盒的表面。偏光片的偏光轴相互平行（黑底白字的常黑型）或相互正交（白底黑字的常白型），且与液晶盒表面定向方向相互平行或垂直。前偏振片表面有一层保护膜，使用时应揭去。偏振片怕高温、高湿，在高温高湿条件下会使其退偏振或起泡。

（二）LCD 的特点及分类

1. 液晶显示器的特点

液晶显示器具有如下特点。

（1）寿命很长，只要显示器中的配件保持良好，它就能长期正常工作。

（2）没有辐射污染，与显像管相比，这是最突出的优势。

（3）属于被动显示，液晶本身不会发光，而是靠外界光的不同反射和透射形成不同的对比度来达到显示的目的。外界光越强，显示内容也越清晰。这种显示更适合于人眼视觉，不易引起眼睛的疲劳，有益于长期观看显示器的工作者。

（4）工作电压很低，一般为 2～3V，所需的电流也只有几微安，属于 $\mu W/cm^2$，因此它是低电压低功率显示器件，与阴极射线管显示器（CRT）相比，可节约相当多的功耗。

（5）由于液晶为无色，采用滤色膜便可实现彩色化，因此能重现电视的彩色画面，在视频领域有着广阔的发展前途。

2. 液晶显示器的种类

（1）按照控制方式可分为被动（无源）矩阵 LCD 和主动（有源）矩阵 LCD。

被动矩阵式 LCD 在亮度及可视角方面受到较大的限制，反应速度也较慢。画面质量方面的问题，使得这种显示设备不利于发展为桌面型显示器。目前应用比较广泛的主动矩阵式 LCD，它在画面中的每个像素内建晶体管，可使亮度更明亮、色彩更丰富及可视面积更宽广。

无源矩阵 LCD 有 TN－LCD（Twisted Nematic－LCD，扭曲向列 LCD）、STN－LCD（Super TN－LCD，超扭曲向列 LCD）、DSTN－LCD（Double layer STN－LCD，双层超扭曲向列 LCD）。

有源矩阵 LCD 有 TFT－LCD（Thin Film Transistor—LCD，薄膜晶体管 LCD）。

（2）按显示方式可分为反射型、透射型和投影型。

（3）按衬底与字、符的黑白可分为正型和负型。

正型是字、符为黑，衬底为白，多用于白色背景下；负型是字、符为白，衬底为黑，适合于黑背景下使用。

（4）按用途可分为计算器用、手表用、仪器仪表用、彩色电视机用、影碟机用、计算机用等类型。

（三）液晶显示器的主要技术指标

1. 数字界面

大多数流行的桌上型 LCD 显示器均采用 TFT（Thin－Film－Transistor）显示技术。各种平面显示器目前最大的差异在于所使用的界面：模拟式或数字式。大多数视频卡为了搭配 CRT 显示器，均产生模拟式的输出信号，不过 LCD 却采用数字式的工作原理。为了搭配一般的视频界面卡，大多数 LCD 显示器均提供模拟式界面，然后将内部来自视频卡的模拟信号转换为数字信号。尽管如此，在模拟至数字信号的转换过程中，仍然会损失若干信息，将导致画质变差。因此，少数新型平面显示器采用数字式界面，如此便能够省略额外的模拟至数字信号转换。而且这种设计也有助于降低成本，并简化产品的设定工作。因为大多数采用数字界面的产品，使用者只需要调整亮度即可；而模拟式的产品，使用者必须同时调整脉冲与信号相位、影像大小与位置。另外，数字式产品的画质较为精良，因为信号不必经过额外的转换，所以误差较小。

2. 屏幕尺寸

屏幕尺寸是指液晶显示器屏幕对角线的长度，单位为英寸（in）。与 CRT 显示器不同的是，由于液晶显示器标称的屏幕尺寸就是实际屏幕显示的尺寸，所以 17in 的液晶显示器的可视面积接近 19in 的 CRT 纯平显示器。

对于目前越来越多的宽屏液晶显示器而言，其屏幕尺寸仍然是指液晶显示器屏幕对角线的长度，目前市售产品主要以 19in 为主。现在宽屏液晶显示器的屏幕比例还没有统一的标准，常见的有 16∶9 和 16∶10 两种。由于宽屏液晶显示器相对于普通液晶显示器具有有效可视范围更大等优势，或许会成为液晶显示器的发展方向，未来可能会成为主流。

3. 点距与扫描频率

LCD 显示器的像素间距（Pixel Pitch）的意义类似于 CRT 的点距（Dot Pitch）。LCD 显示器的像素数量是固定的。因此，只要在尺寸与分辨率都相同的情况下，所有产品的像素间距都应该是相同的。例如，分辨率为 1024×768 的 15inLCD 显示器，其像素间距皆为 0.30 mm。

LCD 显示器像素的亮灭状态只有在画面内容改变时才会有所变化，所以即使扫描频率很低，画面也根本没有所谓的"闪烁"问题。

4. 分辨率

分辨率是显示器主要的考查标准。因为显示器一定要能支持应用软硬件所需的分辨率。LCD 只支持所谓的真实分辨率，LCD 液晶显示器只有在真实分辨率下，才能显现最佳影像。LCD 显示器呈现分辨率较低的显示模式时，有两种方式显现。第一种为居中显示。例如，想在 XGA 1024×768 的屏幕显示 SVGA 800×600 的分辨率时，只有 1024 居中的 800 像素、768 居中的 600 条网线可以被呈现出来。其他没有被呈现出来的像素与网线，就只好维持黑暗。整个画面看起来好像是影像居中缩小，外围还有阴影环绕。另一种为扩展显示。此种显示方法的好处是，不论用户使用的分辨率是多少，所显示的影像一定会运用到屏幕上的每一个像素，而不至于产生阴影边缘环绕。然而，由于影像是被扩展至屏幕上的每一个像素，因此影像难免会受到扭曲，清晰准确度也会受到影响。

5. 视角大小

可视角度是评估 LCD 显示器的主要项目之一。LCD 显示器必须从正前方观赏才能够获得最佳的视觉效果。如果从其他角度看，则画面的亮度会变暗（亮度减退）、颜色改变，甚至某些产品会由正像变为负像。

有源矩阵式 TFT－LCD 显示器的这种现象就比较轻微。某些较新型的桌上型产品，尤其是 17 英寸以上的机种，采用 in－plane 交换技术来扩大画面的观赏角度。如此一来，效果最好的桌上型液晶显示器，其观赏角度已经能够逼近 CRT 显示器，约为左、右两侧各 80°，也就是水平观赏角度为 160°，几乎能够从任何角度看到画面的内容。

6. 亮度与对比度

桌上型 LCD 显示器画面亮度高于笔记本电脑。这是因为笔记本电脑只用一根灯管作为光源（可节省电力），而桌上型产品所使用的灯管较多。LCD 的画面亮度以 cd/m² 为测量单位。目前大多数桌上型显示器的亮度为 150～200cd/m²，也有少数几种高达 250cd/m²。

亮度与对比度搭配得恰到好处，才能够呈现美观的画质。大多数液晶屏的对比度为 100：1～300：1，不过某些机种的对比可高达 600：1。

7. 反应速度

测量反应速度或回复时间的单位是毫秒（ms），是指个别像素由亮转暗并由暗转亮所需的时间。大多数 LCD 显示器的反应速度为 50～100ms，不过也有少数几种可以做到 30ms。数值越小，代表反应速度越快。

8. 色阶数

LCD 只能够呈现 260 000 种颜色，某些产品宣称能够呈现 1600 万种颜色。尽管如此，这种产品通常都是用抖动（Dithering）算法来呈现这么多种的颜色，所以在色阶的平滑程度方面仍然不及 CRT。不过一般人在正常的使用情况下是无法察觉的。

四、等离子显示技术

（一）PDP 的定义、分类与特点

等离子体显示器（Plasma Display Panel，PDP）是继液晶显示器（LCD）之后的最新显示技术之一，如图 1-21 所示。PDP 是指所有利用气体放电而发光的平板显示器件的总称。它属于冷阴极放电管，其利用加在阴极和阳极间一定的电压，使气体产生辉光放电。彩色 PDP 是通过气体放电发射的真空紫外线（VUV），照射红、绿、蓝三基色荧光粉，使荧光粉发光来实现彩色显示的。其放电气体一般选择含氙的稀有混合气体，如氖氙混合气（Ne－Xe）。

图 1-21　PDP 显示器

PDP 按工作方式的不同主要可分为电极与气体直接接触的直流型（DC－PDP）和电极用覆盖介质层与气体相隔离的交流型（AC－PDP）。

PDP 具有易于实现大屏幕、厚度薄、重量轻、图像质量高和工作在全数字化模式等优点。特别是 20 世纪 90 年代以来，等离子显示技术在实现全彩色显示、提高亮度和发光效率、改善动态图像显示质量、降低功耗和延长寿命方面取得了重大突破，使 PDP 成为大屏幕壁挂电视、HDTV 和多媒体显示器的首选器件，有着广阔的应用前景。PDP 的特点具体如下。

（1）易于实现薄型大屏幕。PDP 显示器的厚度一般小于 12cm，重量只有十几千克。PDP 的显示面积可以做得很大，不存在原理上的限制，而目前主要受限于制作设备和工艺技术。目前，PDP 屏的尺寸主要集中在对角线 37～80in 的范围。

（2）具有高速响应特性。PDP 显示器以气体放电为基本物理过程，其"开""关"速度极高，为微秒量级。因而扫描线数和像素数几乎不受限制，特别适合大屏幕高分辨率显示。

（3）可实现全色彩显示。PDP 利用稀有混合气体放电产生的紫外线激励红、绿、蓝三基色荧光粉发光，并采用时间调制（脉冲调制）灰度技术，可以达到 256 级灰度和 1677 万种颜色，能获得与 CRT 同样宽的色域，具有良好的色彩还原性。

（4）视角宽可达 160°。

（5）伏安特性非线性强，具有很陡的阈值特性。

PDP 工作时，非寻址单元几乎不发光，因而对比度可以达到很高。

（6）具有存储功能。AC－PDP 屏本身具有存储特性，工作在存储方式，从而使扫描线数达到 1000 线以上时，也不会使显示屏亮度明显下降，容易实现大屏幕和高亮度。

（7）无图像畸变，不受磁场干扰。

（8）应用环境范围宽。PDP 结构整体性好，抗震能力强，可在很宽的温度和湿度范围内或在有电磁干扰、冲击等恶劣环境条件下工作。

（9）工作于全数字化模式。

（10）寿命长。单色 PDP 的寿命可达 10 万小时，彩色 PDP 也可达到（3～4）万小时。

（11）不适合高原使用。因 PDP 内部气压为 50kPa，所以海拔 2000m 以上不能使用。

（二）PDP 的显示原理及显示屏结构

1. PDP 的显示原理

等离子显示技术是一种利用气体放电产生射线激发荧光粉发光的显示技术，其工作原理与常见的日光灯很相似，其原理如图 1-22 所示。

在等离子电视机的显示原理中，最重要的是利用等离子体再结合产生的"电磁波"来轰击荧光粉发光。为了得到合适波长的电磁波，往往需要挑选适合的气体分子。等离子电视机采用氖、氙等混合惰性气体作为工作媒质，这种气体在电离后的再次结合中会产生较强的紫外线，紫外线轰击荧光粉则可以发出可见光线。

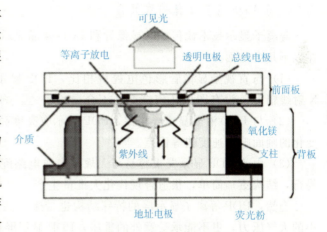

图 1-22　PDP 显示原理

等离子电视机选用不同的荧光粉来产生红、绿、蓝 3 种基本色彩的光线，三原色的光线按不同比例混合则可以产生人眼常见的自然界的主要色彩。目前等离子电视机的色彩再现能力能够达到几十亿色，甚至几百亿色，但是这些色彩在根本上是红、绿、蓝三原色混合呈现。

2. PDP 显示屏结构

实际中的等离子电视机的屏幕面板主要由两个部分所构成：前板和后板，结构如图 1-23 所示。

前板包括前玻璃基板、维持电极、扫描电极、透明诱电体层、MgO 膜。等离子电视机屏幕的另外一面是后板，其中包括荧光体层、隔墙、下板透明诱电体层、寻址电极、后玻璃基板。

负责等离子电视机屏幕发光的磷光质并不是在前板的那一面，而是在后板的部分。等离子电视机屏幕的基本结构可以看成是上、下两层玻璃板，配合一系列中间层材料构成。

实际中的等离子管则是靠上、下玻璃层及隔墙层构成的。通常隔墙层的材料是特种陶瓷。

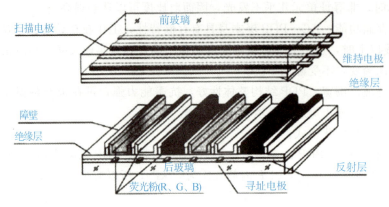

图 1-23　PDP 显示屏结构

（三）PDP 等离子体的优缺点

等离子显示技术比传统的显像管和 LCD 液晶显示屏，具有更高的技术优势，主要表现在以下几个方面。

（1）与直视型显像管彩色电视机相比，PDP 显示器的体积更小、重量更轻，而且无 X 射线辐射，没有图像几何畸变，不会受磁场的影响，具有更好的环境适应能力。

（2）与 LCD 液晶显示屏相比，PDP 显示有亮度高、色彩还原性好、灰度丰富、对迅速变化的画面响应速度快等优点。

（3）由于 PDP 显示器很容易与大规模集成电路配合，体内零部件任凭拆卸，工艺方便易行，结构更加简单，很适合现代化大批量生产。

当然，PDP 等离子显示屏的特殊结构也带来一些缺憾，如它的表面不能承受太大或太小的大气压力，更不能承受意外的重压；PDP 显示屏耗电量很大、发热量大、价格偏高。

五、背投显示技术

（一）概述

背投是相对于传统的前投而言的。人们常提到的多媒体投影机主要是指正投影机。从原理上讲，背投和正投是相同的，二者的主要区别在于图像光线的来源方式。简单地说，正投是观察者和投影机位于反射屏幕的同一侧，从投影机投射出来的光照射到屏幕，观察者看到的是屏幕反射回来的光；背投是观察者和投影机位于背投屏幕的两侧，将投影机安装在机身内的底部，从投影机投射出来的光照射到半透明的背投屏幕时会有部分光透过，观察者看到的是透射出来的光，如见图 1-24 所示。

背投影电视机由反光镜、投影机、背投屏三者组成投影电视光学放大成像系统，其作用是将投影管透射镜头透射出的光束反射到特制的背投屏上，以便在屏幕上显示出图像。投影机与反光镜的安装角度，即透射光线的入射角度、反光镜面与背投屏之间的角度决定了背投式光束的传送途径，也决定了最终能否在屏幕上产生所需的图像。它的安装角度不能随意改变，涉及整个光学系统的设计。

背投影的优势在于背投系统中投影机和屏幕合为一体，用户无须对系统进行光学调整，使用起来像使用普通电视机一样简单。根据采用投影技术的不同，背投可以分为 CRT 背投、LCD 背投、LCOS（硅基液晶）背投、DLP（数字光处理）背投等几种类型。

CRT 投影机又名三枪投影机，它主要由 3 个 CRT 管组成。为了使 CRT 管在屏幕上显示图像信息，CRT 投影机把输入的信号源分解到 R（红）、G（绿）、B（蓝）3 个 CRT 管的荧光屏上，荧光粉在高压作用下发光，经过光学系统放大和汇聚，在大屏幕上显示出彩色图像。

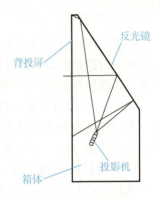

图 1-24　背投原理图

CRT 背投具有亮度高、连续使用时间长的优点。由于 CRT 技术非常成熟，生产规模较大，性价比高，在当前背投市场处于主导地位。CRT 背投的缺点是很难提升亮度，因为它是靠荧光粉发光，容易使显像管老化，时间长了，画面会变暗，清晰度降低。

（二）LCD 背投技术

LCD（Liquid Crystal Display）背投的成像方式为穿透式，成像器件为液晶板，是一种被动式的投影方式。它利用金属卤素灯或 UHP（冷光源）提供外光源，将液晶板作为光的控制层，通过控制系统产生的电信号控制相应像素的液晶，液晶透明度的变化控制了通过液晶的光的强度，产生具有不同灰度层次及颜色的信号，显示输出图像。它的色彩还原性好，亮度和对比度都优于 CRT 背投。目前 LCD 背投没有成为市场主流的原因主要在于其成本较高。此外，LCD 背投限于其工作原理方面的原因，它的开机预热和关机后散热都需要较长时间，不能做到像 CRT 背投那样随开随关。

LCD 投影机按照液晶板的片数分为三片式和单片式。目前，三片式投影机是液晶板投影机的主要机种，其原理如图 1-25 所示。

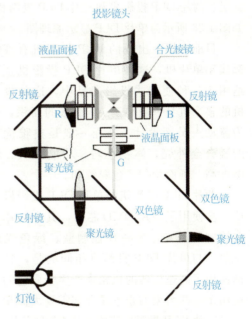

图 1-25　三片式 LCD 投影示意图

三片式 LCD 板投影机的原理是用红、绿、蓝 3 块液晶板分别作为红、绿、蓝三色光的控制层。三片机是光源发射出来的白色光经过镜头组汇聚到分色镜组，红色光首先被分离出来，投射到红色液晶板上，液晶板上相应的像素接收到来自信号源的电子信号，呈现为不同的透明度，以透明度表示的图像信息被投射，生成了图像中的红色光信息。绿色光被投射到绿色液晶板上，形成图像中的绿色光信息。同样，蓝色光经蓝色液晶板可生成图像中的蓝色光信息。然后三色光经过合色光路，在合色棱镜中汇聚，最后经透镜投射后，在屏幕上形成彩色图像。

（三）DLP背投技术

DLP（Digital Light Processing）指数字光处理技术，这种技术要先把影像信号经过数字处理后再投影出来，其投影显示质量很好。与LCD背投的透射式成像不同，DLP为反射方式。其系统核心是TI（德州仪器）公司开发的数字微镜器件DMD（Digital Micro Mirror Device），DMD是显示数字可视信息的最终环节，它是在CMOS的标准半导体芯片上加上一个可调变反射面的旋转机构形成的器件。通常DMD芯片有约130万个铰接安装的微镜，一个微镜对应一个像素。

DLP背投的原理是用一个积分器（Integrator）将光源均匀化，通过一个有色彩三原色的色环（Color Wheel），将光分成R、G、B三色，微镜向光源倾斜时，光反射到镜头上，相当于光开关的"开"状态；微镜向光源反方向倾斜时，光反射不到镜头上，相当于光开关的"关"状态。其灰度等级由每秒钟光开关次数来决定。因此采用同步信号的方法，处理数字旋转镜片的电信号，将连续光转为灰阶，配合R、G、B 3种颜色将色彩表现出来，最后投影成像，便可以产生高品质、高灰度等级的图像。

根据DLP投影机中包含的DMD数字微镜的片数，人们又将投影机分为单片DLP投影机、两片DLP投影机和三片DLP投影机。如图1-26所示为单片DLP显示原理图。

目前市场上出现的DLP投影机有许多都属于单片机，这种单片DLP投影机主要适用于各种便携式投影产品中，这种投影机的整个机身一般小于A4纸张的面积，专为流动人员而设计，外壳一般是典雅优美的镁合金外壳，体积小巧、功能强大、清晰度高、画面均匀、色彩锐利。

两片DLP投影机与单片DLP投影机相比，多使用了一片DMD芯片，其中一片单独控制红色光，另一片控制蓝、绿色光的反射。与单片DLP投影机相同的是，它们

图1-26　单片DLP显示原理图

都使用了高速旋转的色轮来产生全彩色的投影图像。这种投影机主要应用于大型的显示墙，适用于一些大型的娱乐场合和需要大面积显示屏幕的用户。

三片DLP投影机使用3片DMD芯片，3片DMD芯片分别反射三原色中的一种颜色，已经不需要再使用色轮来滤光了。使用3片DMD芯片制造的投影机光通量最高可达到12 000lm，它抛弃了传统意义上的汇聚，可随意变焦，调整十分便利；只是分辨率不高，不经压缩分辨率只能达到1280×1024这样的标准，它常常用于对亮度要求非常高的特殊场合下。

综上所述，DLP技术的优点如下：DLP技术以反射式DMD为基础，是一种纯数字的显示方式，图像中的每一个像素点都是由数字式控制的三原色生成，每种颜色有8～10位的灰度等级，DLP技术的这种数字特性可以获得精确数字灰度等级以及颜色再现。与透射式液晶显示LCD技术相比，投射出来的画面更加细腻；不需要偏振光，在光效率的应用上较

高；此外，DLP 技术投影产品投射影像的像素间距很小，形成几乎可以无缝的画面图像。正是基于以上原因，DLP 投影机产品一般对比度都比较高，黑白图像清晰锐利，暗部层次丰富，细节表现丰富，在表现计算机信号黑白文本时画面精确、色彩纯正、边缘轮廓清晰。

经过近期的发展，目前 DLP 技术的应用领域正在逐步扩张，其应用领域涉及数字电影、大屏幕拼接显示、前投式投影机一直到背投电视等大屏幕显示。目前，DLP 技术正向着低成本、高画质的方向发展。在降低成本方面，TI 公司一方面改良自己的生产加工工艺，提高 DMD 的优品率；另一方面完善 DMD 产品系列，从而适合不同层次的产品应用需求。在提高 DLP 投影机画面质量的技术实现上，TI 发布了 SCR（Sequen−tial Color Re-capture，顺序色彩重捕技术）用于提升投影机的亮度和色彩表现；2002 年下半年，DLP 投影机光路上采用六段式色轮，进一步提高了色彩和亮度。

（四）LCOS 背投技术

LCOS（Liquid Crystal On Silicon）技术结合了半导体与 LCD 技术，其光学成像原理与 DLP 同为反射方式。与前述两种背投技术相比，其优势在于高解析度、高亮度的特性，而且结构简单，成本降低潜力大。虽然在目前的背投应用方面，相对于流行的 LCD 技术及近期热门的 DLP 投影技术而言，LCOS 不能与其抗衡，但是 LCOS 是被看好的最具潜力的投影技术，随着其光学投影系统在重量、亮度上的不断改善，必将在背投电视市场占据显赫地位。

LCOS 显示面板其中一面以 CMOS 芯片为基板，无法让光线直接穿过，因此采用穿透式成像方式。通常 LCOS 光学系统中需要利用偏极化分光镜（Polarization Beam Splitter，PBS），将入射 LCOS 面板的光线与反射的光线分开。PBS 是由两个 45° 等腰直角棱镜底边黏合而成的棱镜，当非线性偏极化光入射 PBS 时，PBS 会反射入射光的 S 偏振光（垂直入射线平面），并且让 P 偏振光（平行入射线平面）通过。由于 LCOS 光学系统技术仍在起步阶段，所以 IBM、Color Quad、Philip、Hologram 等多家厂商都开发了不同的 LCOS 光学引擎架构，主要可分为单片式和三片式两大类。

1. 单片式

单片式 LCOS 光学引擎如图 1-27 所示，R、G、B 色环快速旋转将来自光源的白光分成循环的红、绿、蓝单色光。这三原色光与驱动程序产生的红、绿、蓝画面同步，便形成分色影像。频率足够快时，由于人眼视觉暂留的特性，观察者便可以看见彩色的投影画面。单片式光学引擎占用空间相对小，仅需一片面板，系统架构比较简单，因此在成本上更具竞争优势。

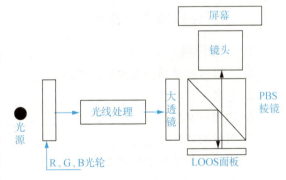

图 1-27　单片式 LCOS 光学引擎示意图

2. 三片式

三片式 LCOS 光学引擎是目前市场采取的主要方式。它以 UHP 灯泡为光源，光线首先经过两个复眼透镜使光线均一化，然后经过一层 PBS 棱镜和透镜，接下来经过红、蓝、绿三色光的分光光路，再分别将光束投射到 3 片 LCOS 面板，反射的三色影像经过合色系统形成彩色影像，投射到屏幕上，原理如图1-28所示。此系统中，用到了4个方棱镜，4个PBS棱镜以及2个复眼透镜和几个反射镜。由此可见，三片式LCOS光学引擎除了需要3片面板外，还需要结合多项的分色、合色光学系统，因此体积较大、成本也较高，但是可以达到较高的光学效率。在LCOS投影技术中，其面板的下基板采用CMOS基板，其材质是单晶硅，拥有良好的电子移动率，而且单晶硅电路能做得很细，因此容易达到高解析度。此外，LCOS为反射式成像，不会像LCD光学引擎因光线穿透面板而大幅降低光利用率，因此拥有很高的光利用率，可以较少耗电产生较高的亮度，并且具备高画质的特性，因此主要朝高阶的专业用途发展。

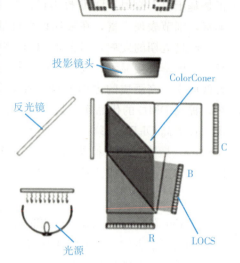

图1-28　三片式LCOS投影原理图

LCOS是一种普遍的投影技术，包括不同的种类，如今正呈现两极化发展：一是应用于大尺寸的背投影电视，这是目前LCOS的主流应用产品；二是应用于小尺寸的高分辨率可携式产品，在量产及成本问题解决后，该类产品将有机会在前投影市场上获得更广泛的应用。

总的来说，CRT背投、LCD背投、DLP背投、LCOS背投这几种背投显示技术各有优势。现在公认的主流投影技术是LCD和DLP，两者几乎已经形成了平分秋色的格局。而LCOS是最具成本优势潜力和图像质量优势的技术，随着人们对显示画面尺寸要求的提升，同时追求电视画面更舒适、更清晰，LCOS将具有最大的优势。

● 项目验收

一、职业技能鉴定指导

（一）填空题

1. 人眼可感觉到的光波长范围是_____。

2. 色彩三要素是_____、_____、_____。

3. 物理三基色是_____、_____、_____。

4. 图像的属性有_____、_____、_____、_____和_____。

5. 模拟调制系统中调制方式有_____、_____、_____。

（二）问答题

1. 什么是视频技术？

2. 什么是人眼的视觉特性？

3. 为什么视频信号要压缩？

4. 常用的视频信号压缩标准有哪些？

5. 图像数字化方法？

6. 数字调制系统中调制方式有几种？

7. 显示器件的参数有哪些？

8. 液晶显示器的主要技术指标？

9. 简述 LCD 显示技术的特点和显示原理。

10. 简述 PDP 显示技术的特点和显示原理。

二、项目考核评价表

项目名称	视频技术基础理论认知				
专业能力（70%）			得分		
训练内容	考核内容	评分标准	自我评价	同学互评	教师寄语
视频基础知识（20分）	1. 掌握视频技术的定义； 2. 理解光和彩色的基本原理； 3. 掌握人眼的视觉特性； 4. 了解视频技术发展和应用	优秀100%； 良好80%； 合格60%； 不合格30%			
认识视频信号压缩编码技术（10分）	1. 理解视音频信号压缩编码的必要性； 2. 掌握常用的视频信号压缩标准	优秀100%； 良好80%； 合格60%； 不合格30%			
数字视频信号处理技术基础（20分）	1. 认识视频信号； 2. 了解视频信号编码和译码过程； 3. 认识彩色电视信号类型； 4. 理解电视图像的数字化方法； 5. 了解基本的图像编码技术； 6. 了解常用的调制方法	优秀100%； 良好80%； 合格60%； 不合格30%			
常用的视频显示技术（20分）	1. 了解显示器件的分类和主要参数； 2. 掌握 CRT 显示技术及原理； 3. 掌握液晶显示技术及原理； 4. 掌握等离子显示技术及原理； 5. 掌握背投显示技术及原理	优秀100%； 良好80%； 合格60%； 不合格30%			
团队合作意识（10分）	具有团队合作意识和沟通能力；承担小组分配的任务，并有序完成	优秀100%； 良好80%； 合格60%； 不合格30%			

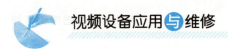
项目名称	视频技术基础理论认知				
专业能力（70%）			得分		
训练内容	考核内容	评分标准	自我评价	同学互评	教师寄语
敬业精神 （10分）	热爱本职工作、工作认真负责、任劳任怨. 一丝不苟，富有创新精神	优秀100%； 良好80%； 合格60%； 不合格30%			
决策能力 （10）	具有准确的预测能力；准确和迅速地提炼出解决问题的各种方案的能力	优秀100%； 良好80%； 合格60%； 不合格30%			

项目二

模拟电视原理与维修

项目描述

　　模拟电视技术产生于20世纪80年代，给当时的人们带来了最早的视频体验，丰富了人们的日常生活。随着科学技术的发展，模拟电视已经被数字电视所替代，成了"老古董"。但是要了解先进的数字电视，还需要从基础的模拟电视学起。

　　小王同学很喜欢看电视，可是有一天正看到精彩处，电视图像却突然变得不清晰了，朋友说，你学的就是电子技术嘛，看看这是怎么回事啊？小王束手无策，最后朋友找了维修技师把电视修好了。了解到这个项目是模拟电视机维修，小王心想一定要通过项目熟悉和掌握电视的原理与维修，再碰到类似情况，就可以在朋友面前露一手啦！

学习目标

1. 知识目标

（1）学习模拟图像信号数字化处理的主要过程，彩色全电视信号的组成、主要技术参数及波形特征。

（2）学习三种彩色电视制式 NTSC、PAL、SECAM 的原理及其特点。

（3）学习模拟信号怎样经过调制，发送、传输、接收的过程及方法。

（4）学习电视机的整机拆卸及整机故障维修方法。

（5）学习电视机开关电源电路组成及工作原理。

（6）学习电视机扫描电路组成及工作原理。

（7）学习电视机显示电路中显像管和视放电路组成及工作原理。

（8）学习电视机信号电路中高频、中频、低频、彩色解码模块电路组成及工作原理。

（9）学习红外遥控基础知识、遥控电路原理和。

2. 技能目标

（1）能拆卸与安装电视机。

（2）能维修电视机电源故障。

（3）能维修扫描电路故障。

（4）维修电视信号传输故障。

（5）能维修电视机遥控电路故障。

项目讲解

任务 1 认识模拟电视信号

任务分析

什么是模拟电视信号？电视之所以能够显示丰富多彩的节目，是接收到不同种类的节目信号的显示结果。电视机的种类五花八门，有黑白的、彩色的、数字的、模拟的，它们接收的电视信号一样吗？显示出来的图像一样吗？要研究电视机，首先要从它接收到的模拟电视信号开始。

任务准备

要理解电视信号，要从电视系统中的光电转换、电子扫描过程开始理解电视图像中的像素、图像格式、分辨力及清晰度等概念；了解黑白视频图像信号的组成、相关技术参数及波形特征；了解彩色全电视信号的组成、主要技术参数及波形特征。

必备工具

彩条信号发生器、示波器。

必备知识

一、光电转换与电子扫描

电视系统中图像信息的摄取与重现，实质上是光电转换和电光转换的过程，分别由摄像管和显像管来完成。可以对电视系统尽可能地简化，从而得到如图 2-1 所示的示意图，通过讨论最简单的黑白图像信号的形成与传输，使大家对这一物理过程有粗略的了解。

（一）图像的分解与像素

为了传输一系列的活动电视图像，首先需要考虑怎样传输一幅完整的静止图像，通常的做法是先将这幅画面分解成许多小的单元，这些组成图像的最基本的单元称为像素。一幅画面所含像素的多少成为描述该画面质量的一个重要参数，单位面积上的像素越多，该画面所能提供的细节越丰富，图像层次越多，看起来越清晰；反之，画面则显得比较粗糙。

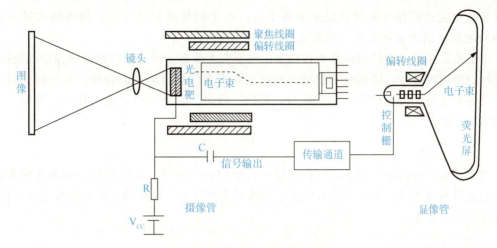

图 2-1 黑白图像传输的基本原理图

以荧光屏上的画面为例，目前所用的电视制式将图像分解成 766×575～44 万个像素。

每个像素都具有两个特性，一个是光特性（亮度和色度），另一个是空间特性（几何位置 z，y 坐标）。现以一个最简单的画面——一个"中"字为例，来讨论一下怎样将像素的这两个特性传输到显示终端。首先需要进行图像的分解，即把这个准备传输的"中"字放大，并将其分解为 9×12＝108 个像素，如图 2-2（a）所示，这些像素有黑有白，它们之间的亮度差异反映了像素的光特性；每个像素在不同的行和列中，不同的位置反映了像素的空间特性。接下来的问题就是看摄像机怎样通过光——电转换和电子扫描将其传送出去。

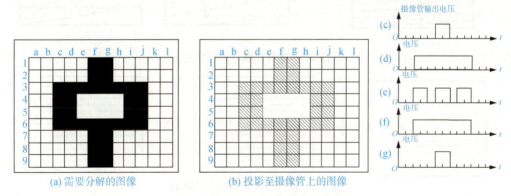

(a) 需要分解的图像　　(b) 投影至摄像管上的图像

图 2-2 顺序逐行扫描产生的信号

（二）光电转换和电子扫描

摄像机的镜头对准所要拍摄的图像，并使图像正好成像在摄像管的光电靶上。由于靶面镀层的光敏效应，使对应于图像的亮点电导率高、电阻值小，而对应于图像的暗点电导率低、电阻值相对较大，由此就把一幅光的图像变成了一幅电的图像。摄像管内的电子枪应产生一束电子射线，叫作电子束，电子束在偏转磁场的作用下，做自左向右、从上到下的扫描运动，当电子束由左上角逐行扫描到右下角时，一幅图像即被传输出去。高速运动的电子束在偏转磁场作用下所进行的这种扫描运动称为电子扫描，电子扫描是电视系统中完成图像分解及合成的基本手段。电子扫描的扫描方式、扫描格式等会直接影响到电视画面的显示效果、长宽比例及图像清晰程度等。

电子束在水平方向的扫描称为行扫描；电子束在垂直方向的扫描称为帧扫描或场扫描。这两种扫描同时进行，因此电子扫描的轨迹是两个方向扫描运动的合成；水平扫描的轨迹不可能绝对水平，而是稍微向右下倾斜；每扫一行向下移动一点，逐行移动，最后完成一帧画面的扫描。

1. 逐行扫描

当电子束沿画面由上至下，一行紧接一行地扫描一遍时，就可将整个画面各像素的宽度信息先后变成图像信号，并经传输通道传输到荧光屏上。这样的扫描方式称为逐行扫描，如图 2-3（a）所示。

2. 隔行扫描

隔行扫描是把一帧画面变成两场，图 2-3 中的（b）（c）分别称为奇数场和偶数场，即在奇数场扫描画面中的奇数行 1、3、5…在偶数场扫描画面中的偶数行 2、4、6、8…两场之间间隔很短，由于人眼的视觉暂留效应，产生的视觉还是一幅完整的画面，如图 2-4 所示。逐行扫描与隔行扫描图像质量对比如图 2-5 所示。

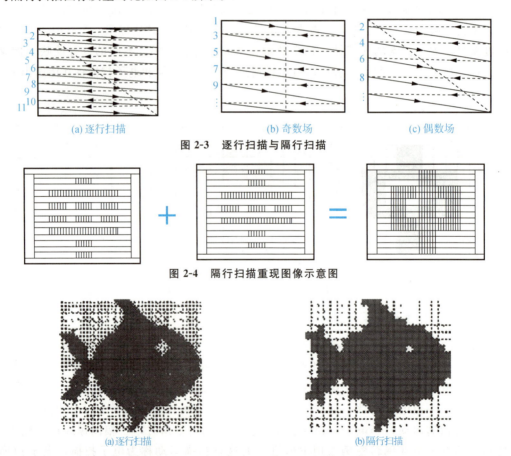

图 2-3　逐行扫描与隔行扫描

图 2-4　隔行扫描重现图像示意图

图 2-5　逐行扫描与隔行扫描图像质量对比

以上讨论的是一幅静止画面的传输，如果能够在 1s 的时间内传送 25 幅静止画面，则画面中的人物动作就可以连贯并产生活动的感觉。这主要是因为第一幅画面每个光点在人眼中产生的感觉尚未消失，第二幅画面相应的光点又出现了，这样一幅接一幅，由于人眼的视觉惰性和荧光屏上荧光粉的余晖现象，使人眼中呈现的图像是一幅幅完整、连贯、活动的图像。

在电视技术中，把一幅完整的静止图像称为一帧，1s 内必须传 25 帧，因此帧频为 25Hz，用 f_v 表示，即 $f_v = 25Hz$，由此可知传输一帧图像所需的时间是 1/25s，即帧周期 T_v 为 40ms。

电子束每秒沿画面作水平扫描的行数称为行频，用 f_H 表示。由于传输一帧画面要完成 625 次行扫描，由此可求出行频 f_H：

$$f_H = 625 \times 25Hz = 15\ 625Hz$$

水平扫描一行所需的时间称为行周期，用 T_H 或 H 表示，它是行频的倒数，即

$$T_H = \frac{1}{f_H} = \frac{1}{15625} = 0.000064s$$

以逐行扫描的方式每秒传输 25 帧图像，虽然解决了图像活动连贯的问题，但是观看电视节目的时候有明显的闪烁现象，这虽然可由增加每秒传送画面的帧数来解决，即让帧频高于临界闪烁频率，但是这会使电视信号的频带宽度增加，对设备的要求更高。为此，电视技术采用隔行扫描技术，每秒扫描 50 场，传输 25 帧图像，这样，数据量并未增加，但有效地消除了闪烁现象。

如果用 f_z 表示场频，则 $f_z = f_v \times 2 = 25 \times 2\ Hz = 50\ Hz$；如果用 T_z 表示场周期，则 $T_z = T_v/2 = 40/2\ ms = 20ms$。

为了使奇数场和偶数场的扫描光栅正好镶嵌、不会重合，要求每一场必须有一个半行。这样第一场结束于最后一行的一半，而且正好在荧光屏中间，所以一帧画面的总行数必须是奇数。我国电视制式规定为 625 行，每一场是 625÷2 = 312.5（行）。

（三）电视图像幅型比与扫描格式

电视图像幅型比是指由电子扫描所形成的光栅或电视图像的宽、高比例。传统模拟电视的幅型比为 4∶3，近期开播的高清晰度电视的幅型比为 16∶9。由图 2-3 可知，整幅图像是由一行接一行的扫描线组成的，或者说它是由水平方向和垂直方向的有效像素点阵组成的，将其称为图像格式或扫描格式，通常用图像水平方向和垂直方向有效像素的乘积来表示。我国目前用得比较多的几种图像格式如表 2-1 所示。

表 2-1　几种常用图像格式

分类	图像格式（扫描格式）	电子扫描总行数	每行含有效像素	每帧图像含有效行数	幅型比（宽、高比）	等效像素/万
模拟标清电视	766×575	625	766	575	4∶3	44.0
数字标清电视	720×576	625	720	576	4∶3	41.5
数字增强电视	1280×720	750	1280	720	16∶9	92.2
数字高清电视	1920×1080	1125	1920	1080	16∶9	207.4

（四）图像分辨力与电视图像清晰度

图像分辨力与电视图像清晰度是两个关系非常密切但又完全不同的概念。电视图像的清晰度是主观感觉到的电视画面细节呈现的清晰程度，用人眼所能分辨的最大电视线数表示；图像分辨力是指电视系统本身分解像素的能力，用水平方向和垂直方向的像素点阵表示，不受主观感觉的影响。

图像分辨力又可分为信源分辨力（即图像信号扫描格式）和成像器件固有分辨力，只有当信号源的分辨力与接收终端成像器件固有分辨力完全相同，而且信号在处理和传输全过程中都不产生失真的情况下，才能在终端显示屏上显示出所有的像素，即达到最理想的图像效果。一般情况下，在电视机显示屏上能够看到的电视画面清晰度会低于其系统分辨力。

二、黑白全电视信号

通过光电转换和电子扫描着重讨论了亮度信息的传输，也就是黑白电视中图像信号的传输，它仅仅是黑白全电视信号中的一部分。要真正成为可供显示的电视信号，还必须加上消隐信号、同步信号及前、后均衡脉冲等辅助信号组成全电视信号，没有这些辅助信号，荧光屏上就不能呈现正常、稳定的画面。全电视信号中各种信号的位置、电平幅度及波形如图 2-6 所示。

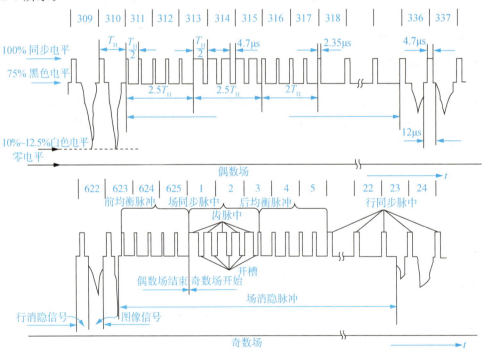

图 2-6　全电视信号

（一）图像信号

1. 图像信号的位置

图像信号必须在扫描正程传输，图 2-7 绘出了一行电视信号的波形，图中 $t_1 \sim t_2$ 为行扫描正程 52μs，图像信号如图 2-7（b）所示。一帧画面的传输共计需要 625 行，其中正程只有 575 行，逆程有 50 行。

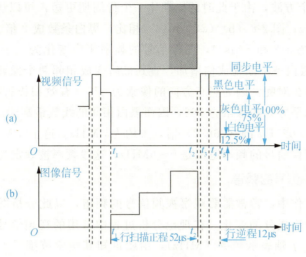

图 2-7　视频信号

2. 图像信号的幅度与波形

图像信号是单极性的，只能是正值，或只能是负值，不能在零值两边变化。我国规定传输时采用负极性图像信号，即图像信号的电压越高，表示传送的图像越暗；图像信号的电压越低，表示传送的图像越亮。表示图像信号的波形曲线只能在相对值 75％～10％ 之间变化，曲线的波形变化规律与一行图像的亮度变化一致。高电平 75％ 处对应于图像黑色，称为黑色电平；低电平 10％ 处对应于图像白色，称为白色电平。如果传输的画面为规则图案时，对应的图像信号波形也是规则变化的，如图 2-8 所示。如果传输的画面是不断变化的电视图像，则图像信号波形随图像内容随机变化。

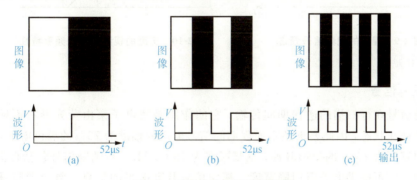

图 2-8　图像信号的波形和频率

3. 图像信号的频率

图像信号的最低频率对应于最简单的图像，即画面上亮度恒定不变的背景。因各像素间无亮度变化，如果不考虑逆程期间的消隐和同步信号，则图像信号波形为一条直线，变化频率为零，因而要求图像信号的最低频率为零。

图像信号的最高频率对应于图像细节，即画面上亮度急剧变化的部分，细节越细，则图像信号的频率越高。假定图像是两根黑白竖条，如图2-8（a）所示，图像信号的波形即是周期为$52\mu s$的一个方波，由于此时的周期比一个行周期更短，可以认为此时的图像信号频率约大于$15\,625Hz$；图2-8（b）（c）与（a）相比，黑白条数成2倍、4倍增加，图像信号的波形周期变为$52\mu s/2$和$52\mu s/4$，图像信号的频率相应变化为大于2倍$15\,625Hz$和4倍$15\,625Hz$。如果黑白条不断地成倍增加，直到最后变成相邻两个像素均为黑白相间的细线，这种细线能有多少对呢？因为竖直方向的像素为575（有效扫描行数），按照荧光屏标准宽、高比可求出水平方向的像素为766，因而黑白相间的线数最高能达到766/2对。此时的图像信号频率为$15\,625Hz$的（766/2）倍，大约为$6\,MHz$。这个$6\,MHz$就是图像信号的最高频率。由此，图像信号的频率范围是0～6MHz，这段频率被确定为视频。

4. 图像（视频）信号的频谱

在今后的维修工作中，常常需要观察视频信号的频谱，以此分析图像信号经过相关电路处理后的幅度和频率成分的变化。在理论分析过程中常用的视频信号频谱如图2-9所示，其中K轴表示幅度，f轴表示频率（MHz），由图可知其频率范围是0～6MHz，幅度恒定不变。显然，实际电路中不可能出现这种理想化的频谱特性，因为各种频率成分的幅度会有高有低，尤其是视频信号中的高频段（3.5MHz以上）常常衰减得很厉害，由于它是反映人物或物体细节的部分，需要适当补偿，图2-10所示就是维修过程中实测的视频放大器频率特性曲线，供比较时参考。

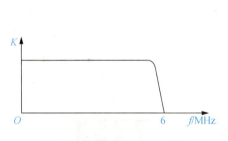

图2-9　理想的视频信号频谱

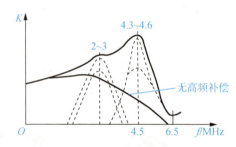

图2-10　实测的视频放大器频率特性

（二）消隐信号

1. 行消隐信号

行消隐信号在行扫描的逆程期间传输，它的作用是使电子束由荧光屏右面回到左面时显像管处于截止状态，因此要求整个逆程期间信号电压的幅度为75％的黑色电平，它实际上是一个脉冲宽度为$12\mu s$的矩形脉冲，重复频率为$15\,625Hz$。行消隐信号包括行消隐脉冲和场消隐脉冲。它可提供电子束消隐宽度、视频信号基准电平的信息。复合消隐脉冲的波形如图2-11所示。

2. 场消隐信号

场消隐信号在场扫描的逆程期间传输，它的作用是使电子束由荧光屏底部回到顶部时显像管处于截止状态，因此要求整个场逆程期间信号电压的幅度为75％的黑色电平，场消隐信号，其宽度为25H（H指一行），即每场一个64s。严格地讲，场消隐的脉冲宽度应该

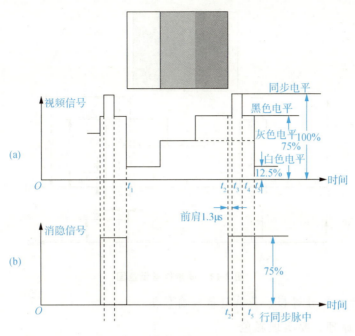

图 2-11　复合消隐脉冲的波形

是 25 个行周期加上一个行消隐时间，所以场消隐的时间总共是 64×25＋12＝ 1612μs。

（三）同步信号

为了使显像时的电子扫描与摄像时的电子扫描保持严格同步，电视信号在传输时要由"同步机"发出作同步用的复合同步信号提供扫描频率和相位信息。复合同步信号也分为行同步信号和场同步信号两种。

1. 行同步信号

行同步信号和行消隐信号一样，也是在行逆程期间传输，准确地说，它是在图 2-7 中 $t3\sim t4$ 的时间内传输，其脉冲宽度只有 4.7μs，而且必须在扫描正程结束后的 1.3 μs发出。因为此时一行图像信号的传输任务已经完成，在消隐开始后应立即发出行同步信号，要求显像端与摄像端同时开始回扫。

2. 场同步信号

场同步信号和场消隐信号一样，也是在场逆程期间传输，其电平高度与行同步信号一样，为电平高度的 75％～100％处，但场同步脉冲的宽度比行同步脉冲宽得多，达 2.5 个行周期，共 160μs，如图 2-12 所示。

三、彩色全电视信号

黑白电视机的图像信号只包含一个亮度变化的物理量，它可以通过光电转换和电子扫描变成视频图像信号，视频图像信号又可以通过调制变成高频电视信号，电视机接收到这样的高频电视信号可以呈现黑白图像。但是，现在看到的绝大多数是彩色图像，这些能够呈现彩色图像的彩色电视信号又是怎样的呢？这就是下面我们要讨论的重点。

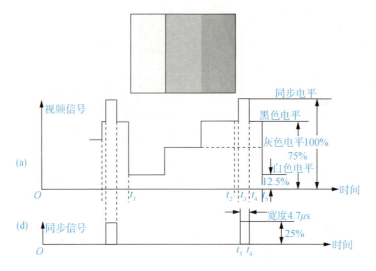

图 2-12　同步信号示意图

（一）彩色图像的分解和三基色电信号的产生

根据三基色原理，要实现彩色图像的传输，首先需要将彩色画面分解为红、绿、蓝三基色图像，这是由彩色摄像机来完成的，其主要分解过程如图 2-13 所示，被传输的是一幅八彩条画面。摄像机中的分色光学系统把要拍摄的彩色图像分解为红、绿、蓝 3 种色光，并分别投射到 3 支摄像管的靶面上，通过光电转换和 3 支摄像管中电子束的同步扫描，形成了反映三基色图像亮度变化的电信号 V_R、V_G、V_B。

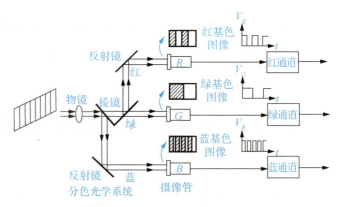

图 2-13　彩色画面的分解

就每一个基色图像的电信号形成过程而言，与黑白电视信号的形成过程基本相同。

（二）兼容性和逆兼容性

世界各国的彩色电视广播都是在本国原来黑白电视基础上发展起来的，在彩色电视开播的初期，黑白电视机在社会上已经拥有相当高的数量，这就要求新开播的彩色电视能与黑白电视兼容。所谓兼容，就是要求原有的黑白电视机能收看到新开播的彩色电视节目，而呈现黑白图像，即彩色电视制式对黑白电视机要有兼容性；同时要求新出现的彩色电视机能收看原有的黑白电视节目，仍呈现黑白图像，即具有逆兼容性。为了实现兼容，要求彩色全电视信号应具备以下特点：

（1）彩色全电视信号应由亮度信号和色度信号两部分组成，并且易于分开。亮度信号表示扫描像素的亮度变化，它与黑白电视机的视频图像信号一样，将它分离出来就能使黑白电视机呈现出黑白图像；而色度信号表示被扫描像素的色度中能辅助亮度信号呈现彩色图像，这就实现了兼容性。

（2）彩色电视的扫描方式、扫描频率和同步信号的组成应与黑白电视相同。

（3）传输时，一套彩色电视节目应与一套黑白电视节目占用同样的频道宽度，具有相同的图像载频、伴音载频和图像与伴音的调制方式。

综上所述，彩色电视信号传输时不能直接传送三基色信号，单从频带宽度的角度看就无法达到兼容的要求。为了保证图像的清晰度，每一个基色信号都要占据 6 MHz 的带宽，3 个基色信号的总带宽就是 18 MHz。为了降低难度，首先将三基色信号变换成亮度信号和两个色差信号；再将两个色差信号分别对一个 4.43 MHz 的色副载波进行调制，利用频谱交错的方法将它与亮度信号一起共存于一个频带内，用一个电视频道发送和接收。

（三）亮度信号和色差信号

1. 亮度信号

由三基色原理和配色实验可知，白光可由红、绿、蓝 3 种基色光组成，强度不同的白光产生不同的亮度感觉。用显像三基色配出白光量的关系式是亮度方程：

$$Y = 0.30\,R + 0.59\,G + 0.11\,B \tag{2-1}$$

2. 色差信号

在彩色电视中，除了传输亮度信号，还需要传输代表色调和色饱和度这两个量的色度信号。根据兼容的要求，色度信号中只包含色度信息，不再包含亮度信息。一个简便的方法就是从三基色信号中减去亮度信号。这种色度信号为色差信号。根据亮度方程，可导出各色差信号与三基色信号的关系：

$$\begin{cases} R-Y = R - (0.30\,R + 0.59\,G + 0.11\,B) = 0.70\,R - 0.59\,G - 0.11\,B \\ G-Y = G - (0.30\,R + 0.59\,G + 0.11\,B) = -0.30\,R + 0.41\,G - 0.11\,B \\ B-Y = B - (0.30\,R + 0.59\,G + 0.11\,B) = -0.30\,R - 0.59\,G + 0.89\,B \end{cases}$$

根据亮度方程有

$$0.30(R-Y) + 0.59(G-Y) + 0.11(B-Y) = 0 \tag{2-2}$$

上式不需要将 3 个色差信号全部传输，只需传输其中的两个即可达到将三基色中的色度信息全部传输的目的。因为 $G-Y$ 的系数最小，即相对幅度最小，因而传输过程中的信噪比低，易受干扰。通常传输的是 $R-Y$ 和 $B-Y$。

四、色差信号频带的压缩与频谱交错

如何在 6 MHz 的带宽中传输这 3 个信号而又不会引起相互的干扰？这个问题可分两步来解决：首先是压缩色差信号的频带，再把它"插到"亮度信号的"空隙"中去进行传输。

（一）亮度信号的频谱

亮度信号虽然占有 6MHz 的频带宽度，但理论和实践都表明它的频谱是不连续的间断频谱，研究其分布规律，找到空隙，便为色差信号的插入提供了可能性。

我国电视标准亮度信号的带宽为 0～6 MHz。矩形脉冲波的频谱如图 2-14 所示。

首先分析静止的图像，若被传输的画面如图 2-14（a）所示，它的信号波形就是周期为 T_V 的矩形方波，如图 2-14（b）所示。分析后发现，它实际上是由基波和相对幅度及相位

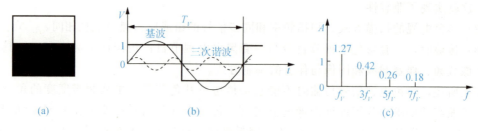

图 2-14　矩形脉冲波的频谱

都正确的许多奇次谐波相加而得到的（f_V的基波和它的三次谐波$3f_V$）。这种谱线之间的间隔为场频 f_V 倍数的谱线称为场谱线。谐波次数越多越小，谱线越低。将分析结果纳入图 2-14（c），可以得到典型图像的信号及其频谱，如图 2-15 所示。

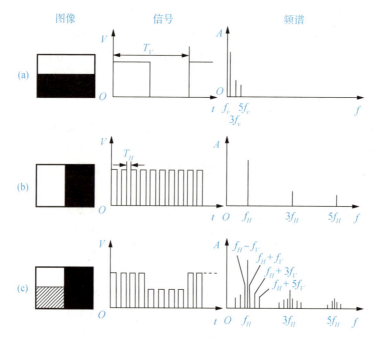

图 2-15　典型图像的信号及其频谱

若传输如图 2-15（a）所示的信号，其频率为行频 f_H，频谱分析后同样可以得到它的频谱线。若传输如图 2 - 15（b）所示的图像信号，其波形是受场频方波调制过的行频方波，它的频谱是在图 2 - 15（b）的左右对称排列着的场频谱线。每一根主谱线和它两边的场谱线组成一族，称为谱线族。各谱线族间的空隙占主谱线间距的 93.6%，而且随着行频谐波次数的增高，谱线族的幅度下降空隙也就越大。

　　如果传输活动图像，水平与垂直方向的画面内容都在变化，情况很复杂，但它们的图像信号总是通过逐行、逐场扫描形成，因此频谱特点和分布规律与图 2-15（c）谱线增多、增密，间距小到趋于零，而形成以主谱线为中心的三角形频谱群，频谱群之间的空隙略有减少，但空隙仍在 60% 以上。

（二）大面积着色原理与色差信号的频带压缩

根据人眼的视觉特性，人眼对彩色图像的分辨力低于对黑白图像的分辨力。在彩色电视中，只传送图像中粗线条大面积的彩色部分，彩色的细节（高频分量）由亮度细节代替，重现的彩色图像一样逼真，即色差信号所占频带压缩到1.3MHz左右，即频带压缩。这一原理称为大面积着色原理。

从频率的角度来分析，亮度信号和色差信号，其频谱结构基本一样：用6MHz的带宽传输亮度信号，以获得图像的轮廓和细节；仅用0~1.3MHz的带宽传输色差信号的低频分量，以保证图像的大面积着色。接收机恢复三基色时，色度信号的1.3~6.0MHz的高频分量由亮度信号的高频分量代替，这一原理称为高频混合原理。

彩色电视信号的带宽必须与黑白电视信号的带宽一致，只能是6MHz。将色差信号的频谱通过线性搬移均匀地插在亮度信号的频谱之间的技术称为频谱间置，如图2-16所示，也就是亮度信号和色度信号的频谱交错。

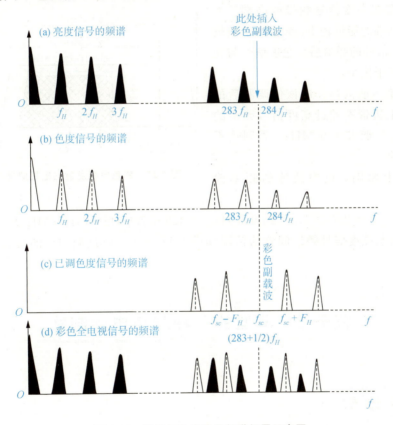

图 2-16 亮度与色度信号频谱间置示意图

亮度信号的高频段的干扰不易被人察觉，而要尽可能减小亮度与色度之间的互相干扰，必须将色差信号的频谱移到亮度信号的高频段。实现频谱线性搬移最简单的方法是将色差信号进行调制，彩色电视常采用正交平衡条幅的方法。不同制式的彩色电视机采用不同的频谱搬移方法。经过频带压缩、频谱间置，彩色电视图像信号的频谱带宽就与黑白电视相

同，即为 6MHz。

实现彩色电视的五大基本原理是三基色原理、恒亮度原理、大面积着色原理、高频混合原理和频谱交错原理。

（三）色副载波频率的选择

对于同一幅图像，色度信号与亮度信号的频谱结构相同，使它和亮度信号的主谱线错开，这可以用调幅的方法来实现。由于此时调幅的主要目的是为了移动频谱，因而调幅时载波的选择就显得非常重要。为了避免与高频发射时的载波相混淆，这个载波称为色副载波，用 f_{sc} 表示。通过精确选定色副载波的频率，可使色度信号的各谱线群正好插在亮度信号各谱线群中间，这就是频谱交错原理。

色副载波频率的选定遵循以下原则：

（1）应为半行频的奇数倍。这样色差信号的频谱才能在亮度信号各主谱线之间的中缝插入，这种方式称为 1/2 行频间置。

（2）应选在亮度信号频带的高端。因为亮度信号高端的能量较小，频谱的空隙较大，插入色度信号的频谱后，色度信号与亮度信号的相互干扰小。

（3）频率不能太高。应该使调制后的色差信号的上边带不超过亮度信号频谱的高端，也就是不能大于 6 MHz，否则达不到兼容的目的。

综合以上原则，色副载波的频率确定为

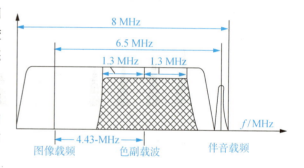

图 2-17　彩色电视发射的电视信号的频谱图

$$f_{sc}= 284 - 1/2×15\ 625\ Hz= 4\ 429\ 687.5\ Hz≈4.43\ （MHz）$$

色差信号与亮度信号频谱间置的情况如图 2-17 所示，经过调制后的总频带宽度不超过 6MHz。

任务 2　典型的 3 种彩色电视制式

任务分析

通过任务 1 认识了电视信号，那么我国的电视信号与其他国家的电视信号一样吗？假如把我国的电视机拿到国外能够正常收看电视节目吗？在无法正常收视的地域，通过更改电视设备参数设置能够解决问题吗？

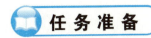

任 务 准 备

要解决这个疑惑，就得学习一些彩色电视制式的知识。彩色电视制式是各个国家在黑白信号的基础上发展而来的，因而出现了不同的彩色电视制式。目前，世界上应用的彩色电视制式可以分为三大类：NTSC 制、PAL 制和 SECAM 制。我国的彩色电视广播采用 PAL 制，由于 PAL 制是在 NTSC 制基础上改进而形成的一种彩色电视制式，所以需要重点对 NTSC 制和 PAL 制作一些必要的说明。

必 备 知 识

一、彩色电视系统的兼容性

在实际的彩色电视系统中，为了实现兼容，将 R、G、B 信号转换成亮度信号和色差信号来进行传送。

采用色差信号传送色度信号具有以下优点：

（1）兼容效果好。

（2）传送黑白图像时，因 $R=G=B$，则 $R-Y=0$、$B-Y=0$，各色差信号均为零，不会对亮度信号产生干扰。

（3）可实现恒定亮度传输。传送彩色图像时，色差信号的失真不影响重现的亮度信号。亮度信号受干扰或噪声影响所产生的失真，仅对色饱和度有所影响，而对色调影响很小。

把传送 Y、$R-Y$ 和 $B-Y$ 信号的特定方式和技术标准称为彩色电视的制式。目前国际上的兼容制彩电系统主要有 NTSC 制、PAL 制和 SECAM 制 3 种。NTSC 制是同时制电视，主要在美国、日本等国运用；PAL 制也是同时制电视，主要在中国等亚洲国家运用；SECAM 制是顺序－同时制电视，主要在法国等欧洲国家运用。

二、NTSC 制彩色电视

NTSC 制是 1952 年由美国国家电视标准委员会指定的彩色电视广播标准，它采用正交平衡调幅的技术方式，故也称为正交平衡调幅制。美国、加拿大等大部分西半球国家以及中国台湾地区、日本、韩国、菲律宾等均采用这种制式。

（一）平衡调幅

平衡调幅是一种抑制载波的双边带调幅方式。设调制信号为 $V_\Omega = B-Y$，载波即副载波为 $V_{SC} = \sin\omega_{SC}t$，则平衡调幅波为 $V_{BM} = V_\Omega$、$V_{sc} = (B-Y)\sin\omega_{SC}t$，如图 2-18 所示。

平衡调幅波有如下特点：

（1）平衡调幅波不含副载波分量。

（2）平衡调幅波的极性由调制信号和载波的极性共同决定，如二者之一反相，则平衡调幅波的极性反相；当色差信号（调制信号）通过 0 值点时，平衡调幅波极性反相 $180°$。

（3）平衡调幅波的振幅与调制信号的振幅成正比，与载波振幅无关。当传送图像的色差信号为零时，平衡调幅波的值也为零，可节省发射功率，减少色度信号对亮度信号的干扰。可用一个模拟乘法器来实现平衡调幅。

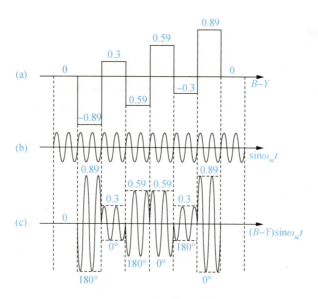

图 2-18 平衡调幅波波形

（4）平衡调幅波的包络不是调制信号波形，不能用包络检波方法解调。一段采用同步检波器在原载波的正峰点上对平衡调幅波取样，解调出原调制信号。

（二）正交平衡调幅

为什么在平衡调幅前面要加上"正交"二字呢？所谓"正交"，是指相互垂直的意思，即先将两个色差信号分别调制在频率完全相同而相位相差 $90°$ 的两个色副载波上，再将两个平衡调幅信号相加输出，这样就完整地解决了色度信号的传输问题。对信号的这种处理方法是美国国家电视制式委员会研究成功并首先使用的，称为正交平衡调幅制，也叫 NTSC制。图 2-19（a）所示为正交平衡调幅的原理方框图，两个平衡调幅器由两个乘法器实现。

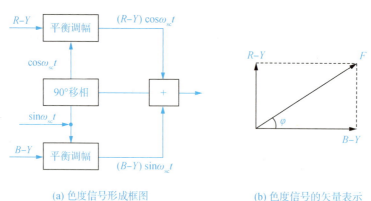

（a）色度信号形成框图　　　　（b）色度信号的矢量表示

图 2-19 正交平衡调幅

$$F = (B-Y)\sin\omega_{SC}t + (R-Y)\cos\omega_{SC}t = |F|\sin(\omega_{SC}t + \varphi) \quad\quad (2-3)$$

$$|F| = \sqrt{(R-Y)^2 + (B-Y)^2} = \sqrt{(R-Y)^2 + (B-Y)^2}\sin(\omega_{SC}t + \varphi)$$

式中 $|F|$——彩色的饱和度；

φ——色调的大小，$\varphi = \text{arctg}\dfrac{R-Y}{B-Y}$。

其中，$R-Y$ 与 $B-Y$ 二者合成色度信号 F，矢量图如图 2-19（b）所示。

为了不出现过调幅现象，实际的色差信号进行平衡调幅之前，须先对其进行适当的幅度压缩，这样可以做到不失真传输。压缩后的色差信号分别用 U 和 V 表示，它们与压缩前的色差信号 $R-Y$ 和 $B-Y$ 的关系是 $U=0.493$，$V=0.877$。压缩后的色度信号如下：

$$F = F_U + F_V = U\sin\omega_{sc}t + V\cos\omega_{sc}t \tag{2-4}$$

（三）NTSC 制编码器

NTSC 制的编码过程主要如下：首先把彩色摄像机输出的 R、G、B 三基色信号，经编码矩阵变成亮度信号 Y 和色差信号 $R-Y$、$B-Y$；色差信号经 1.3MHz 低通滤波器滤波后，分别送入平衡调幅器对色副载波进行平衡调幅，输出的已调色差信号在加法器中叠加成色度信号 F；亮度信号 Y 经放大处理后，在加法器中与彩色同步机送来的复合消隐、复合同步信号相加，再经过延时线，使亮度、色度信号同时到达加法器混合成彩色全电视信号（FBAS），如图 2-20 所示。

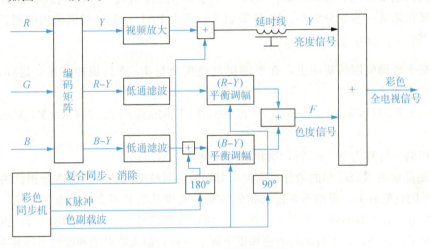

图 2-20　NTSC 制编码器框图

（四）NTSC 制解码原理

NTSC 制解码主要是正交解调，其原理方框图如图 2-21 所示，其中的两个同步解调器是乘法器。解调器用的副载波与调制器中的副载波同频、同相，这样同步才能保证解调不失真。红、蓝色度分量解调器所需副载波的初相应相差 90°，当恢复的副载波为 $\sin\omega_{sc}t$ 时，与色度信号相乘，经低通滤波可获得 $B-Y$ 蓝色差信

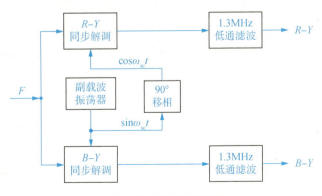

图 2-21　正交解调原理框图

号；而恢复的副载波经 90°移相为 $\cos\omega_{sc}t$ 时，与色度信号相乘，经低通滤波后，可获得 $R-Y$ 红色差信号。

（五）NTSC 制的主要特点

NTSC 制的主要特点如下：

（1）NTSC 制解调解码电路简单，易于集成化。

（2）采用 1/2 行频间置，亮度和色度串色小，故兼容性好。

（3）色度信号每行都以同一方式传送，不存在影响图像质量的行顺序效应。

（4）传输系统引起的微分相位失真很敏感，存在着色度信号的相位失真对重现彩色图像的色调的影响。NTSC 制相位失真容限必须在 ±12°以内。

三、PAL 制彩色电视

PAL 制是德国在 1962 年指定的彩色电视广播标准，它采用逐行倒相正交平衡调幅的技术方法，克服了 NTSC 制相位敏感造成色彩失真的缺点。德国、英国等一些西欧国家，新加坡、中国内地及香港、澳大利亚、新西兰等均采用这种制式。PAL 制式中根据不同的参数细节，又可以进一步划分为 G、I、D 等制式，其中 PAL-D 制是我国采用的制式。

（一）逐行倒相克服相位敏感性

在正交平衡调幅制的基础上，在发端把红色度分量 F_V 逐行倒相传送，这样，PAL 制色度信号的表达式如下：

$$F=F_U\pm F_V=U\sin\omega_{sc}t\pm V\cos\omega_{sc}t=0.493(B-Y)\sin\omega_{sc}t\pm0.877(R-Y)V\cos\omega_{sc}t$$

$$(2-5)$$

不倒相的一行称为 NTSC 行，倒相的一行称为 PAL 行。

PAL 制能解决 NTSC 制的微分相位失真引起的色调畸变问题。因为微分相位失真的大小与亮度电平的高低有关，而相邻两行上相邻像素的亮度总是差不多的。也就是说，它们的色度信号的微分相位失真相同。如图 2-22 所示，相位失真信号经过倒相平均以后，色调将准确地重现为原来的色调，只不过此时的饱和度下降了一些，但人眼对饱和度的下降并不敏感。

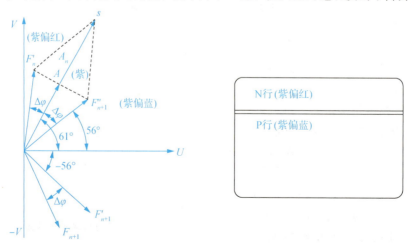

图 2-22　逐行倒相改善相位失真示意图

（二）PAL 制编码调制器

彩色全电视信号（FBAS）的形成过程称为编码，完成编码的电路称为编码器。彩色全电视信号中的 F 代表色度信号，B 代表亮度信号，A 代表复合消隐信号，S 代表复合同步信号和色同步信号。PAL 制编码调制器的电路信号流程如图 2-23 所示。

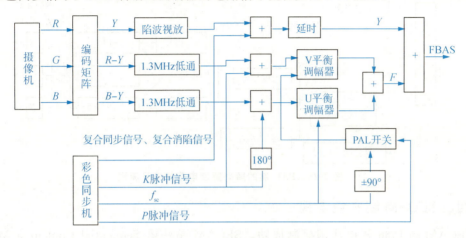

图 2-23 PAL 制编码调制器框图

由摄像机摄取并经光-电转换成的 3 个基色信号 R、G、B 送入矩阵电路变换成亮度信号 Y 和色差信号 $R-Y$、$B-Y$。为了频谱间置的需要，按照大面积着色原理，两个色差信号仅保留 1.3 MHz 以下的低频分量，而将其高频分量通过两个 1.3 MHz 低通滤波器滤除。然后在两个信号的行消隐期间加入 $\pm K$ 脉冲，FBAS 中产生色同步信号 K 脉冲的周期和行周期相同，经压缩变成 V、U 信号，并分别对相位相差 $90°$ 的两个色副载波进行平衡调幅。含有 $-K$ 脉冲的 U 信号与 $0°$ 的副载波输入到 U 平衡调幅器，由于平衡调幅器是一个乘法器，在已调 U 信号中 $-K$ 脉冲对应的位置上就出现了相位为 $180°$ 的副载波，这就是 U 信号中的色同步信号，设为 b_U；同理，含有 $+K$ 脉冲的 V 信号与 $\pm 90°$ 的副载波输入到 V 平衡调幅器，经平衡调幅后，在已调 V 信号中 $+K$ 脉冲对应的位置上，就出现了逐行倒相 $\pm 90°$ 的副载波，这就是 V 信号的色同步信号，设为 $\pm b_V$；已调的 F_U 和 $+F_V$ 信号在加法器中混合，色同步信号 b_U 和 $\pm b_V$ 也混合，这是两个矢量相加，由图 2-24 可知，其矢量和就是相位逐行摇摆于 $\pm 135°$ 的 $b(n)$ $b(n+1)$ PAL 制的色同步信号。

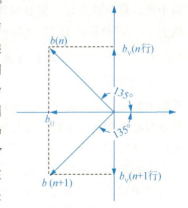

图 2-24 PAL 制色同步
信号的矢量合成

在 PAL 制编码器中，PAL 开关的作用是十分重要的。为了实现 V 信号的逐行倒相，$0°$ 的彩色副载波（f_{sc}）f_{sc} 逐行倒相，即输出 $\pm 90°$ 的 f_{sc} 到 V 平衡调幅器，从而得到逐行倒相的 $\pm F_V$ 信号，使相位失真得到改善。$\pm F_V$ 和 F_U 同时送入混合电路，最终得到色度信号 F。

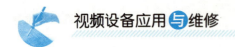
（三）PAL 制解调解码器

PAL 制的解码解调是编码的逆过程，其电路的信号流程如图 2-25 所示。

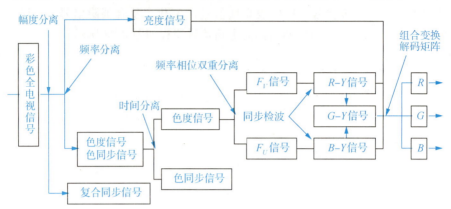

图 2-25　PAL 制的解码解调电路的信号流程

四、SECAM 制彩色电视

SECAM 制 1966 年由法国研制成功，SECAM 是法语 Sequential Couleur a Memoire（顺序传送彩色与存储）的缩写。它是为了克服 NTSC 制的色调失真而出现的另一种彩色电视制式。采用 SECAM 制的国家主要为法国、埃及以及非洲的一些法语系国家等。

SECAM 制的主要特点是逐行顺序传送色差信号 $R-Y$ 和 $B-Y$。由于在同一时间内传输通道中只传送一个色差信号，因而从根本上避免了两个色差分量的相互串扰。亮度信号 Y 仍是每行都必须传送的，所以 SECAM 制是一种顺序－同时制。SECAM 制式的特点是不怕干扰，彩色效果好，但兼容性差。帧频每秒 25 帧，扫描线为 625 行，隔行扫描，画面比例为 4：3，分辨率为 720×576。

（一）SECAM 制调制编码器

在 SECAM 制中，由于每行只传送一个色差信号，因而色度信号的传送不必采用正交平衡调幅的方式，而采用一般的调频方式。亮度信号每行传送，$D_R(R-Y)$ 和 $D_B(B-Y)$ 信号逐行轮流传送。这样，在传输中引入的微分相位失真对大面积彩色的影响较小，使微分相位畸变容限达到 ±40°。由于调频信号在检波之前可进行限幅，所以色度信号几乎不受幅度失真的影响，使微分增益畸变容限达到 65%。同时，在接收机中，可以直接对色差信号进行调频检波，不必再恢复彩色副载波。但是，由于调频信号的频谱比较复杂，不能和亮度信号的频谱进行频谱间置，因而彩色副载波对亮度的干扰较大。为此采取了一些措施，如将副载波三行倒相一次，使每场中的副载波干扰光点互相错开；而且每场也倒相一次，使相邻两场的副载波干扰光点互相抵消。SECAM 制调制编码器的电路信号流程如图 2-26 所示。

（二）SECAM 制解调解码器

因为在接收机中必须同时存在 Y、$R-Y$ 和 $B-Y$ 3 个信号才能解调出三基色信号成 R、G、B，所以在 SECAM 中也采用了超声延时线。它将上一行的色差信息存储一行的时间，然后与这一行传送的色差信息使用一次；这一行传送的信息又被存储下来，再与下一行传送的信息使用一次。这样，每行所传送的色差信息均使用两次，就把两个顺序传送的色差信号变成同时出现的色差信号。将两个色差信号和 Y 信号送入矩阵电路，就解调出了 R、G、B 信号，如图 2-27 所示。

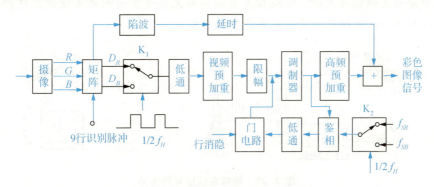

图 2-26 SECAM 制调制编码器框图

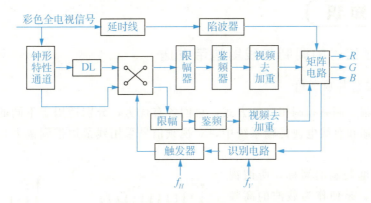

图 2-27 SECAM 制解调解码器框图

SECAM 制接收机比 NTSC 制的复杂，比 PAL 制的简单；因为色差信号为零时仍有副载波，对亮度信号产生干扰，所以兼容性比 NTSC 制和 PAL 制的都差；在正确传送彩色信号方面，SECAM 制比 NTSC 制和 PAL 制都好。

任务 3 模拟电视信号的传输方法

任务分析

通过前面的学习，大家对彩色模拟电视信号已经很熟悉了，那么模拟电视信号是怎么传输的？我国电视信号的传输经历了由无线到有线的传输方式变化，其中的电视信号处理过程是怎样的？

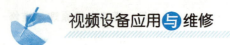

模拟视、音频信号的调制与传输如图 2-28 所示。由图可知，在模拟的广播电视信号传输中，最重要的是调制与发射。电视信号是以高频无线电波的形式发送的，经过载波传输到电视接收信号等一系列过程是我们要学习的内容。

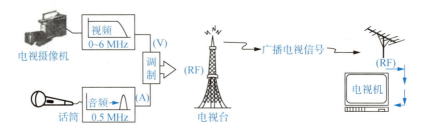

图 2-28　模拟电视信号的传输

一、视频信号的调制与残留边带发送

（一）视频信号的调幅

调制有调幅、调频和调相三种方式，它们各有优劣，分别适用于不同的场合。在传统的模拟电视广播和有线电视传输系统中，对视频信号采用残留边带调幅方式，对伴音信号采用调频方式。

调幅是幅度调制的简称。所谓视频信号的调幅，是使作为载波的高频正弦信号的振幅随着所要传送的视频信号波形而改变。视频调幅波的形成可以用图 2-29 来说明。图 2-29（a）和（d）均为等幅的高频载波，如果需要传输的是一个低频正弦波 F，则波形如图 2-29（b）所示，可以用图（b）去调制图（a），结果使等幅的高频信号变成了如图 2-29（c）所示的调幅高频信号，图（c）的包络形状与低频调制信号 F 相同；如果需要传输的是负极性视频信号 F，波形如图（e）所示，则可以用图（e）去调制图（d），结果使等幅的高频信号变成了如图 2-29（f）所示的调幅高频信号，图

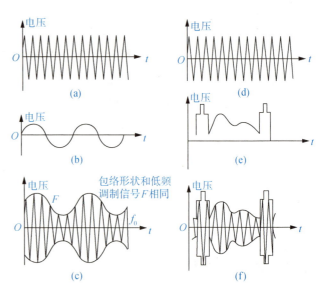

图 2-29　高频调幅波的形成

（f）的包络形状与负极性视频信号 F 相同。

（二）视频调幅波的频谱

对调幅波的频谱进行分析后表明，用频率为 F 的单一频率信号对频率为 f_c 的高频载波信号进行调幅后，高频调幅波的频谱中除有原来的高频载波频率分量 f_c 外，还增加了上边频（f_c+F）和下边频（f_c-F）两个频带分量，如图 2-30（a）（b）所示。

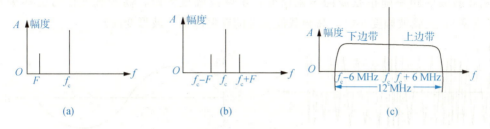

图 2-30　调幅波的频谱

视频信号的频率范围是 0～6MHz 的一个频带，所以用视频信号对频率为 f_c 的高频载波进行调幅后，高频调幅波的频谱中除有原来的高频载波频率分量 f_c 外，增加的将是上、下两个边带，如图 2-33（c）所示。f_c～（f_c+6MHz）称为上边带，f_c～（f_c-6MHz）称为下边带，上、下边带总的频率范围为 12MHz。

（三）视频调幅波的残留边带发送

如果将视频调幅波的上、下边带全部发送出去，需要 12MHz 的频带宽度，这会使发射和接收的设备变得很复杂，频道资源的利用率较低，因此必须设法压缩频带。分析表明，调幅波上、下两个边带所包含的信息完全相同，如果在发射时设法抑制其中的一个边带，则仍可完成传送图像信息的任务。但是，在抑制某一边带的低频成分时难度较大，由于此时上、下边带靠得很近，要完全除去某一个边带是很

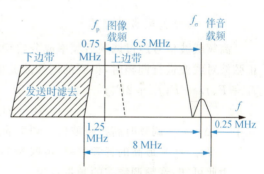

图 2-31　残留边带制高频电视信号频谱

不容易的。所以，我国电视体制规定采用残留边带方式传播，其频谱要求如图 2-31 所示，即发送上边带的全部和残留的下边带中 0～0.75MHz 部分。图 2-34 中图像载频左边 0.75～1.25MHz 那一段是因为发射机的衰减特性不能做到从 0.75MHz 陡然下降到零，所以有 0.5MHz 的逐渐衰减过程。

由图 2-34 还可以看到，视频信号中的高频和中频部分采用的是单边带发射，而低频部分采用的是双边带发射，低频部分的能量是高频部分能量的 2 倍。采用了残留边带发送方式，使传输时视频调幅波的频谱带宽由 12MHz 降到了 7.25MHz，在有限的频率范围内可以多传输几套节目，频率资源得到了更合理的应用。

二、伴音信号的调制

（一）音频信号的调频

电视节目制作中规定伴音的音频范围是 20Hz~15kHz，调制采用调频方式，这是因为调频方式具有较强的抗干扰能力，并可获得良好的音质。图 2-32（a）所示为调频波波形。此时高频载波的频率随正弦波的振幅而变，正弦波幅度大时，高频载波信号的频偏增高（波形变密）；正弦波幅度小时，高频载波信号的频偏降低（波形变疏）。

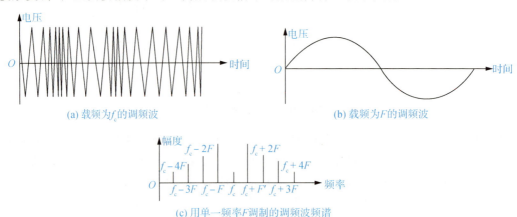

(a) 载频为 f_c 的调频波

(b) 载频为 F 的调频波

(c) 用单一频率 F 调制的调频波频谱

图 2-32　调频波

（二）音频调频波的频谱

高频载波信号经过调频后频率成分将增加很多，比调幅情况复杂得多。如用单一频率的正弦波对载波进行调频时，得到的调频波波谱如图 2-32(c) 所示，这时除载波分量外，新增了 $f_c + F$、$f_c - F$；$f_c + 2F$、$f_c - 2F$；$f_c + 3F$、$f_c - 3F\cdots$ 一般用下列公式近似计算：

$$B = 2(\Delta f + F_{\max}) \qquad (2\text{-}6)$$

式中　Δf——调频时高频载波信号频率的最大频率偏移，我国规定为 50kHz；

　　　$F_{\max}$——最高的音频频率，可取为 15 kHz。

由此可知，音频调频波的频带宽为

$$B = 2 \times (\Delta f + F_{\max}) = 2 \times (50 + 15) = 130 (\text{kHz})$$

（三）高频伴音信号

在残留边带制高频电视信号的频谱中，高频伴音信号的位置如图 2-35 所示，伴音载频比图像载频高 6.5 MHz，带宽为每边 0.25MHz（即 250 kHz），与 130 kHz 相比留有充分裕量。视频调幅波上边带的宽度为 6 MHz，（6.5－6－0.25）MHz＝0.25 MHz，这就是高频图像信号与高频伴音信号之间的间隔，使两种信号可以很好地分开，互不干扰。为了避免高频伴音信号对邻近频道的高频图像信号造成干扰，还要求发射时伴音电平比图像电平低 10 ~17 dB。

在一般的音乐信号中，高音部分的能量比较小，而调频波的噪声又随着音频频率的升高而加大，这就使高音部分的信噪比太差。为了弥补这个缺点，提高高音部分的抗干扰能力，伴音信号在调制前采取了"预加重"措施，令其先通过一个高通网络，有意提升高音频分量。在接收端的伴音电路中要进行"去加重"处理，通过一个低通网络使高、低频比例恢复到原有状态，使还原后的声音不失真。

三、模拟电视播出系统的信号处理

在模拟电视系统中，对视、音频信号进行调制的设备称为电视调制器，简称调制器。它的任务就是把节目中摄、录的 V、A 信号以及通过其他方式得到的 V、A 信号，通过调制"装载"到不同频道的高频载波上。而调制器可以一次就直接调制到某个频道的高频载波上；也可以先调制到中频载波上，再上变频到预定的播出频道，如图 2-33 所示。"装载"有节目内容的高频载波，经过多路频分复用混合成一路高频电视信号，再送到无线或有线传输信道。接收端的模拟电视机，先通过高频调谐选出所需接收的频道，再通过检波将调制在图像载频上的视频图像信号取出来，通过鉴频将调制在伴音载频上的音频信号取出来。最后，在显像管的屏幕上还原出图像，通过扬声器发出伴音。

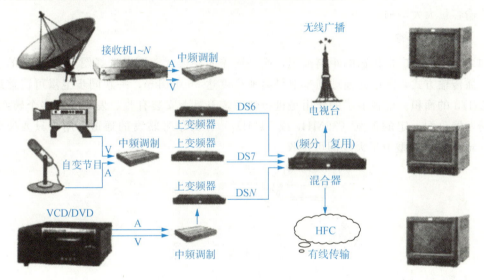

图 2-33　模拟电视系统示意图

四、电视信号的载波传输

（一）高频载波的特性

无论是模拟的视、音频信号，还是经过数字化处理后的视、音频数字信号，都不宜作远距离传输。要想把这些视、音频节目内容传到千家万户，还需要将其送到电视发射台或有线电视台的射频前端，经过调制将其"装载"到规定的射频载波上。这种射频载波的频率应比视、音频信号的最高频率高得多，具有更好的传输特性，可以通过电视广播的形式将其发送（射）到很远的用户终端。如果选择的是无线或有线电视的传输方式，高频载波通常选在甚高频（VHF，30～300MHz）或特高频（UHF，300～3000MHz）段；如果选择的是卫星广播方式，高频载波通常选在超高频（SHF，3～30GHz）段。

（二）高频载波的几种主要传输方式及其特点

高频载波可以在自由空间内传播，形成无线广播电视广播、卫星电视广播、移动电视广播等；它也可以被束缚在有形的导电体或其他介质内（如电缆、双绞线及光缆等）进行传输，形成有线电视及网络电视等。

1. 无线电视广播

早期的模拟电视节目一般采用无线广播的传输方式，电视台需要有供电波发射的高塔——"电视塔"及电视发射天线。视频图像信号的调制采用调幅的方式，音频伴音信号的调制采用调频的方式，它们分别经高频功率放大后由电缆送到双工器及发射天线，由电视发射天线将其转换成能在空间传播的高频电磁波辐射出去，称为高频电视信号（RF）。

2. 有线电视广播

为了克服无线电视广播传输中的种种困难，有线电视网络传输已逐渐成为城镇电视节目传输的主要方式。有线电视方式即通过电缆或光缆线路采用闭路方式传输电视信号。由于高频载波被束缚在同轴电缆及光缆内，干扰杂波相对减少，而且有线网络传输使电视节目的传输容量大大增加。

3. 卫星电视广播

如果要求电视广播传输的距离很远，而且覆盖面要很大，可以选择图 2-34 所示的卫星电视广播传输方式，图中的地球同步卫星离地高度达 36 000km，一颗同步卫星可覆盖地球表面近 1/3 的面积。电视卫星的作用是进行转发，卫星上安装有收、发天线和多个转发器，每个转发器分配一定的带宽（36MHz 或 54MHz）作为信号转发的通道。用户只要架设一个 0.5 m 左右的小型卫星天线即可接收。

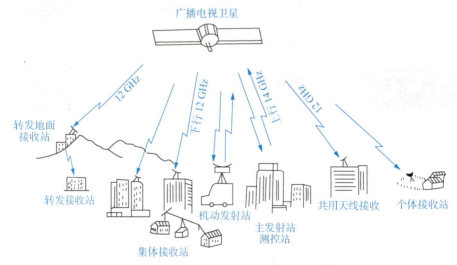

图 2-34　卫星广播电视系统工作示意图

卫星电视广播的特点是覆盖面积大、传输媒介单一、频谱资源相对富裕，一颗大容量的转发卫星可以转播 100～500 套数字电视节目，所以卫星电视的直播服务有可能成为电视广播的主要传输方式。

五、模拟电视节目的接收

CRT 彩色电视机作为传统模拟彩色电视机的代表，在接收和处理模拟电视节目信号方面已经发展得比较完善，现简要说明一台模拟彩色电视机必须具备的基本电路及信号处理流程。

（一）信号处理部分

在播出端，模拟的视频和音频（A/V）信号经过模拟调制器后，就可将其"装载"到指定的射频载波 RF 上，经混合放大后即可进入传输信道；在接收端，对信号的处理则是它的逆过程，首先要经过信号处理电路，将模拟的视频和音频信号从载波上取出来，然后重新还原成三基色信号和音频信号。信号处理电路主要包括公共信号通道、伴音信号通道和彩色解码器三个部分。

1. 公共信号通道

公共信号通道又常称为高、中频信号通道或高、中频信号处理电路。通过调制将 A/V 信号"装载"到高频载波上的过程常常是分两步进行的，即先调制到中频载波上，再上变频到预定的播出频道。而接收端的信号处理正好反过来进行，先通过高频调谐选出所需接收的频道，然后进行下变频处理，将其变成中频信号。

高频信号处理电路的主要功能如下：由高频调谐器通过调谐，从混在一起的若干个频道中选出所需接收的频道，对其进行信号放大和下变频处理，得到 38MHz 的图像中频信号和 31.5MHz 的第一伴音中频信号，并从高频头输出。

中频信号通道的主要功能如下：将高频头送来的图像和伴音中频信号进行放大，使之达到检波器所要求的电平。中频信号通道又常称为图像通道，因为这一部分电路对图像中频信号的放大量远远大于对伴音中频信号的放大量，以防止伴音干扰图像。中频信号通道中的视频检波器有两个作用：一是从中频图像信号中解调出视频信号；二是利用图像中频和伴音中频的差频得到 6.5 MHz 的第二伴音中频信号。

为了保持检波器输出的视频信号电压幅度稳定，中频信号通道内还设有自动增益控制（ACC）电路，该电路是以检波后的预视放作为自动控制电路的输入端，以中频放大器和高频放大器作为受控端，使整个高、中频信号通道成为一个闭环回路，当天线输入端的高频电视信号强度发生变化时，它能自动地调整中频放大器和高频放大器的放大量，使预视放的输出基本不变，从而保证了荧光屏上图像的稳定。预视放的主要作用是分配信号，即把视频全电视信号分别送到视放末级、ANC、AGC 和同步分离电路，同时把 6.5 MHz 的第二伴音中频信号放大后送到伴音信号通道。

2. 伴音信号通道

伴音信号通道的作用是先将检波器送来的 6.5 MHz 第二伴音中频信号进行限幅放大，再由量频器取出音频信号，经低频放大器放大，激励扬声器还原出声音。

3. 彩色解码器

彩色解码器对于彩色电视机来说是非常重要的部分，它的任务是将来自预视放的彩色全电视信号重新分解为三基色信号，以便激励彩色显像管呈现出彩色图像。这一部分电路工作性能的好坏直接关系到能否重现彩色图像和重现彩色图像的质量。整个彩色解码器由三部分组成，即色度信号处理、亮度信号处理和基色矩阵电路。下面简要介绍各部分的基本电路结构及信号流程。

（1）色度信号处理。

色度信号处理电路的任务是从彩色全电视信号中分离出色度信号，再对色度信号进行解调，最终得到 3 个色差信号：$R-Y$、$G-Y$ 和 $B-Y$。解调过程大致如下：来自视频检波器的彩色全电视信号，首先需要经 4.43MHz 带通滤波器取出色度信号送到色度信号处理电路，而色度信号处理电路又可分为色度通道和色同步通道。

色度通道可称为解调电路，包括延时解调器、同步检波器和 $C-Y$ 矩阵三部分。色度信号经过色度信号放大器放大后，加至延时解调器（由超声延时线和加、减法器组成的梳状滤波器），分离出两个色度信号分量 F_u 和 $\pm F$，再送至各自的同步检波器中，分别被相位正确、相互正交的两个再生彩色副载波进行同步检波，取出两个色差信号 $R-Y$ 和 $B-Y$。两个色差信号中分别有一部分进入矩阵电路，可恢复第三个色差信号 $C-Y$。

色同步通道也称为基准副载波恢复电路，包括色同步分离、鉴相器、副载波再生振荡器及 PAL 识别电子开关等单元电器，它们的任务就是保证送到两个同步检波器中的再生彩色副载波频率和相位都正确，确保同步检波的顺利进行。

（2）亮度信号处理。

亮度信号处理电路又叫视频信号处理电路，由副载波陷波器、Y 信号放大和延迟线等单元组成，它的任务是放大亮度信号（黑白视频信号），再经延时加至基色矩阵电路。设置副载波陷波器的目的是为了减少 4.43MHz 彩色副载波对亮度信号的干扰，以提高彩色电视机收看黑白电视节目的质量。为什么亮度信号需要延时呢？这是因为亮度信号在亮度信号处理电路中传输的速度快于色度信号在色度信号处理电路中的传输速度，故先于色度信号到达基色矩阵电路，为了使同一像素的亮度信号 Y 和 3 个色差信号能够同时到达基色矩阵电路，亮度信号处理电路中必须设置延时 $0.6\sim0.7\mu s$ 的延迟线。

（3）基色矩阵电路。

基色矩阵电路的任务是将色度信号处理电路输出的 3 个色差信号与亮度信号处理电路输出的亮度信号混合，进行矩阵变换，从而产生 R、G、B 3 个基色信号，由这 3 个基色信号激励彩色显像管在荧光屏上还原出彩色图像。

（二）CRT 图像显示部分

CRT 图像显示部分包括彩色显像管、显像管附属电路、扫描系统 3 部分，这 3 个部分的整体功能就是使显像管正常发光，具备显示图像的能力。

1. 彩色显像管及其附属电路

彩色显像管的附属电路包括显像管供电电路和视放末级。显像管供电电路的任务是向显像管的各电极提供正确的工作电压，使彩色显像管具备正常发光的基本条件。视放末级的任务是激励显像管呈现彩色图像，因为经过解码器后的输出为 R、G、B 三基色信号，因此要让 3 个视放末级分别将某一种基色信号的幅度放大，最终在荧光屏上呈现出彩色图像。

2. 扫描系统

因为显像管是依靠电子扫描才能在荧光屏上形成正常的光栅，因此扫描系统对于 CRT 显示器是很重要的。扫描系统包括偏转线圈、行扫描电路、场扫描电路及同步电路。

同步电路包括同步分离电路、积分电路和自动频率控制（AFC）电路 3 部分，它们的作用是使电视机内的行、场电子扫描与摄像时的行、场电子扫描实现同步，从而使荧光屏上呈现出稳定的电视图像。

行扫描电路的作用是向行偏转线圈提供行频电流，它可以分为行振荡级、行激励级和行输出级 3 部分。由于行频电流的频率高，正程时间长、逆程时间短，在逆程时间产生幅度很大的行逆程脉冲电压，此电压经行输出变压器变压，从而在变压器二次侧到中压和高压（部分电视机还可得到低压）供给其他电路。

场扫描电路的作用是向场偏转线圈提供场频锯齿波电流，它同样也可分为场振荡级、场激励级和场输出级 3 部分。

（三）电源部分

以上所有电路没有能量供给是不能正常工作的，所以电视机电源电路的基本功能是提供整机正常工作所需要的能量，提供各部分电路正常工作所需要的稳定直流电压，它是其他电路正常工作的基础。彩色电视机中的稳压电源一般都采用开关式稳压电路，要求它能够提供多组直流电压，其中主电源直流供电电压一般要求达到 $110\sim130\mathrm{V}$，其他电路的供电电压随机型的不同而有较大变化。电源部分的电路结构比较复杂，其主要工作过程如下：先将市电提供的交流电变压，然后经整流、滤波、稳压，产生符合要求的稳定电压，进而供给其他电路。

（四）遥控系统

遥控系统主要包括红外遥控发射器（遥控板）、红外遥控接收器、存储器、晶振和微处理器 CPU 等，其中最重要的是微处理器（CPU），它是整个控制系统的中心。最简单的控制流程如下：由遥控发射器发出各种控制指令，经红外遥控接收器接收，传送到微处理器，由微处理器识别和处理这些指令，并将相关信息存储在存储器中。微处理器通过 $\mathrm{I^2C}$ 总线与受控部分的电路连接，实现对电源开关、高频头调谐、音量、对比度及色饱和度的控制等。

任务 4　模拟电视机整机的故障维修

任务分析

经过前几个任务的学习，小王对电视技术的基础知识有了一定了解，他感觉电视机看起来很平常，但是实现起来可不简单。电视机外壳里面都藏些什么东西呢？内部构造又是什么样子呢？

任务准备

要理解电视机内部构造，须先由电视接收机的整机结构开始学习。通过学习电视机的结构组成，由浅入深地了解电视机的基本电路方框结构、各部分电路的主要功能及信号流程。

必备工具

十字螺钉旋具、小一字螺钉旋具。

必备知识

一、电视机的整机结构

在对电视机的整体有了初步了解后，下面开始由表及里，逐步深入电视机的内部，先认识整机结构，再分解内部电路。

（一）机前、机后与遥控器

遥控彩色电视机的外形如图 2-35 所示。由于电视机的开、关、节目选择、音量调节及各种功能设置均可用遥控器完成，电视机前面板上只有电源开关、红外线接收窗，电视机的后面包含视频、音频输入端子。

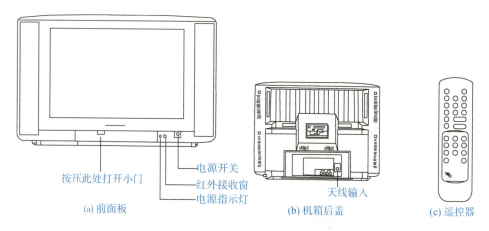

图 2-35　遥控彩色电视机的外形及调节示意图

（二）电视机的主要部件

电视机的机箱一般由前面板、中框和后盖各部分组成。在常规的维修工作中，不必拆开前面板和中框，仅需卸掉后盖即可进行一般的维修操作。卸掉后盖即可看到电视机内的主要部件，如图 2-36 所示。

1. 机箱后盖的拆卸

在拆卸后盖时，先要断开电视机电源，然后小心地将其放在工作台上。对于初学者，最好先在工作台上放一块较厚的软垫，然后将电视机面板朝下，荧光屏置于软垫上。这样既可以保护荧光屏，又便于拆卸位于机箱底部的紧固螺钉，也比较安全。一般电视机的紧固螺钉为 4～6 颗，大屏幕彩色电视机的紧固螺钉可能多达 6～8 颗。为避免遗失，凡卸下的螺钉和其他小东西均应放在一个固定的地方或用小纸盒暂存，切不可随手乱丢。

在卸下紧固螺钉后，不可立即端起后盖，应先检查一下天线输入线和电源线与后盖之间

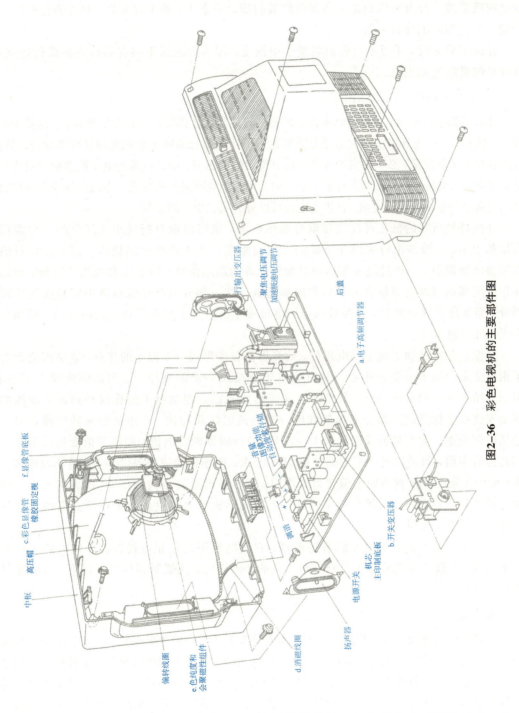

行输出变压器

聚焦电压调节

加速极电压调节

后盖

a 电子高频调节器

屏幕功能

图像暗淡存储

自动搜索键

c 彩色显像管

橡胶固定楔

f 显像管底板

高压帽

中框

调消

消声

机芯

主印制底板

b 开关变压器

电源开关

扬声器

d 消磁线圈

偏转线圈

e 色纯度和

会聚磁性组件

图2-36 彩色电视机的主要部件图

的连接关系。彩色电视机的后盖上装有 75 Ω 的天线接线柱，它与机内的高频头连接，注意在卸下后盖前要将其用以固定的螺钉取下，或将卡子松开。大部分电视机电源线直接由中框底部进入电视机内，但也有少数要穿过后盖，这时要注意将电源线由引入孔中退出。在提起后盖时，最好先将箱体开一小缝，观察一下机内的主印制电路板是否与后盖脱开，因为有的电视机后盖上开有用以稳定主印制电路板的槽口或卡子，若卡得太紧，有可能在提起后盖的同时将主印制电路板带起。

在卸下后盖后，千万不可将后盖置于中框上，因为后盖滑下很容易碰到显像管的尾部，致使显像管漏气而报废。

2. 前框及中框上的主要部件

卸开后盖即可看到，在整个电视机中最突出的是彩色显像管，它安装在前框上，是整个电视机的主体和核心，电视机中的大部分电路都是为了让显像管能够正常发光和呈现图像而设置的。显像管要能正常发光，必须向它的各电极提供规定的电压值，使其内部的电子枪能够发射出很细的电子束，以很高的速度去轰击屏幕内壁上的荧光粉，激励荧光粉发光。专门向显像管各电极供电的电路称为显像管供电电路，其供电电压可以分为低、中、高三种。

加热灯丝所需的低压可以直接取自稳压电源，也可以取自行输出变压器的二次需要的高压和中压，一般是由行输出变压器的二次绕组高、中压产生电路供给。高压是由行输出变压器的顶部引出，通过高压帽加到显像管内部的高压阳极；而中压和低压的供给，均通过显像管尾部的显像管座板将电压加到内部电极。这一部分电路是电视机中容易出现故障的部分，当电路出现故障时，显像管的个别电极或全部电极不能获得规定的电压值，显像管完全无光或亮度异常。

显像管各电极加上规定的电压后，荧光屏上仅能形成一个很小的亮点，这是因为此时电子束只能集中轰击荧光屏中心。只有当电子束按照一定的规律，以很高的速度上下左右、周而复始地进行扫描运动时，荧光屏上才能形成光栅。控制电子束作这种扫描运动的部件就是安装在显像管颈锥部分的偏转线圈。它由两组线圈构成，一组是行偏转线圈，另一组是场偏转线圈。向行偏转线圈提供 15 625 Hz 的行频锯齿波电流，使电子束受到水平方向上偏转力的作用，每秒钟沿水平方向扫描 15 625 次；向场偏转线圈提供 50 Hz 的场频锯齿波电流，使电子束受到垂直方向上偏转力的作用，每秒钟沿垂直方向扫描 50 次。将水平方向上的行扫描和垂直方向上的场扫描结合在一起，就形成了电视机正常工作所必需的电子扫描运动，即形成了光栅。

机箱中框的左、右两边安装有扬声器，它们的作用是还原电视伴音，使人们在收看电视节目时，不仅能从荧光屏上看到五颜六色的活动图像，还能听到悦耳的伴音，有的还是立体声伴音。

3. 机芯

电视机的电路及大部分电路元件安装在主印制板上，它处于电视机的中心位置，常简称为"机芯"，不同型号的"机芯"常代表不同的电路类型，具有不同的电路特点，各种型号的电视机其主要差别也在机芯上。电视机的各种故障也大部分发生在机芯上，因此，必须充分熟悉电视机的机芯，先仔细观察各种元器件的外部特征、安装位置，再逐步深入了解其内部结构、工作原理、常见故障、检测方法等。初次接触机芯时，只能从整体上去熟悉它，掌握机芯移动或取出的方法，这在今后的维修工作中也是必需的。

机芯的主要任务是保证显像管正常工作，通过几组导线将所需电压与信号供给显像管。机芯与显像管之间的连接导线长度有一定的富余量，这是为了让机芯在检修过程中有一定的活动余地。大多数的机芯采取卧式安装，左、右两边用滑槽或导轨支承和固定。检测时，一般只需将电视机侧面放置，让机芯的铜箔面对自己，然后根据检测的需要拉出一部分即可。若拉出的部分比较多，滑槽或导轨已不能将机芯稳住，则要采取其他方式使机芯暂时稳住，切不可在机芯晃动的情况下进行检测，这样容易出事故。若机芯已全部拉出滑槽，要设法暂时固定，但不可靠在显像管尾部的印制板上。因为显像管尾部某些电极工作电压较高，碰触到机芯上其他电路元件容易短路或放电。有时确实需要临时靠一下，便于检测机芯上某一点的电压，这时应注意采取隔离措施，防止发生短路或放电现象。

在拆换机芯上某些元器件时，往往需要将机芯从电视机中取出，这时需取掉机芯与其他主要部件间的几组连接导线。大多数电视机采用几对接插件，拔下或插上都比较方便，但也有少数电视机仅有接线柱，采用绞接或焊接方式，其优点是不容易出现接触不良的故障，但取下来比较麻烦。

二、彩色电视机遥控系统的基本电路结构

彩色电视机遥控系统的方框结构图，如图 2-37 所示。

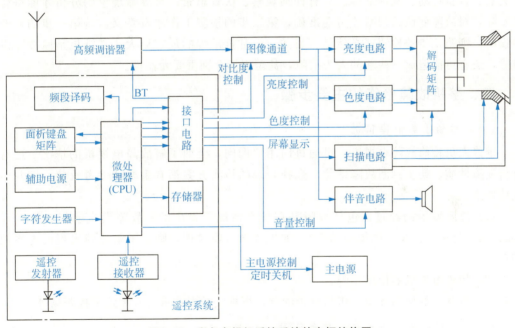

图 2-37　彩色电视机遥控系统的方框结构图

由图 2-40 可知，此类电视机的主体电路与非遥控彩色电视机基本相同或相近，其主要区别是增加了遥控系统和伸向各被控单元的控制电路，需要遥控的功能越多，增加的电路也就越复杂。

（1）遥控发射器。遥控发射器即为图中的发射部分，安装在电视机外部的一个特制的遥控盒内，俗称"遥控板"。

（2）遥控接收器。遥控接收器即为图中的接收部分，安装在电视机面板上便于接收遥控信号的位置。

（3）微处理器。微处理器（CPU）又称为中央处理器、大规模集成电路，它的内部包

括运算器、控制器、存储器、输入/输出接口电路等。其中，运算器和控制器是其主体电路。进入 CPU 的指令脉冲可以来自遥控接收器，也可以直接由面板键盘矩阵输入。当 CPU 接收到某一串指令脉冲后，首先要识别这串脉冲表示的是哪种控制功能，也就是要进行解码，它是由运行解码程序来实现的。每一种控制功能都对应一段控制程序，分别写入 ROM 存储器中，再根据指令地址码取出该功能的操作控制程序，然后执行这段控制程序。将时钟脉冲进行变换处理，组成频率和宽度为指定值的一系列脉冲信号，这个指定值就代表了该指令所要求的某一特定的控制电压。

④存储器。计算机用来记录程序和存放数据的部件称为存储器。在遥控彩色电视机中一般采用电可改写只读存储器，这是一种可擦可编程序的只读存储器，断电后存储信号可以记忆 10 年之久。

三、整机故障检修的基本原则

整机故障检修的基本原则如下：仔细观察、认真思索、正确分析、准确判断；切忌心中无数、盲目行动、乱拆乱焊。只有仔细观察、认真思索，对故障现象的分析才能符合客观实际，对故障部位的判断才可能准确，第二步的检测工作才有意义。若第一步的判断是错误的，则第二步的检测就必然是盲目的，而乱拆乱焊的危害更大，其结果是原故障没有排除，还有可能造成一些新的人为故障，甚至损坏个别重要元器件。

四、整机故障检修的主要步骤

（一）全面了解故障情况

维修人员检修故障电视机，可通过向用户询问，全面了解故障电视机的情况。这对于分析故障性质、初步判断故障部位、选择合理的检测方案都有重要的参考价值。询问内容大体如下：

（1）故障发生的经过，包括故障是在什么情况下发生的，故障发生前有无异常现象（如冒烟、打火、怪味、图像闪动等）。如果故障时隐时现，则需了解故障出现的大概规律和特点。

（2）故障电视机的使用年限。

（3）电视机的使用环境，包括是否潮湿、煤烟气是否严重、有无强干扰磁场等。

（二）直观检测，初步判定故障范围

在用户提供情况的基础上，维修者要亲自检测核实，这是因为用户提供的情况不一定全面，有时还可能出现"假故障"。所谓"假故障"是指电视机本身并无故障，由于用户使用不当、外部有强干扰磁场或向电视机提供信号的有线电视网络出现故障等，使用户觉得"有故障"而需要修理。直观检测不仅可以排除假故障的可能性，更重要的是对第一步作出的结论进行核实。

（三）缩小故障范围，找到故障点

这是检修工作中最关键的一步，要求按照正确的检测程序，选择符合故障特点的检测方法。一般方法是，先从大范围压缩到小范围，再由小范围压缩到某一点，即最终准确判

定某一元件发生故障。对于集成电路电视机，第一步需要判定是以哪一个集成块为中心的一部分电路出现故障；第二步则需要判定是以哪一些功能方框为中心的电路区段出现故障，即以某一信号的处理过程为主线将有关功能方框串起来；第三步需要判定是故障区段的外部还是内部出现故障，一般规律是先查外部后查内部，最后确定故障点。

在缩小故障范围、搜索故障点的过程中，采用什么样的检测方法，这要根据故障性质和自己的现实条件来决定，最好是灵活多样、简便易行。

（四）检修完成后的整机调试和检修记录

当找到故障点，更换了故障元件后，检修工作大体告一段落。但这并不意味着检修工作全部结束，尤其是对于初学者，检修完成后的试用、调试和记录对检修业务水平的提高和避免再次返修是有益的。

1. 检修完成后的试用

对于更换了元件的电视机，最好能通电试用一段时间，试用的时间随更换元件的类别不同而有差异。若更换的是晶体管或集成块，宜多试用一段时间，这是为了达到以下两个目的。

（1）元件老化处理。市场上供应的晶体管和集成块，有的经过了老化处理，有的则不一定。当它们上机通电工作一段时间后，某些参数有可能发生变异，使电视机呈现出某种新的故障现象。即使不出现新的故障现象，这种老化处理也会有利于性能的稳定，有益无害。

（2）避免隐患未除。在电视机检修中有时会有这样的情况：更换了已经损坏的某个元件后，电视机暂时恢复正常，但工作数小时后旧病复发，新换上去的元件又被烧坏。这说明导致该元件损坏的另一故障未被发现，对故障原因的搜索有待向更深的层次进行。

2. 修复后的整机调试

在更换故障元件时，若新换上去的元件与原电视机上的元件规格、型号、参数完全一样，则修复后的整机调试比较简单；若没有原型号的元器件，仅仅是用功能相似的元器件进行代换，就有可能影响到原电视机的质量指标，要仔细检查可能影响到的这些质量指标。

3. 检修记录

检修记录是维修工作的全面总结，长期坚持记录可以帮助维修者不断地将实践经验上升到理论的高度，总结出许多有价值的、带有规律性的东西，成为具有较高技术素养的维修者。

五、整机检修中需要注意的几个问题

（一）先外后内

所谓"先外后内"是指在处理电视机故障时，一般要先检查机箱外部可能出现的种种故障，再打开后盖检查内部电路。如电源插头内部断线导致"三无"故障，或有线电视网络的用户线断线而导致无图无声故障。若是开机反复检查内部电路不能发现问题，再查外部，此时开机就成了不必要的麻烦，这是应该避免的。

对于集成电路部分的检修也要注意先外后内，即先要确认外部分立元件无故障，再检查集成块内部电路。若将外围元件的故障误判为集成块内部故障，则集成块的拆装成为不必要的麻烦，还可能在拆装过程中损坏集成块。

（二）先简后繁

由于整机故障具有综合性、复杂性和电路多变等特点，有可能面临多起故障同时或相继出现的情况，这时一定要保持冷静，先制订一个基本的检修方案，按照电源、光栅、图像、彩色、伴音的顺序步步为营、稳扎稳打。在处理具体故障时，可以采取先简后繁或先易后难的顺序进行。

（三）先研究电路，后采取行动

1. 非典型电路故障电视机的检修

在维修工作中，所面临的机型是复杂多变的，有的电路很可能是陌生的。在处理这些非典型电路电视机的故障时，一定要先看懂准备重点检修部分的电路图，再采取检修行动，否则检修工作容易陷入盲目和混乱之中。在识读这些陌生电路时，可以采取以下方法。

（1）查找集成电路手册，明确各引脚的功能和基本的信号流程，了解各引脚的典型电压检测值。

（2）清理供电系统，明确被分析电路的直流供电情况。

（3）如果一时查找不到图中集成电路的技术资料，可采取与典型电路分段对照的方法，弄清信号的进口和出口，弄清主要引脚的功能。

2. 无图纸故障电视机的检修

如果待修电视机的故障比较严重，又确实找不到该机的电原理图，甚至无同类型号的电路图可供参考，这时的维修难度大大增加，这将是对维修者所学知识和技能的全面考验。但是只要采取科学的态度，选择正确的途径和方法，就可以解决难题。下面简要介绍一些途径和方法，要结合待修机的具体情况灵活运用。

在处理此类故障时，仍然要坚持先研究电路，后采取行动的原则，逐步理清信号流程再动手。

（1）顺向清理法。根据学过的电视机基本工作原理和典型电路方框结构图，抓住电路中某些有特征的元器件，确定可疑电路部分的信号入口，然后由前向后、逐级理顺。识别各主要元器件的功能，确定这一部分电路的起止元件范围。

（2）逆向清理法。如果被怀疑的部分是行或场的输出电路、视放电路、伴音电路等，采用逆向清理法会更方便一些，因为这些电路的终端负载特点鲜明、容易识别。偏转线圈、显像管、扬声器都很好找，可以从它们开始，按照基本电路结构的要求，由后级向前级推进，逐级理顺，识别各主要元器件的功能。

当识别清楚主要元器件的功能以后，可以参考与这一部分作用完全相同的典型电路，绘制一张电原理草图，即可逐步展开检测工作。

任务 5 模拟电视机电源电路分析与故障维修

 任务分析

在电视机中，电源电路是整机的能源供给中心，若电源电路不能正常工作，则整机将失去正常工作的基本条件，许多检测项目都无法进行，也难以开展维修工作。因此，迅速排除电源电路的故障，是整个维修工作进程中关键性的第一步。各种电视机的电源电路一般都是采用开关电源，小王觉得"开关电源"这个词听起来好耳熟，好像很多电子产品都用它，那么开关电源是怎么工作的？它都有哪些关键器件呢？

 任务准备

开关式稳压电源具有稳压范围宽、稳定性能好、效率高、质量轻、功耗小、可有多组稳定直流电压输出、使用方便灵活等优点，故广泛用于各类电视机及电视接收设备中。应了解彩色电视机对电源电路的主要技术要求；掌握开关电源电路的基本分析方法；了解典型机开关电源的基本工作原理和电路特点。

 必备工具

十字螺钉旋具、小一字螺钉旋具、示波器、电烙铁、恒温焊台。

 必备知识

一、观察、识别开关电源部分的主要元器件

图 2-38 是典型机开关电源部分的元器件实物安装图，可以根据电源开关、保险管及电源输入接插件等电源部分特有的器件确定整机中电源电路的大体位置，然后根据互感滤波器、开关电源变压器、消磁电阻器、光电耦合器等开关电源中特有的元器件了解它们的大体安装范围，从而对 CRT 彩色电视机开关电源建立起初步印象。对开关电源的这一感性认识，完全可以应用于其他各类电视机，因为这些电视机中的互感滤波器、开关变压器、光电耦合器等的外形都是大同小异，可以凭借开关电源中这些有特征的关键元器件来确定整个电源电路的大体安装位置。

二、识读开关电源部分的电原理图和方框结构

典型机的电原理图如图 2-39 所示，可以将实物与它们在电原理图中的符号对号入座，找到每个元件在电原理图中的位置。为了能够更加快捷、正确地识读电原理图，下面对开关电源电路作进一步介绍。

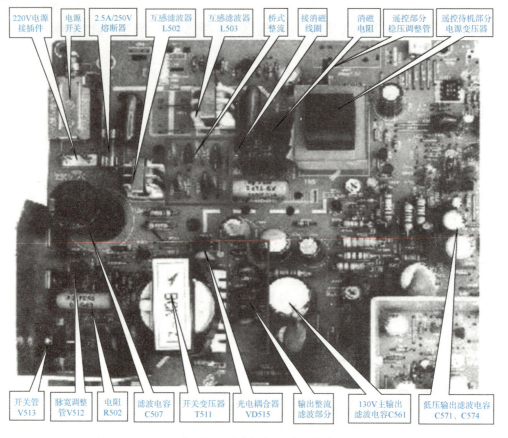

图 2-38 典型机开关电源部分的元器件实物图

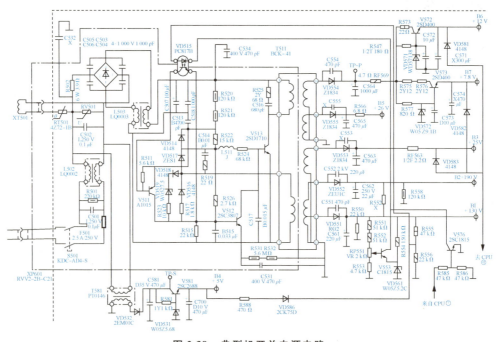

图 2-39 典型机开关电源电路

三、开关电源的分类及基本工作原理

(一) 开关电源的分类

由于开关式稳压电源具有很多突出的优点，因而发展很快、应用很广，其类型也越来越多，在不同型号的彩色电视机中很可能采用不同类型的开关式稳压电源。若按以下 3 种方式分类，可将其分为 6 种不同的工作方式。

$$
\text{开关电源的分类}
\begin{cases}
\text{按开关晶体管的连接方式分类}
\begin{cases}
\text{串联型}\\
\text{并联型}
\end{cases}\\[2ex]
\text{按开关电源的启动方式分类}
\begin{cases}
\text{它激式}\\
\text{自激式}
\end{cases}\\[2ex]
\text{按稳压的控制形式分类}
\begin{cases}
\text{调频式}\\
\text{调宽式}
\end{cases}
\end{cases}
$$

实际使用的开关电源并非单纯的串联型或并联型，也并非单纯的自激式或它激式，而是根据实际需要进行组合，如自激振荡、并联输出、调宽稳压器开关电源；它激振荡、并联输出、调宽稳压器开关电源；自激振荡、并联输出、调频稳压型开关电源等。这要根据实际电路作具体分析。

(二) 开关式稳压电源的基本工作原理

1. 基本电路

开关式稳压电源的基本电路如图 2-40 所示，基本等效电路方框图如图 2-41 所示，它由自激振荡电路、脉宽控制电路、取样、基准及误差放大器等构成。其中，开关管、开关变压器和自激振荡电路的作用是使电路进入脉冲工作状态，从而利用电—磁—电的转换，不断地将开关变压器的一次能量转换到二次供给负载；由取样、基准、误差放大和脉宽控制电路等组成了一个负反馈闭环控制系统，对输出端由于负载变化等原因引起的电压波动进行实时监测，通过脉宽控制电路调整开关管基极矩形脉冲的宽度（或频率），改变向开关变压器二次转换能量的多少，自动补偿负载的变化，保证输出电压的稳定。

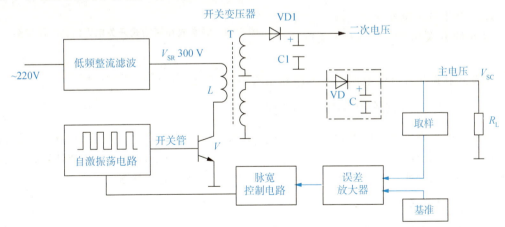

图 2-40　开关式稳压电源的基本电路

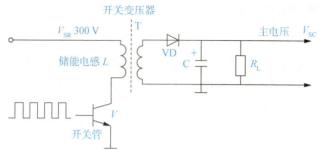

图 2-41 开关式稳压电源的基本等效电路方框图

2. 稳压电路的基本工作原理

开关式稳压电源的特点是通过控制开关管的导通，开关管的基极接有脉宽控制电路脉冲，控制开关管导通时间的长短。开关电源基本工作过程可分为 3 个主要部分。

（1）输入交－直变换：将 220V、50Hz 交流式电直接整流滤波得到 300V 左右的直流电压 V_{SR}。

（2）直－交变换：由自激振荡电路将直流电压 V_{SR} 变换成脉冲电压。

（3）输出交－直变换：由输出端整流滤波电路将脉冲电压变换成所需的直流电压 V_{SC}。

开关电源的稳压原理：通过对主输出电压取样、比较、误差放大，反馈控制自激振荡器开关脉冲的占空系数实现稳压。在开关电源中，称开关管导通时间和开关周期的比值为占空系数。

开关电源的稳压方式有调宽式和调频式两种。

（1）开关周期不变、占空系数改变实现稳压的开关电源称为调宽式开关电源。

（2）当开关周期改变时，其占空系数也改变的开关电源称为调频式开关电源。

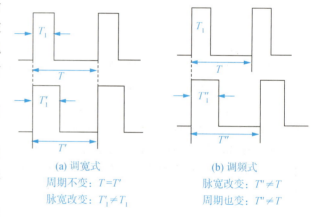

(a) 调宽式
周期不变：$T=T'$
脉宽改变：$T'_1 \neq T_1$

(b) 调频式
脉宽改变：$T'' \neq T$
周期也变：$T'' \neq T$

图 2-42 调宽式和调频式开关电源的基本原理图

调宽式和调频式开关电源的基本原理如图 2-42 所示。

四、开关电源部分的特殊元器件

由前面的观察可知，由于开关电源的特殊需要，电路中出现了一些比较特殊的元器件。为了便于维修工作的开展，不仅要熟悉它们在主电路板上的安装位置、外部特征，还需要熟悉它们的电路功能、基本结构、性能特点、常见故障及检测方法等。

（一）互感滤波器

1. 互感滤波器的外形及结构

互感滤波器的外形结构如图 2-43（a）(b) 所示。其等效电路如图 2-43（c）所示。互感滤波器均由 U 形磁心、线圈、线圈骨架和金属弹性夹等组成。

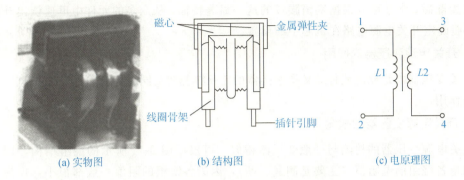

(a) 实物图　　　　　(b) 结构图　　　　　(c) 电原理图

图 2-43　互感滤波器外形及电原理图

2. 互感滤波器的作用

共模滤波器的作用是为了消除开关电源特有的"开关干扰"。这种干扰对于电视机的正常工作十分有害，传导出去还会干扰其他电器设备。为了达到更好的滤波效果，有的彩色电视机中采用两个滤波器，构成两级共模滤波器，既可滤除由电网进入电视机的干扰，也可抑制开关电源本身产生的干扰窜入电网而干扰其他家用电器。

3. 互感滤波器的检测

由于互感滤波器用线较粗，故障率很低，若出现开路性故障，则 R_{1-2} 和 R_{3-4} 近似为 0，用万用表也很容易检查。

（二）开关电源变压器

1. 开关电源变压器的外形及结构

开关电源变压器的外形结构及电原理图如图 2-44 所示。

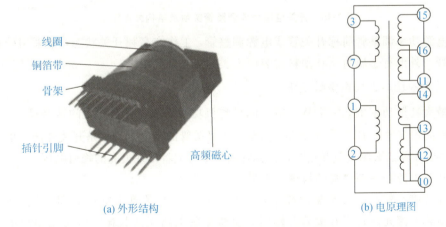

(a) 外形结构　　　　　　　(b) 电原理图

图 2- 44　开关变压器外形及电原理图

开关电源变压器又称为开关电源功率变压器，简称开关变压器或脉冲变压器，是彩色电视机开关电源电路中的关键器件，也是比较容易损坏的器件，它的质量优劣直接影响到开关电源性能的好坏。它采用高频磁心，在它的腰部常有一层短路的铜箔带作磁屏蔽层，它能显著地减少漏磁，常常可以根据铜箔腰带的这一显著特征，从众多的元件中迅速认出开关变压器，从而确定开关电源电路在机芯中的位置。

2. 开关电源变压器的作用

开关变压器既是储能元件，又是振荡器的正反馈器件，同时起到输入、输出电压变压及隔离的作用。

3. 开关电源变压器的检测

开关电源变压器的检测与一般变压器相似，可根据图 2-44 所示的绕组结构，用万用表逐个测量各绕组的电阻值（主要是测通、断），因为各绕组的阻值一般都很小，仅为几欧姆或小于 1 欧姆，绕组本身断路的故障较少见。开关电源变压器的常见故障是绕组之间短路或漏电，如果出现绕组间的局部短路或漏电，会破坏自激振荡器的正常工作，不能起振，导致电路不能进入正常工作所需的开、关状态，但用万用表检查时又不易发现，实践中常用替换法进行判断。

（三）开关电源功率调整管

1. 开关电源功率调整管的外形

开关电源功率调整管的外形如图 2-45 所示。

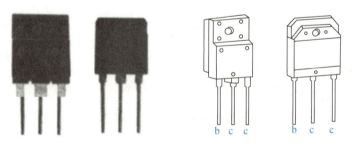

图 2-45　开关电源功率调整管实物及结构外形图

开关电源功率调整管简称开关管或电源调整管，工作在高频开关状态，常采用硅高频大功率三极管。外形有金属封装和塑料封装两大类，各有其优缺点。

2. 开关电源功率调整管参数要求

（1）最大耗散功率 $P_{cm} > 50W$，应能满足整机功率需求，且有一定的富余量。

（2）反向击穿电压 $BV_{ceo} > 1000V$，这是由于开关管的集电极负载是开关变压器的一次绕组，当开关变压器二次侧负载开路时，开关管的集电极上将出现很高的峰值电压。

（3）开关电源功率调整管的检测及常见故障。

开关管故障率较高，其常见故障是击穿或开路，当开关管击穿后立即会烧坏熔断器，并且可能损坏整流元件；当开关管开路时，自激振荡电路无法起振，电源无输出电压。开关管是否损坏的检测方法与一般大功率晶体三极管相同，若经检测，判断开关管已经损坏，最好能换原型号的开关管；若确实无原型号而需用其他型号代替，则要认真查阅相关的晶体管参数手册，重点考查上面强调的参数要求。

五、开关电源的检修注意事项

彩色电视机中的开关电源，由于其特殊的电路结构，要求在检修时应特别谨慎。

（一）应特别注意人身、仪器及彩色电视机的安全

彩色电视机中的电源电路省去了电源变压器，电网输入的220V交流电压直接与整流电路连接，这就导致底盘带电的可能性。如果电网相线端恰好与电视机的地线相连，当维修者触摸底盘时，220V交流电将会通过人体与大地形成回路，具有很大的危险性，检修时必须采取隔离措施。在电视机电源进线端外接隔离变压器，隔离变压器的一次、二次之间应有良好的绝缘，将整机与电网相线隔断。工作台上、台下应衬上绝缘橡皮垫。

（二）应避免扩大故障

若某电视机的保险管已烧断，在未查明原因的情况下，不可急于换上保险管通电，更不允许用比原规格大的保险管或铜丝替代，这样可能会使尚未损坏的元件烧坏。彩色电视机电源输入端的保险管与一般的保险管不同，它是一种耐冲击的延时熔丝管，能够经受瞬时浪涌电流的冲击，并具有对异常电流迅速熔断的能力，这是为了适应消磁线圈工作特性的需要，不能用普通的保险管进行替代。

（三）应特别注意负载的异常变化

由于开关电源的工作状态与负载的轻重有直接关系，因此开关电源的负载既不能短路，又不能开路。如果主直流稳压电源输出端不能迅速转换到二次侧负载上，就有可能在一次侧产生异常高压，而把开关管击穿。在检修"三无"故障时，又常常需要暂时断开负载，以判断故障是在负载的行输出级还是在开关电源部分。这时，应在开关电源的输出端接上一个假负载，测得的输出电压正常，再接原负载。

（四）注意养成单手操作的习惯

所谓单手操作，是仅用一只手执表笔对电路进行检测的操作方法。采用单手操作可以将注意力全部集中于正在进行检测的表笔上，从而有效地避免因双手操作不慎而引起的电击和人为短路等意外事故。

任务6　模拟电视机扫描电路分析与故障维修

任 务 分 析

小王对电视机开关电源维修的相关知识掌握得差不多了，实训时他遇到了一台"奇怪"的故障电视机，电视机的电源工作不正常，可是拆开单独检测电源电路没有任何问题，这是怎么回事呢？

在CRT彩色电视机中，扫描电路的故障率相对较高，元器件损坏多，故障率连面广，

一旦出现故障，尤其是行输出电路出现故障，不仅使扫描系统不能正常工作，开关电源也不能正常工作，这一部分的故障检修常常需要与电源电路同时进行，所以在讨论了开关电源的检测与故障维修后，应立即学习扫描电路的检测与故障维修。

任务准备

CRT 彩色电视机中的扫描系统控制显像管内电子束的扫描运动，在荧光屏上形成正常的光栅。它主要是指偏转线圈、行扫描电路、场扫描电路和同步电路。了解集成化扫描系统的电路分析方法，懂得各主要电路的基本工作原理；了解扫描电路中各种专用元器件的基本结构、性能特征、常见故障、代换方法等。

必备工具

十字螺钉旋具、小一字螺钉旋具、示波器、电烙铁、恒温焊台。

必备知识

一、CRT 电视机扫描系统的方框结构及常见电路组成方式

电视机扫描系统的基本电路方框结构如图 2-46 所示，这些最基本的电路包括行扫描电路中的行振荡、行激励和行输出，场扫描电路中的场振荡、场激励和场输出，以及同步分离电路等。

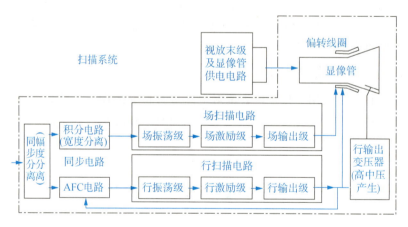

图 2-46　CRT 电视机扫描系统结构图

主电路板由集成电路的扫描前级、分立元件的行扫描后级、多种形式的场输出级三大部分组合而成。如图 2-47 所示，现以某电视机扫描电路实物图为例，简要说明如下。

第一部分为集成电路的扫描前级。包括扫描电路中的所有小信号处理部分：同步分离、自动行频控制（AFC）；行振荡、行预激励；场振荡、场激励等功能。由于集成电路的扫描前级具有许多突出的优良性能，因而在各类彩色电视机中均被采用。

第二部分为分立元件的行扫描后级。行扫描后级包括行激励、行输出、行输出变压器

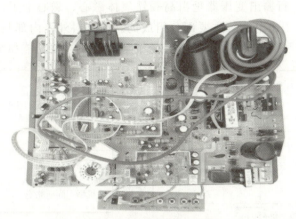

图 2-47 扫描电路实物图

和过压保护电路等。由于工作电压高，输出功率大，而且是工作在开关状态，逆程期间行输出管上将承接很高的反峰电压，所以各类电视机的行扫描后级都采用分立元件电路。

第三部分为多种形式的场输出级。在各类 CRT 彩色电视机中，场输出级的电路结构比较灵活，可以用分立元件，也可以采用集成化专用场输出电路。

二、扫描电路中的行输出变压器

（一）行输出变压器的主要作用及基本结构

行输出变压器的主要作用是利用行扫描逆程期间在行输出管集电极所形成的逆程反峰电压，来获得显像管正常工作所需要的第二阳极高压、灯丝电压、加速极和聚焦极电压等，所以又常称其为逆程变压器。

由上述作用可知，行输出变压器属于一种脉冲功率变压器，它不仅要进行电压变换，还要实现功率传递和输入、输出之间的隔离。行输出变压器的功率消耗约占整机功率的50％。行输出变压器一旦出现故障，不仅要危及行输出管，而且还会危及电源调整管。由于它工作在高电压、重负载状态下，故障率较高。行输出变压器的基本结构如图 2-48 所示。

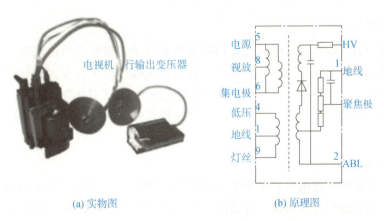

(a) 实物图   (b) 原理图

图 2-48 CRT 彩色电视机中的行输出变压器

由图 2-49 可知，行输出变压器是由高频铁氧体磁心、磁心卡子、阳极高压帽、阳极、聚焦极和加速极高压引出电缆等主要部分组成的。在塑料外壳内部制作有一次绕组、高压绕组、灯丝绕组、低压绕组、视放绕组等，各内部绕组的主要功能如图 2-60 所示。

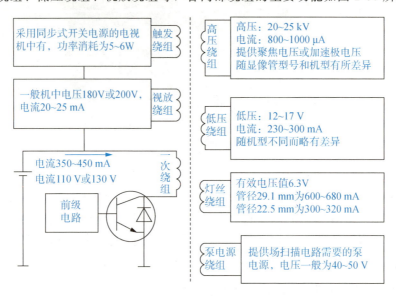

图 2-49 行输出变压器的主要绕组功能简介

（二）行输出变压器的一般性检测

行输出变压器的型号不同，部分绕组的绕制数据略有差异，但主要绕组的电阻检测值差别并不大。分别如下：

（1）一次绕组 0.5～1.5 Ω。

（2）灯丝绕组 0.2～0.9Ω。

（3）低压绕组 0.2～0.6Ω。

（4）高压绕组∞Ω。

（三）行输出变压器的常见故障

1. 行输出变压器外壳"打火"

此类故障一般出现在使用时间较长的彩色电视机中，最初是机内出现"嘶嘶"声，在机壳后部可以闻到有臭氧的气味，荧光屏上有时出现成串的干扰点。打开后盖，仔细观察行输出变压器周围，往往可以在某处发现紫蓝色的电火花。"打火"的原因是由于此处绝缘不好，老化或灌封时有小气泡，但内部的大多数绕组并未损坏，及时检修可防止故障进一步恶化。

2. 内部绕组短路

行输出变压器内部绕组短路是最常见的故障，大约占行输出变压器故障的 80% 以上，其中大部分是高压绕组局部短路。行输出变压器内部绕组短路的故障特征是行输出级电流突然增大，一般高压绕组短路（包括内部的高压硅堆击穿）时行电流由正常值增大到 0.8～

1A；若一次绕组或行偏转线圈局部短路，则可使行电流达到 1A 以上。对于设有过压、过流保护电路的彩色电视机，会因为过大的行电流而使保护电路启动，造成开关电源停止工作；对于无过压、过流保护电路的彩色电视机，则可能会由于行电流过大而导致行输出管损坏，严重时还会同时损坏开关电源电路中的开关管，最终使电视机呈现"三无"的故障现象。当怀疑"三无"故障是由行输出变压器的内部短路引起时，可以用同种新品更换试验。

3. 聚焦及加速极电压不正常

聚集电位器故障会造成聚集极电压不正常；加速极电位器不正常会造成加速极电压不正常。

三、扫描电路中的其他重要元器件

在 CRT 彩色电视机的行扫描电路中，还有专用行输出管、行激励变压器、行线性调整器和行幅调整器等重要元器件，熟悉它们的结构、功能和特征也是很有必要的。

（一）专用行输出管

CRT 彩色电视机中常使用一种内部带有阻尼二极管的专用行输出管，如 2SD1651、2SC5144、25C5905 等，其管内结构及等效电路如图 2-50 所示。由于其特殊的内部结构，使它成为一种能够承受很高反峰电压的专用行输出管，使用时不必再外接阻尼二极管。

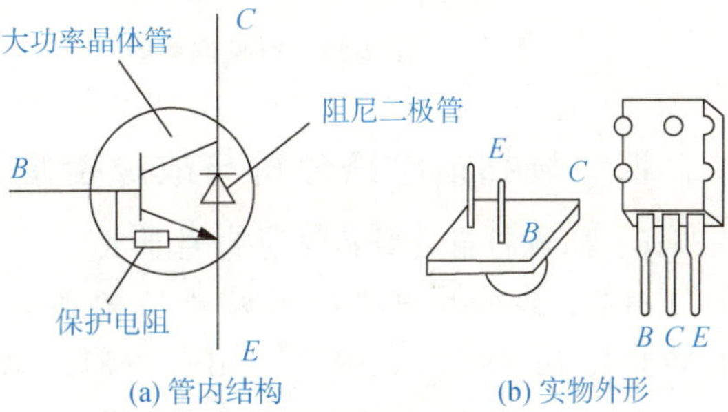

大功率晶体管　阻尼二极管　保护电阻

(a) 管内结构　　　(b) 实物外形

图 2-50　行输出管 2SD1651

行输出管是行扫描电路的关键器件，如果在维修过程中发现它已经损坏，最好选用原型号行输出管代换；若一时找不到原型号而不得不用其他型号代换时，要特别注意以下参数应达到原型号要求；首先是反向击穿电压 $U_{(BR)CBO} \geq 1500V$，$U_{(BR)CEO} \geq 800V$，集电极电流 $I_{CM} \geq 5A$；耗散功率 $P_C \geq 60W$。

（二）行激励变压器

行激励变压器的主要作用是将行激励级的高电压、小电流行频脉冲信号，变成低电压、大电流的激励脉冲以提供给行输出管基极，从而使行输出管能工作在良好的开、关状态。行激励变压器的基本结构及电原理图如图 2-51 所示。

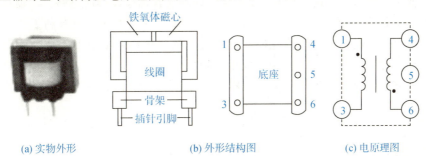

铁氧体磁心　线圈　骨架　插针引脚　底座

(a) 实物外形　　　(b) 外形结构图　　　(c) 电原理图

图 2-51　行激励变压器

（三）行幅调整器

行幅调整器用来调解行扫描的幅度，使其正好适应显像管屏幕的宽度。它实际上是一个内部带有磁芯的电感线圈，其外观及结构如图 2-52 所示。

（四）行线性调整器

行线性调整器用来改善电子扫描在水平方向上产生的非线性失真，外形和电容器很相似，但实际是一个带有磁芯的电感线圈，又可称为磁饱和调整器，其外观及结构如图 2-53 所示。

图 2-52　行幅调整器　　　　　图 2-53　行线性调整器

四、场扫描电路分析与故障检修

（一）场扫描后级的常见电路形式

目前，彩色电视机的场输出电路普遍采用专用集成电路，常用型号有 LA7830、LA7837、LA7838、LA7840、uPC1378H、AN5515、AN5511、TA8403、TA8427K 等。

（二）集成化场输出级的电路分析

以专用场输出集成电路 LA7837 为例进行分析。

1. 电路组成

LA7837 的内部电路如图 2-54 所示，它主要由场扫描触发输入电路、单稳态多谐振荡器、场幅恒定控制电路、锯齿波形成电路、场激励电路、场输出级功率放大器、泵电源电路、过热保护电路等组成。

2. 电路特点

LA7837 内部自带激励放大器，场扫描电路的总增益仅决定于 LA7837 本身，减少了组合增益偏差而引起的自激振荡等问题。LA7837 内不仅含锯齿波形成电路，还设有 50/60 Hz 场频切换时的场幅稳定电路，适合在 50 Hz 或 60 Hz 场频下工作，更有利于"多制式"接收，因为不同制式的场扫描频率变化时，其输出直流变化小，场幅度不会受到影响。只需外部加入场激励脉冲触发信号，便能完成全部扫描任务。而且它与场扫描前级的小信号处理部分不存在复杂的交流、直流反馈。这样，它有更好的隔行扫描特性，减少了帧抖动。

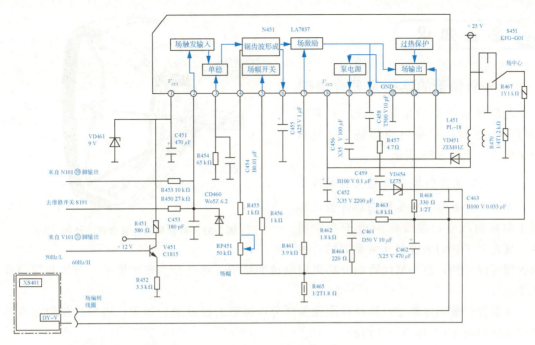

图 2-54 LA7837 的内部电路

任务 7 模拟电视机显示电路分析与故障维修

任务分析

刚刚学了电视机维修没几天，小王隔壁家的老牌电视机突然图像显示模糊了，他们请小王来想办法。小王首先检查了电源、扫描电路，发现没有问题，那么下一步该检查哪部分呢？在CRT 彩色电视机的维修过程中，如果行、场扫描电路的故障已经排除，能够提供显像管正常工作所需要的各种电压，此时电视机能否显示正常的图像，在很大程度上取决于显像管本身。因此，在扫描系统的故障排除之后，维修工作的关注重点就应转向电视机的图像显示部分。

任务准备

图像显示部分包括彩色显像管和视放电路，要了解彩色显像管主要部件的基本构造、工作原理和主要的技术要求；了解彩色显像管自动消磁电路及关机亮点消除电路的基本工作原理；掌握末级视放电路的基本工作原理、电路结构，能正确识读电路。

必备工具

十字螺钉旋具、小一字螺钉旋具、示波器、电烙铁、恒温焊台。

必 备 知 识

一、显像管的结构及显像原理

图像显示的关键是显像管,大多数 CRT 彩色电视机中采用的都是自会聚彩色显像管,如图 2-55 所示。

(一)显像管的玻壳及相关机械参数

无论彩色显像管还是黑白显像管,都属于阴极射线管,或统称为电子真空器件,玻壳对于它们来说是非常重要的。由

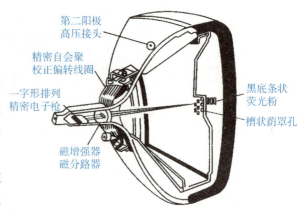

图 2-55　自会聚彩色显像管的结构

剖视图可以看到,整个显像管的外部采用全玻璃结构,可以分为玻璃屏幕、锥体和管颈等几个部分。

显像管的玻璃屏幕是直接显示图像的部分,屏幕的面玻璃为矩形。矩形屏幕的宽度与高度的比值有 4:3 和 16:9 两种。

玻璃屏幕与管颈之间的部分是管锥体,管锥体张开的角度决定了显像管的偏转角,偏转角越大,则管锥体部分可缩短,有利于减小电视机机箱的厚度,更美观。但是偏转角越大,所需的偏转功率越大。

管颈是指显像管锥体到尾部的一段圆柱形细长玻璃管,里面装有电子枪;管颈的末端有塑料管基;电子枪的各电极通过尾部的金属引脚与外部连接,如图 2-56 所示。

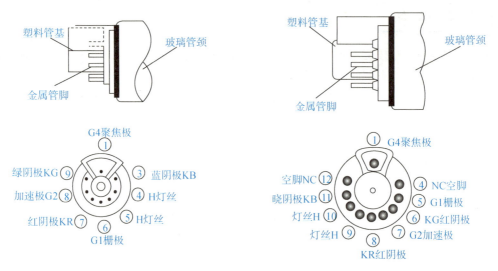

图 2-56　管颈引脚排列图

彩色显像管的管颈有粗、细之分,管颈越细,所需偏转功率越小。各电极引脚的编号及排列顺序均是从聚焦极(G4)开始,以它为 11 脚。而且在空间距离上尽可能使其远离其他引脚,这是因为聚焦极工作电压通常为几千伏,要尽可能避免它与其他引脚之间的放电

而造成故障。

（二）彩色显像管的电子枪及显像原理

电子枪由灯丝、阴极、控制栅极、加速极、聚焦板和高压阳极等组成。其作用是发射能被视频信号调制的高速聚焦电子束。黑白显像管的管颈里面只装有 1 个电子枪，只能发射 1 个电子束；而彩色显像管的管颈里面装有 3 个电子枪，可以同时发射 3 个电子束；而自会聚彩色显像管内的电子枪更是经过精心设计的，称为一字形排列精密一体化三枪三束电子枪，其基本结构如图 2-57 所示。

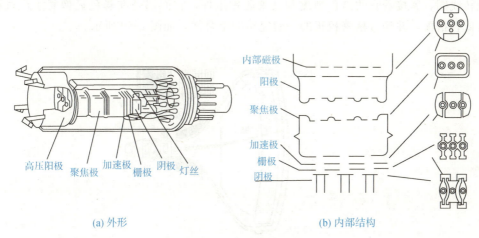

(a) 外形　　　　　　　　(b) 内部结构

图 2-57　电子枪的结构

显像管在电视机的许多实用电路中采用的是阴极调制方式，即栅极接地，将代表红、绿、蓝三基色的视频信号分别加到 3 个不同的阴极上，通过改变 V_k 来改变每个阴极发射的束电流 I，使 3 个电子束的强弱受控于三基色信号电压。彩色电视信号中的红、绿、蓝三基色信号幅度实际上是随图像内容而交替变化的，因而可以呈现出千变万化的彩色图像。

（三）彩色显像管的荧光屏和荫罩板

显像管的荧光屏由涂敷在玻屏内表面上的荧光粉层和叠于荧光粉层上面的铝膜共同构成。荧光屏是显像管的发光机构，显像管的发光特性取决于它所采用的荧光粉材料，不同的荧光粉材料在高速电子的轰击下发出不同色调的光，彩色显像管中用的三基色荧光粉使其发出三基色光。

荫罩板是指安装在电子枪与荧光屏之间的一块刻有数十万个小孔的薄钢板，这些小孔称为荫罩孔，只要 3 个电子束能在荫罩孔准确会聚，它们就一定会击中各对应的荧光粉条，发出 R、G、B 三色光。如果电子束发生偏移，则会被荫罩板阻挡，不能轰击到荧光屏幕上，从而保证了重现颜色的准确性。荫罩板和荧光屏的基本结构如图 2-58 所示。

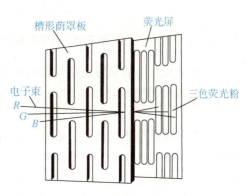

图 2-58　荫罩板和荧光屏

二、彩色显像管的主要部件

彩色显像管的外部有许多重要的部件，它们对于彩色显像管的正常工作也是很重要的，如偏转线圈组件、会聚与色纯调节磁环组件、消磁线圈、硅像管座和显像管座板等，缺一不可。现逐一介绍。

（一）彩色显像管的偏转线圈组件

偏转线圈组件套在显像管的管颈和管锥体相连接处，自会聚彩色显像管采用的是精密校正偏转线圈，紧接着它的是色纯度和会聚磁铁组件，它们都是在彩色显像管生产过程中就与显像管搭配，并经过精密校正的一套完整的组合件，如图 2-59 所示。

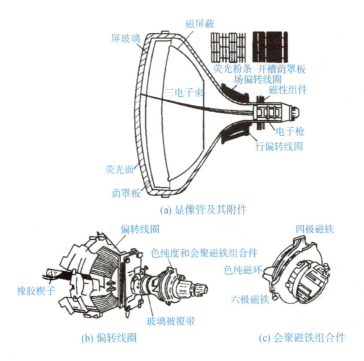

（a）显像管及其附件

（b）偏转线圈　　　　　　（c）会聚磁铁组合件

图 2-59　彩色显像管的偏转线圈组件的实际安装位置

彩色电视机中的偏转线圈与黑白电视机中的偏转线圈在结构上大同小异，包括行偏转线圈和场偏转线圈。图 2-60 对行、场偏转线圈组件进行了必要的剖析，下面分别给予说明。

行偏转线圈应通过由行扫描电路提供的行频锯齿波电流，产生在垂直方向线性变化的磁场，使电子束作水平方向的扫描运动。如果用万用表检测它们的直流电阻，通常只有 1～5Ω，视两个绕组的并、串联而有所不同。

场偏转线圈应通过由场输出级提供的场频锯齿波电流，产生一个水平方向变化的磁场，使电子束作垂直方向的扫描运动。在行、场扫描运动的共同作用下，屏幕上才能产生一幅完整的矩形光栅，为呈现电视图像奠定基础。如果用万用表检测场偏转线圈的直流电阻，通常为 10～50Ω，视两个绕组的并、串联而有所不同。

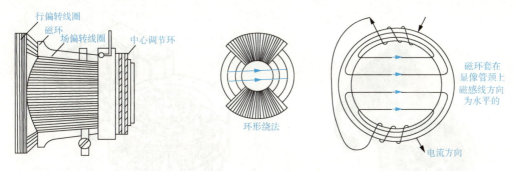

图 2-60 偏转线圈示意图

色纯度和会聚磁铁组合件由三对磁环组成：第一对为色纯度调节磁环，第二对和第三对为会聚磁环，它们可校正显像管的静会聚和动会聚，使 3 个电子束实现良好的会聚。

（二）消磁线圈与自动消磁电路

彩色显像管外部安装了消磁线圈，它直接套在显像管的防爆箍外面，通过接插件与主板上的消磁电阻和电源开关连接。消磁线圈是自动消磁电路的一部分，自动消磁电路如图 2-61 所示。消磁线圈由直径 0.35mm 左右的高强度漆包线绕制而成，大约 60 匝，外面包上绝缘层，然后装在显像管与屏蔽罩之间，也可以将一部分套在锥体部分，并装上金属屏蔽罩。

图 2-61 消磁线圈与自动消磁电路

（三）彩色显像管插座

彩色显像管插座如图 2-62 所示，它的主要任务是将彩色电视机线路所提供的各种电压及信号转接到彩色显像管（除阳极外）各相应的电极上。彩色显像管的聚焦极在正常工作时要加上几千伏的高电压，当它与其他电极会聚在显像管插座这样一个窄小的空间时，就有可能与管座中的其他电极之间产生放电、打火等现象。为了防止管座中及显像管管内打火或瞬间过电压损坏彩色显像管及其他元器件，管座中还设计有"放电器"，它肩负着将瞬间打火或过电压及时泄放的特殊功能。

三、视放末级电路分析及故障检修

对彩色显像管及其主要部件有了比较清楚的了解之后，下面将关注的重点转移到彩色显像管的附属电路上，因为只有当彩色显像管的这些附属电路也处于正常工作状态，能够向彩色显像管的各电极提供正常的工作电压时，彩色显像管才能发光，才能呈现出逼真的

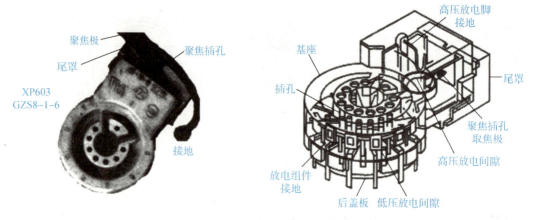

图 2-62　彩色显像管插座剖析图

彩色图像。

（一）彩色显像管附属电路的基本功能及电路结构

　　彩色显像管附属电路是指安装在显像管尾部，为彩色显像管各电极提供正常工作电压、驱动信号和对彩色显像管进行保护的这一部分电路，主要包括末级视放电路、显像管供电电路和关机亮点消除电路等。这一部分电路的实物如图 2-63 所示，方框结构如图 2-64 所示。

图 2-63　彩色显像管附属电路实物图

　　由图 2-77 可知，显像管附属电路中的电路元件全部安装在显像管尾部的印制板上，它们通过接插件或专用线与主电路板连接从而取得供电及信号，然后通过显像管插座将工作电压及信号提供给显像管，使显像管呈现彩色图像。图中的电路大体上可以分为两大部分：右边用虚线隔断的部分为显像管供电电路，其基本功能是向彩色显像管各电极提供正确的工作电压，使显像管正常发光，呈现正常的光栅，显像管所需的工作电压均由行输出变压器提供；左边用虚线隔断的部分为末级视放电路，以红、绿、蓝 3 个视放末级为中心，其基本功能是向显像管的 3 个阴极提供激励信号，驱动显像管呈现活动的彩色图像。这两部分电路相互关联、相互影响，作为一个密不可分的整体保证彩色显像管的正常工作。下面先讨论末级视放部分。

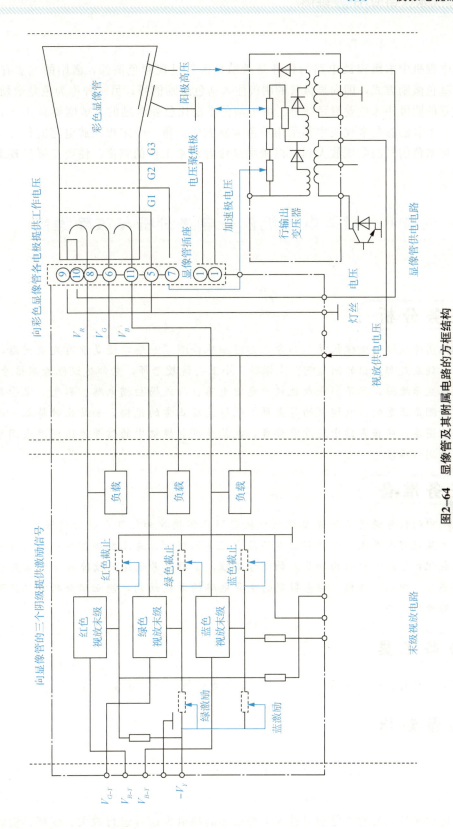

图2-64 显像管及其附属电路的方框结构

(二）末级视放的电路分析

彩色电视机中末级视放电路的任务是激励显像管呈现彩色图像，激励的方法有两种：一种称为基色激励方式，即向显像管的阴极注入基色激励信号；另一种称为色差激励方式，即向显像管的阴极注入色差激励信号。由于基色激励比色差激励的灵敏度要高30％，所以凡采用自会聚管的彩色电视机中都采用基色激励方式。每一个末级视放电路的任务只是分别将某一种基色信号的电压放大到足以激励显像管正常工作的幅度，使荧光屏呈现良好的彩色图像。

任务 8　模拟电视机信号电路分析与故障维修

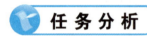

任务分析

小王把图像故障的电视机显示部分也都仔细地检测了一遍，还是没有发现问题，就有点纳闷了，到底是哪里出的问题啊？上课时，小王去请教老师，老师建议他检测信号电路。如果电视机显示故障，但是彩色电视机中电源电路、行或场扫描电路、彩色显像管及其附属电路的检测是正常的，电视机的荧光屏上能够呈现正常的光栅。如果此时屏幕上还不能呈现正常的图像，或扬声器中还没有伴音，也就是说电视机中的信号通道还存在问题，需要进一步检测和维修。

任务准备

电视机中的信号通道目的是要让电视机能够正常接收和处理电视台传送的节目信号，在荧光屏上呈现彩色图像，在扬声器中还原出优美的伴音，真正发挥信息终端的作用。需要掌握集成化信号通道的结构和基本的信号流程，了解信号通道的故障特点和常用检测方法；了解高频、中频、低频、彩色解码的主要电路的方框结构，能正确分析常见故障，并采取合理的处理方法。

必备工具

十字螺钉旋具、小一字螺钉旋具、示波器、电烙铁、恒温焊台。

必备知识

一、彩色电视机信号通道概述

（一）彩色电视机信号通道的基本结构

彩色电视机的信号通道是指对进入电视机的高频电视信号进行放大、变频、检波（解调）或鉴频等处理，最终在荧光屏上呈现图像，在扬声器中发出伴音的这一部分电路。信号通道包括高频信号通道、中频信号通道、伴音信号通道和彩色解码器（包括亮度通道和色度通道）等几部分。

信号通道的电路元件实物及它们在电视机主板上的位置，如图 2-65 所示。

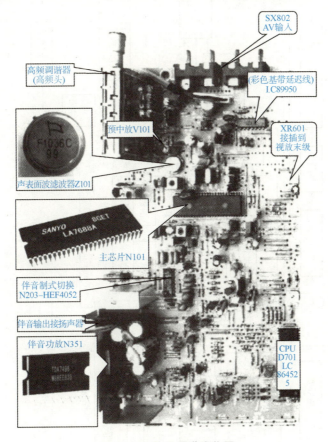

图 2-65　信号通道实物图

图 2-66 是结合实物绘制该机信号通道部分的电路结构图。

由图 2-78 可知，在该机的实用电视机主板上，信号通道主要由高频头、表面波滤波器、预中放管、集成电路 LA7688、制式切换的集成电路 HEF4052、伴音功放集成电路 TDA7496、彩色基带延迟线 LC89950、CPL－LC864525 及各种外部元器件等组成。

（二）彩色电视机信号通道的主要信号流程

在分别讨论各部分电路之前，先对彩色电视机信号通道作一个概述，以便完整地了解信号处理的主要过程，这对于理解各部分电路的主要功能、基本结构和正确进行故障分析都是有所帮助的，如图 2-67 所示。

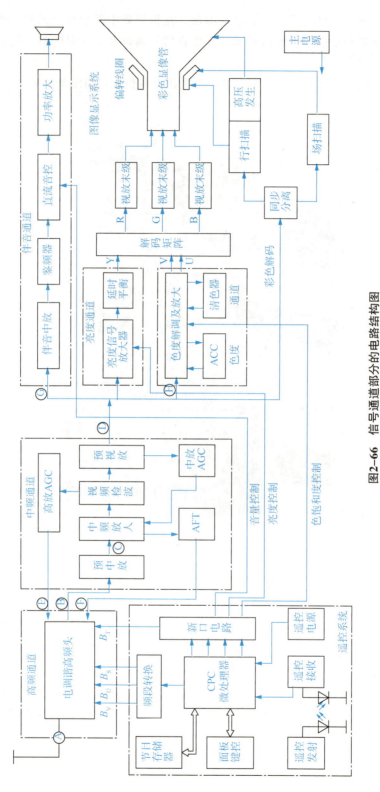

图2-66 信号通道部分的电路结构图

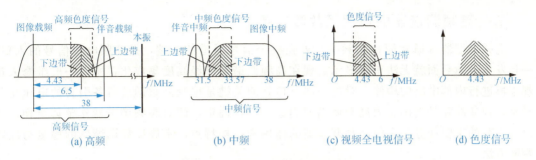

图 2-67　彩色电视机信号通道

载有图像和伴音的高频电视信号由图 2-79 中的 A 点进入高频信号通道，首先经高频头的输入电路选出所需接收的电视节目频道，经高频放大和混频级变换频率之后由 B 点输出中频信号。此时图像载频变为固定的中频 38MHz；伴音也变为固定的中频 31.5MHz；信号幅度大约是 1mV。

中频信号由 C 点进入集成电路中频通道，对中频图像信号进行放大和检波，从而取出视频全电视信号由 D 点输出。D 点输出的视频全电视信号中包含有亮度信号和色度信号，在彩色解码电路中视频全电视信号首先进入亮度信号和色度信号分离电路，再分别进入亮度通道和色度通道。亮度通道也称为视放电路，它的主要功能是完成亮度信号的放大，同时要进行亮度信号的延时，使亮度通道输出的亮度信号与色度通道输出的色度信号保持时间上的一致；经分离后的色度信号由 H 点进入色度通道，色度通道的主要功能是完成色度信号的控制、放大及解调等。彩色解码部分的输出端最终输出的是 R、G、B 三基色信号，经视放末级放大后加到显像管，激励显像管呈现出色彩鲜艳、对比度足够的图像。

D 点同时还要输出 6.5MHz 第二伴音中频信号，由 G 点进入伴音通道，经伴音电路放大并进行鉴频，取出音频信号，再经低放后激励扬声器还原出伴音。

遥控系统通过频段转换及各部分的接口电路对彩色电视机信号通道的各个部分进行控制。

（三）信号通道的故障特点

1. 一般情况下不影响光栅的正常出现

通过电源、扫描及图像显示部分的检测和故障维修，荧光屏上应能呈现正常的光栅，而信号通道的故障一般情况下不会影响光栅的正常出现，因此在故障检修时，可借助于荧光屏或扬声器的反应，对信号通道的故障情况进行分析和判断。

2. 故障与图像和伴音有关

由电路的基本结构可知，荧光屏和扬声器是整个信号通道的终端，信号通道中各段电路的工作情况也往往通过它们反映出来。光栅形成电路的故障检修是以能否形成光栅和光栅质量为检查的标准，而信号通道的故障则是以有无图像和伴音，以及图像和伴音的质量为检查的标准。由于高频通道和中频通道是信号的公共通道，要同时通过图像信号和伴音信号，所以这一段电路出现故障时，会使图像和伴音同时受到影响，或使其中的一个正常而另外一个不正常。

二、高频调谐器的作用及故障判断

高频调谐器（通常简称高频头）处在整个信号通道的头端，是高频电视信号的入口，一旦发生故障后面就无法正常显示。现在高频调谐器已经高度集成化，所以一般维修人员都不再进行内部电路的检修，对这一部分检修的关键是检测高频调谐器各引脚的电压是否异常，判断故障是否确实由高频调谐器引起，一旦确定，即对高频调谐器作整体更换。所以本小节的主要任务是了解高频调谐器的作用和结构特点，掌握高频调谐器的检测与故障判断方法。

（一）高频调谐器的作用

高频调谐器的作用包括调谐选台、频率变换及信号放大。这可以通过图 2-68 所示的高频调谐器的原理方框图作简要的说明。

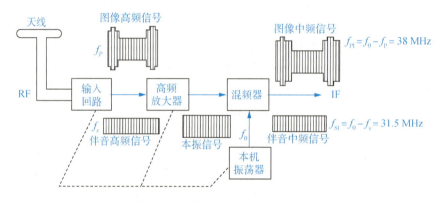

图 2-68　高频调谐器的原理方框图

高频调谐器的射频输入端可以有 90 多个电视频道输入，通过输入调谐回路，高频调谐器可以从这些电视频道中选出准备收看的电视节目，无论输入端选择的是哪一个频道的电视节目，通过混频器中差拍使得本振信号的频率 f_0 始终比该频道的图像载频高 38MHz。另外，由于高频调谐器输入端输入的高频电视信号幅度较低，信号强度为 $100\mu V \sim 1\ mV$；而输出端输出的中频信号幅度为 $1 \sim 10mV$，因此要求高频调谐器的信号放大量大于 20dB。高频调谐器对弱信号的放大能力直接影响到电视机在接收弱信号时的收视效果。

（二）电调谐高频头的基本结构

电调谐高频头的特点是采用电子式调谐。它是利用变容二极管的结电容作为调谐回路的电容器，故只要改变加于变容二极管的反向偏压，即可进行调谐；其波段切换是利用开关二极管的开关特性来切换调谐回路中的电感器，故也可用加于开关二极管的偏置电压来切换波段。

电调谐高频头的常用型号有 TDQ－1、TDQ－2 及 TDQ－3 等。TDQ－3 型电调谐高频头的安装位置及外形如图 2-69 所示。

TDQ－3 型电调谐高频头的 VHF 部分采用了专用集成电路，它包括本振、混频、中放及 UHF 的预中放，这样不仅使高频头内的电路大为简化，而且可获得低噪声、动态范围大、性能一致、稳定良好的中频特性。

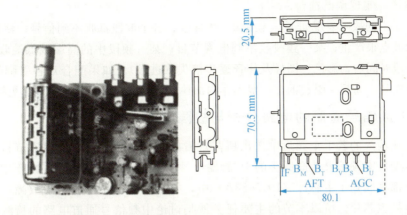

图 2-69　TDQ−3 型电调谐高频头的外形及安装位置

电调谐高频头的电路元件独立封装在一个屏蔽良好的金属盒子里面，金属盒子的 4 个脚必须良好接地，内部电路仅仅通过底部的引脚与外电路连接。一般情况下，不允许打开金属盒两边的盖子。高频头内的本振信号有较强的辐射能力，而本振的外泄会对电视机的正常工作产生不利影响。

（三）　电调谐高频头的检测

在检测时，要特别注意高频头各引脚在主板上的位置及符号标注，因为不同的主板采用的高频头型号不一样，引脚顺序有可能是不一样的，尤其是内部采用的专用集成电路型号不同，供电电压也会不同。下面对检测要点及检测过程中需要注意的问题作必要的说明。

1. 电压相对稳定的检测脚

（1）IF 脚。IF 脚是电调谐高频头的中频信号输出端，由天线插口进入的高频电视信号在高频头中经高放和混频（变频）后变成中频信号由此端输出，经隔离电阻和耦合电容输送到预中放管的基极，它的直流检测电压为 0V。

（2）BM 脚。BM 脚是高频头内部电路的电源供给脚，主要供给专用集成电路。要求电压达到 4.8～5.0V 即可。检测时的要求是供电电压稳定，不随高频头的工作状态变化。

（3）AGC 脚。AGC 脚是高放自动增益控制电压的输入端，当正常收视某一频道的节目时，该脚电压应保持稳定。但是当节目信号强度大幅度变化时，该脚电压有微小的波动，说明 AGC 控制电路基本正常。

2. 频段转换时电压应该变化的检测脚

BL、BH 和 BU 3 个脚可以统称为高频头频段选择信号的输入脚。当高频头进行调谐选台的时候，这 3 个脚的电压会在微处理器（CPU）的控制下随工作频段的不同而变化：工作时电压为 12V，不工作时变为 0V。

3. 调谐选台过程中电压应该变化的检测脚

VT 脚是高频头调谐电压的输入脚，当高频头进行调谐选台时，微处理器（CPU）会输出调谐电压（脉宽调制信号 PWM），经接口电路将 0～30V 的直流电压加到此脚，变化的调谐电压加到高频头中的变容二极管两端使结电容发生变化，从而改变调谐和本机振荡中的谐振频率，实现调谐选台。

高频头引发的故障表现如下：无图像、无伴音、各个波段都收不到信号；整机灵敏度低，荧光屏上噪波点很严重；某一频段收不到电视节目；某一频段中的高端或低端收不到电视节目；开机一段时间后，彩色、图像及伴音逐步消失（逃台）。如果配合对各引脚的电压检测，判断故障确实是由高频头引起的，一般不作内部检修，选择同类高频头作整体更换即可。

三、中频信号通道的电路分析与故障判断

高频头从输入的若干个频道中选出所需观看的电视节目频道，此频道节目信号经放大和混频后，变成中频信号从高频头的 IF 脚输出，即进入中频信号通道。由于中频信号处理的主要部分都集成到了主芯片（LA7688A）中，如果内部功能电路出现故障，一般无法检修，只能更换主芯片。所以本节的主要任务就是讨论中频信号通道电路的检测与故障判断方法，使检测与故障判断能够沿着正确的方向进行。

如果前置中频处理电路出现故障，预中放的常见故障是预中放管被击穿或开路，声表面波滤波器（SAWF）的常见故障是它的内部开路或短路，这两种故障都会使公共信号通道从中间被切断。故障的基本特征是无图像、无伴音，而且荧光屏上呈现白光栅，或仅能观察到很淡的噪波点。

如果故障发生在预中放级，则预中放管的 V_c、V_b 或 V_e 往往会有明显变化，可按照三极管的常规检修方法进行检修，即通过检测各电极的电压来进行判断，检测点的位置如图2-20 所示。在预中放级的故障中也有极少数的故障不引起 V_c、V_b 和 V_e 的电压变化，如发射极的电容开路或集电极的电感开路，但此时的故障现象也会有别于一般情况，荧光屏上不会完全无图像，往往是图像淡、灵敏度变低、有雪花噪波点。因为此时公共信号通道没有被完全切断，而仅仅是预中放级增益下降。

若预中放级基本正常，则要重点检查声表面波滤波器（SAWF），随着SAWF故障性质和故障部位的不同，电视机所呈现的故障现象也会有一定差别。

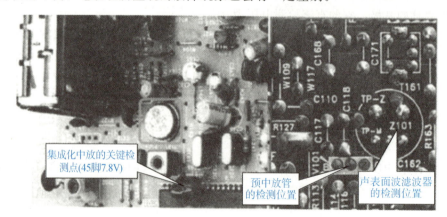

图 2-70　中频信号故障检修

四、伴音通道的电路分析与故障维修

电视信号经过集成化的中频信号通道处理之后，变成了视频信号和第二伴音中频信号，

它们会从集成电路的不同输出脚输出，接下来的任务就是对这两个信号分别进行处理。本节讨论怎样通过检测和故障维修确保伴音信号能够顺利到达扬声器，并激励扬声器还原出优质的伴音。

（一）电视机中伴音信号的主要处理过程

伴音信号在电视机中的主要处理过程如图 2-71 所示。伴音信号和图像信号同时由天线进入电视机，又同时经过公共信号通道，直到预视放后才分离开来。因此，在一般情况下，只要图像信号能够正常通过，伴音信号也基本上能通过。当电视机出现有图像、无伴音的故障时，检查的重点是伴音信号与图像信号分离后的这一段电路——伴音通道电路。

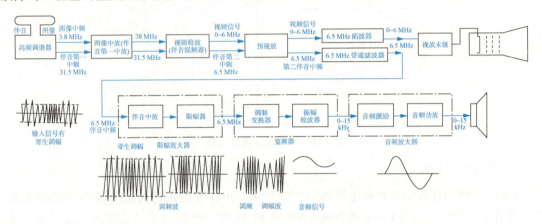

图 2-71　伴音信号处理过程示意图

（二）伴音通道的主要技术要求

进入伴音通道的 6.5MHz 第二伴音中频信号电压幅度很低，只有毫伏级，经限幅放大后达到 1V 左右，送入鉴频器进行解调，还原成音频信号。此音频信号还需经过音频放大器进行放大，才能推动扬声器还原成伴音。

1. 对第二伴音中频放大器的要求

增益为 $50\sim60$dB；频谱带宽 $B \geqslant 250$kHz；伴音中放必须具有限幅特性，将调频信号的幅度截平。

2. 对鉴频器的要求

鉴频器应具有调制变换和振幅检波的双重功能。

3. 对音频放大器的要求

要求其有较大的输出功率，而且要求频带宽（30Hz～16kHz），具有立体声和环绕声效果。

（三）伴音通道的电路分析

伴音通道大体上可以分成伴音制式切换电路、伴音中频处理电路和音频功放电路三大部分。

1. 伴音制式切换电路（N203）

如图 2-72 所示，伴音制式切换电路以双通道四选一电子开关 N203 为中心，包括伴音中频滤波电路 Z131～Z134、伴音中频吸收电路 Z181～Z184 等，主要用于选择不同伴音中频制式的信号源。信号源的选择受 N203⑨脚和④脚的电平控制，而⑨、⑩两脚的控制信号由微处理器提供，只要将伴音通道中的伴音中频滤波器和视频通道中的伴音中频吸收电路对应地接入 N203 的输入端，就可在③脚和⑬脚分别输出同一制式的伴音中频信号和视频信号（CVBS）。

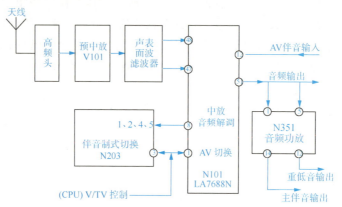

图 2-72　伴音制式切换电路

2. 伴音中频处理电路

　　LA7688 内的伴音中频处理电路如图 2-73 所示。由伴音制式切换电路 N203③脚输出的第二伴音中频信号，通过 C131 耦合到 LA7688 的 11 脚，经低通滤波和限幅放大后进入免调式 PLL 调频解调电路。它的最小调频检波范围为 4～7 MHz，适合于作多制式伴音解调，不需要外接鉴频线圈，省去了外部的鉴频特性调整，能很好地解调出伴音音频信号，即内（TV）音频信号。将主伴音信号加到音频功率放大器 TDA7496 的 11 脚；而将信号中的重低音加到 TDA7496 的⑤脚。

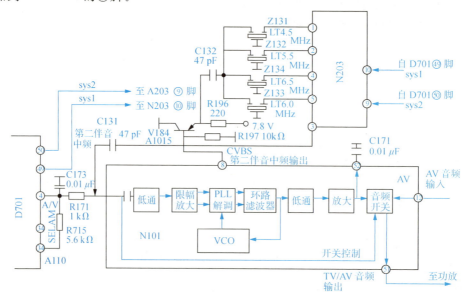

图 2-73　LA7688 内的伴音中频处理电路

3. 音频功率放大电路

伴音音频功率放大多采用集成电路 TDA7496。TDA7496 是一种带直流音量控制的立体声甲乙类功率放大器，适用于质量要求较高的电视伴音系统作功率放大。它共有 15 个引脚，安装时通常按单、双数将其分成两排，它的内部电路组由两路功率运算放大器、音量控制电路、辅助输出（音量可变）放大电路及静音/待机过热保护电路等组成。

五、彩色解码的电路分析与故障维修

彩色解码器又称视频解码电路，它的电路功能是将来自视频检波器的彩色全电视信号重新分解为 R、G、B 三基色信号，以便激励彩色显像管呈现出彩色图像。彩色解码器部分电路结构复杂，性能要求高，随着集成电路技术的快速发展和生产工艺的不断完善，彩色解码器的全部功能都已制作到集成电路中，因此在彩色电视机的使用中，彩色解码器的故障率很低，即使内部某一功能电路损坏也无法维修，只能是整块集成电路换新。在这样的情况下，需要了解彩色解码的主要流程，理解各主要进出口的信号特点、波形和检测方法，就能对彩色解码整体进行故障判断。

彩色解码器电路主要由四大部分组成：色度信号与亮度信号分离电路；色度信号处理电路；亮度信号处理电路；基色矩阵电路。

（一）色度信号与亮度信号分离电路

色度信号与亮度信号的分离是靠 4.43 MHz 带通滤波器和 4.43 MHz 滤波（色陷波）器来完成的，分离原理及标准八彩条信号的处理波形如图 2-74 所示。

信号的处理过程如下：由于视频检波器输出的视频信号中混有第二伴音中频信号，所以必须先经过 6.5 MHz 的滤波器滤除第二伴音中频信号，得到 0～6MHz 的彩色全电视信号（FBAS），由于色度信号的载频为 443MHz，所以在色度信号处理电路的输入

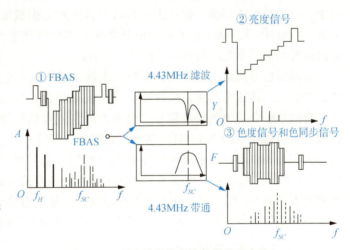

图 2-74　色度信号与亮度信号分离电路

端需要设置 4.43MHz 带通滤波器，只让（4.43±1.3）MHz 的色度信号通过；在亮度信号处理电路的输入端需要设置 4.43 MHz 陷波器，滤除 4.43 MHz 的色度信号，而让 0～6 MHz 亮度信号中的其他成分通过，让亮度信号 Y 与色度信号 F（包括色同步信号）进入各自的处理电路。在标准 PAL 制彩色解码器中，色度信号和亮度信号的具体处理过程如图 2-75 所示。

（二）色度信号处理电路

经带通滤波器取出的色度信号和色同步信号进入色度信号处理电路，如图 2-88 上部点

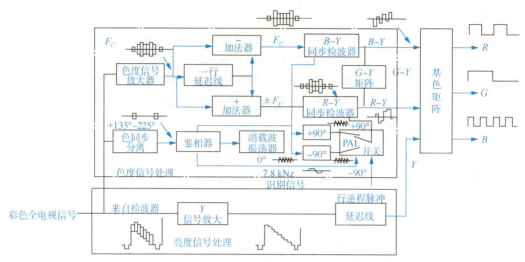

图 2-75　标准 PAL 制彩色解码器的方框结构

画线框内所示。在色度信号处理电路中，色度信号与色同步信号又要进行分离，分别进行处理。

色度信号首先进入色度信号放大器，经过放大后加至延时解调器（由超声延时线和加、减法器组成的梳状滤波器），分离出两个色度信号分量 F_U 和 $\pm F_V$，再送至各自的同步检波器中，分别被相位正确、相互正交的两个再生彩色副载波进行同步检波，取出两个色差信号 $R-Y$ 和 $B-Y$。两个色差信号中分别有一部分信号进入 $G-Y$ 矩阵电路，由 $G-Y$ 矩阵电路恢复出第三个色差信号 $G-Y$。

色同步信号的取出是靠色同步分离电路来进行的，色同步分离电路又称为色同步选通级，它受行扫描送来的逆程脉冲控制，使电路在色同步信号到来期间导通，继而可从彩色全电视信号中分离出色同步信号。分离出的色同步信号被送到鉴相器，与此同时，从再生副载波振荡器输出的 4.43MHz 基准副载波也送到鉴相器，通过锁相电路使再生副载波振荡器的频率和相位与电视台送来的副载波（色同步信号中）严格同频同相。$0°$ 相位的副载波供给 $B-Y$ 同步检波器，使其能够解调出 $B-Y$ 色差信号；经 $90°$ 移相后的 $+90°$ 和 $-90°$ 副载波送入 PAL 开关，PAL 开关受来自副载波恢复电路输出的识别信号控制，使其输出的副载波在 NTSC 行为 $+90°$，在 PAL 行为 $-90°$，供 $R-Y$ 同步检波器解调出色差信号 $R-Y$。

（三）亮度信号处理电路

亮度信号处理电路比较简单，主要由 Y 信号放大和延迟线两部分组成（实际电路还应包括副载波陷波器等）。它的任务是放大亮度信号，再经延时后，加至基色矩阵电路。

（四）基色矩阵电路

由色度信号处理电路输出的 3 个色差信号和由亮度信号处理电路输出的亮度信号，还必须在基色矩阵电路混合，进行矩阵变换，才能产生 R、G、B 3 个基色信号，由这 3 个基色信号激励彩色显像管，在荧光屏上还原出彩色图像。基色矩阵电路常设计在主芯片内，即在主芯片内完成全部彩色解码功能，输出的是 R、G、B 3 个基色信号。

任务9 模拟电视机遥控电路分析与故障维修

🚩 任务分析

通过前面的学习，小王终于把故障电视机修好了，完成了以上电路的检测与维修之后，他觉得自己已经成为一个电视机维修高手了，终于可以放松一下了。他坐到沙发上习惯性地拿起一样东西，一按，电视机开了，他突然意识到自己漏了一个很重要的东西：遥控器！从20世纪80年代开始，所有新出厂的彩色电视机均配备了遥控功能，即在彩色电视机主体电路的基础上增加了遥控系统和伸向各被控单元的控制电路，而且随着技术的进步，遥控系统的功能越来越完善，越来越复杂化、多样化、智能化。电视机的遥控是怎么实现的？遥控信号是怎么和电视机通信的？小王坐不住了。

📖 任务准备

随着 I^2C 总线技术的应用，彩色电视机中原来由人工控制的功能都由内部的微处理器代替了，电视机中的应用软件也在不断改进、不断完善，这就大大增加了电视机维修的难度。要掌握它的维修，首先要学习遥控系统的基本电路组成及各部分电路的主要功能，了解红外遥控发射与接收的基本工作原理。

📖 必备工具

十字螺钉旋具、小一字螺钉旋具、示波器、电烙铁、恒温焊台。

🌐 必备知识

一、彩色电视机遥控系统概述

在对遥控系统的局部电路进行故障检测和维修之前，需要对遥控系统的整体有比较清楚的认识，包括熟悉遥控系统中各种元器件的外部特征及主要功能等。

(一) 彩色电视机遥控系统的主要元器件和电路方框结构

电视机中遥控系统的安装位置及主要元器件如图 2-76 所示。由图可见，该机中的遥控系统主要包括红外遥控发射器（遥控板）、红外遥控接收器、存储器、晶振和微处理器（CPU）等，其中最重要的是微处理器，它是整个控制系统的中心。最简单的控制流程如下：由遥控发射器发出各种控制指令，经红外遥控接收器接收，传送到微处理器，由微处理器识别和处理这些指令，并将相关信息存储在存储器中。微处理器通过 I^2C 总线与受控部分的电路连接，实现对电源开关、高频头调谐、音量控制、对比度和色饱和度控制等。如果要进一步了解整个遥控系统的结构及它与这些受控电路之间的关系，可见方框结构如图 2-77 所示。

由图 2-77 可知，遥控彩色电视机的电路可分成"控制系统"与"受控电路"两大部分。遥控发射与接收、面板键控、节目存储器及微处理器（CPU）等均属于控制系统部分，它们的任务是接收、识别和处理来自遥控器或面板键控发出的各种控制指令，对彩色电视机中的各部分电路进行控制，实现遥控开关机、定时开关机、自动搜索选台、自动频道微调、参数调整等功能。其他电路均为"受控电路"，接收微处理器发出的各种控制指令，按照指令传递的信息进行有序工作。

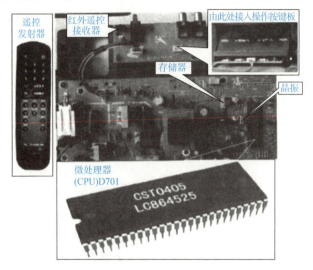

图 2- 76　遥控系统安装位置及主要元器件

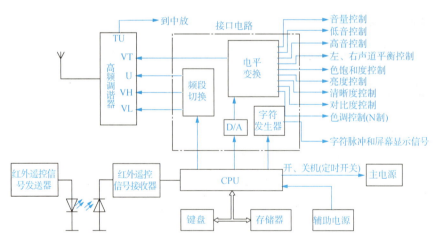

图 2-77　遥控彩色电视机的电路方框结构

（二）彩色电视机遥控系统中各主要元器件的基本功能

1. 遥控发射器

遥控发射器安装在电视机外部的一个特制的遥控盒内，俗称"遥控器"。它的内部由键盘、遥控专用指令编码器、驱动器和红外线发光二极管等组成红外线遥控信号发射电路。当按下遥控板上的某一按键时，通过编码器产生与之相应的特定二进制脉冲码信号，如

10001000，先将指令脉冲码调制在 38kHz 的高频载波上，然后通过驱动器放大，加到红外线发光二极管上。红外线发光二极管是电—光转换器件，它可把高频载波电信号变成红外线光信号发射出去。

2. 遥控接收器

遥控接收器是指安装在电视机内部用于接收遥控信号的部分，是一个单独的密封体。其内部包括光电二极管、前置放大器、检波整形及接收用微处理器等。当光电二极管接收到红外遥控发射器发出的红外遥控信号时，光电二极管被激励，产生光电流，将光信号转换为电信号，再经前置放大、检波、整形、滤除 38kHz 的载波信号，恢复原来的指令脉冲，随后送入接收微处理器进行识别解码，解译出遥控信号特定的内容，如开电源、关电源、增加音量、减小音量等。由微处理器根据控制功能的不同，输出相应的数据信号到电视机的接口电路，去控制有关的单元电路。

3. 微处理器（CPU）

微处理器又称为中央处理器，是实现红外线遥控的关键器件，进入 CPU 的指令脉冲可以来自遥控接收器，也可以直接由面板键盘矩阵输入。当 CPU 接收到某一串指令脉冲后，首先要识别这串脉冲表示的是哪种控制功能，然后执行相应的功能操作。

4. 存储器

计算机用来记录程序和存放数据的部件称为存储器，主要用于存储电视机各频道节目的调谐电压数据及音量、亮度、对比度等各种控制数据。在遥控彩色电视机中一般都采用电可改写只读存储器，这是一种可擦可编程序的只读存储器，断电后存储信号可以记忆 10 年之久。

5. 接口电路

接口电路也称数/模转换电路（简称 D/A 转换电路），它介于微处理器与被控电路之间，其作用是使微处理器输出的载有各种控制指令信息的数字脉冲信号（频率和宽度为指定值的一系列脉冲信号）转换成被控电路所需的模拟电压信号。

6. 键盘矩阵

键盘矩阵实质上是微处理器的编码电路。遥控彩色电视机有两个功能指令键盘矩阵，一个是本机面板上的键盘，另一个是遥控器上的键盘，这两个键盘产生功能指令的途径不同，但它们的基本原理及作用是相同的，即都是依靠键盘扫描来实现的。

二、彩色电视机的遥控发射器与接收器

在对遥控系统的整体有了初步印象之后，下面开始逐步深入讨论遥控系统中的局部电路及有关维修问题，首先从遥控发射器与接收器开始。

（一）红外线遥控的基础知识

为什么按动遥控器就可以使电视机接受指挥，按照功能键的要求工作呢？这就涉及红外线遥控的基础知识。因为实现无线遥控可采用射频电波、超声波和红外线 3 种不同的方式。而采用射频电波实现遥控，易干扰邻近的电视机，同时也容易受邻近电视机的干扰而出现误动作；采用超声波实现遥控，容易受室内外噪声源的干扰而出现误动作。因此，以上两种方

法均不可取。采用红外线实现遥控，则不会发生误动作，也不会穿过墙壁干扰邻近电视机；它可依靠编码调制，实现多路控制；红外线发射易于小型化，对人体无害，而且成本较低。因而红外线遥控方式不仅广泛应用于遥控彩色电视机，还用于遥控其他家用电器。

红外线遥控的基本原理如图 2-78 所示，它可以分为发射和接收两大部分，以波长为 940nm 的红外光为载体来传递遥控信息。左边的发射部分，包括键盘、遥控专用指令编码器、驱动器和红外线发光二极管组成红外线遥控信号发射电路。当按下遥控板上的某一按键时，通过编码器产生与之相应的特定二进制脉冲码信号，如 1001000、10000010、00100001 等，通过驱动器放大，加到红外线发光二极管上。红外线发光二极管是电—光转换器件，它可把高频载波电信号变成红外线光信号发射出去。

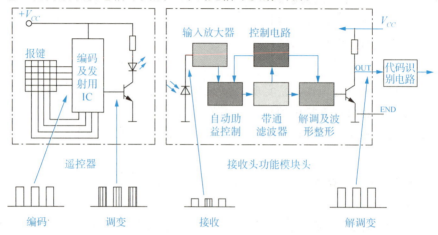

图 2-78　红外遥控基本原理图

右边的接收部分，包括光电二极管、前置放大器、检波整形及接收用微处理器等。当光电二极管接收到红外遥控发射器发出的红外遥控信号时，光电二极管被激励，产生光电流，将光信号转换为电信号，再经前置放大、检波、整形、滤除 38 kHz 的载波信号，恢复原来的指令脉冲，随后送入接收端的微处理器进行识别解码，解译出遥控信号特定的内容，如开电源、关电源、增加音量、减小音量等。由微处理器根据控制功能的不同，输出相应的数据信号到电视机的接口电路，去控制有关的单元电路。

（二）彩色电视机的遥控器

各种型号的电视机遥控器，虽然外形各异、功能多寡不同、内部结构不尽一致，但基本结构和工作原理大致相同，如图 2-79 所示。

由图 2-79 所示遥控器的结构剖析可以看到，打开遥控板，即可看到遥控盒内的红外线发光二极管、制作在印制板上的键盘矩阵、遥控器专用集成电路、455kHz 晶振等，对它们各自的功能简述如下。

455kHz 晶振是遥控器中的频率源。与其内部的振荡器配合产生 455kHz 的振荡信号，经 12 次分频后得到 38kHz 的红外线载波信号，对特定的指令脉冲码进行幅度调制，将各种控制信息装载到这种高频载波上发射出去。

遥控器专用集成电路是遥控器中最关键的电路元件，它的任务是将键盘矩阵和键盘扫

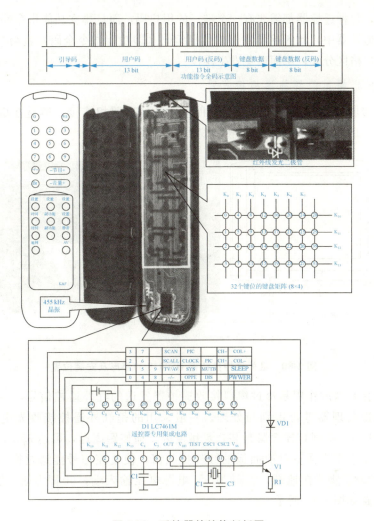

图 2-79　遥控器的结构剖析图

描电路得到的键位编码转换为功能指令码，并调制到高频载波上，然后驱动红外发光管，变成红外线发射出去。

遥控板中的键盘矩阵由键盘扫描输出口的 8 根线和输入口的 4 根线组成 8×4 ＝32 的键位。每个键位编码可以对应一种特定的遥控功能，即 32 种不同的遥控功能。

当按下遥控板上的某一个按键时，就会有一段特定的功能指令全码通过红外线发光二极管发射出去。它可以看成是一段由 0 和 1 组成的数据脉冲。数据脉冲的波形很复杂，全码共计 42 位，其中用户码 13×2 ＝26 位，键盘数据（功能指令编码）8×2 ＝16 位。

为什么它的前面还要加上一段很长的用户码呢？用户码是生产厂家用来区分不同机型、不同机种、不同设备的遥控器而设置的专用识别码。如果没有它，各种遥控器都可通用，就会形成遥控指令码之间的相互干扰，引起许多误动作。因为目前在家用电器中使用的红外线遥控器实在是太多了，不仅在各种品牌、各种型号的电视机中大量使用，而且家中的 DVD、VCD、数字电视机顶盒、卫星接收机，甚至空调机都配有遥控器，为了避免各种遥控器之间的干扰和误控，每种遥控器都需要有一个唯一的用户码，而且排在功能指令码的前面。这样，在许许多多的遥控器中，此遥控器发出的信息编码（即功能指令全码）就会与其他遥控器发出的信息编码严格区分开，从而避免发生误控。

（三）彩色电视机的红外遥控接收器

红外遥控接收器装在电视机内，与主板上的微处理器相连接，但是在机箱面板上必须有一个可以透光的窗口，称为"红外接收窗"，如图 2-80 所示。

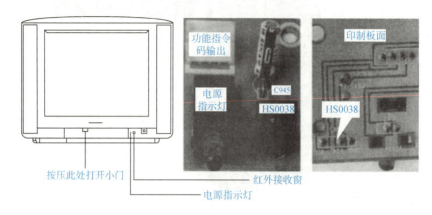

图 2-80　红外遥控接收器 HS0038 的外形及安装位置

红外遥控接收器的作用是透过窗口接收遥控器发送的红外遥控信号，将其解调出功能指令码，进入微处理器进行识别与处理。一般采用的是红外遥控接收光电模块 HS0038。HS0038 外形小巧，单列直插 3 脚封装，灵敏度高，遥控距离远，可达 35m，且抗干扰能力强。安装时，要求受光面正对前面板的红外接收窗，使遥控信号能透过窗口被 HS0038 直接接收。HS0038①脚为接地端，②脚为 5V 电源电压输入端，③脚为遥控脉冲码输出端，其典型应用电路如图 2-81 所示。

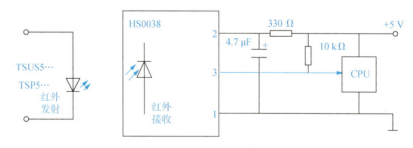

图 2-81　HS0038 典型应用电路

（四）红外遥控发射与接收的常见故障及检修

如果按动遥控板无法实现电视机的开/关、选台及音量调节等控制功能，说明遥控失灵。而遥控失灵可能会有以下三个方面的原因：一是遥控发射端出问题；二是遥控接收端出问题；三是主控微处理器中的遥控脉冲码信号处理部分出问题。这三个方面不可能同时出问题，因此如何判别是由哪方面的原因造成的遥控失灵至关重要。

在上述三个方面中，第三个部分出问题的可能性最小，但需要确认。其方法如下：直接按电视机面板上的各功能键，若均能正常控制，但使用遥控器进行操作时部分或全部按键失效，说明微处理器部分没有问题。这是由于遥控和面板控制都是通过微处理器进行控制的，此时面板控制正常，说明电视机内的主控微机电路（包括各接口电路、存储器等）均正常，故障是在遥控发射器或红外接收器部分，这时需要进一步鉴别故障部位。

可以采用替换法实验，即用这个遥控板去控制另外一台相同厂家（最好是相同型号）的彩色电视机，若控制有效，则说明遥控板无故障。

◉ 项目验收

一、职业技能鉴定指导

（一）填空题

1. 电视技术有_____、_____两种扫描方式。

2. 视频信号的频率范围是_____。

3. 世界上电视制式有_____、_____和_____三种，我国采用的是_____。

4. 高频载波有_____、_____和_____三种传输方式。

5. 电视机机箱由_____、_____和_____三部分组成。

6. 开关式稳压电源的基本电路由_____、_____、_____和_____等构成。

（二）问答题

1. 摄像管怎样将一幅光图像变成电信号传送出来？

2. 为什么电视技术中要采用隔行扫描？

3. 为什么彩色电视机中不直接传送三基色信号，而将其变换为一个亮度信号和两个色差信号进行传送？为什么不直接传输绿色信号 $G-Y$？

4. 什么是正交平衡调幅制？

5. 为什么 PAL 制可以克服 NTSC 制的主要缺点？

6. 简述三种彩色电视制式的特点。

7. 什么是视频信号的残留边带发送？

8. 拆卸和安装电视机主要部件时，应注意哪些问题？

9. 若供电电路中的熔断电阻器损坏，能否用一般的碳膜电阻取代？为什么？

10. 为什么说开关变压器是彩色电视机开关电源电路中的关键器件？它在电路中的主要作用是什么？简要说明它的基本结构和外部特征。

11. 互感滤波器有什么作用？怎样检测？

12. 在 CRT 彩色电视机的扫描电路由哪几部分组成？

13. 行输出变压器在电路中的作用是什么？

14. 简述检修行扫描故障时常用的检测方法。

15. 什么是在路电阻检测法？在实施这种检查方法时，必须注意哪些问题？

16. 彩色显像管的管座在结构上有什么特点？

17. 色显像管的偏转线圈在结构上有什么特点？

18. 彩色电视机的显像管座板上安装了哪些主要电路？这些电路的主要功能是什么？

19. 声表面波滤波器（SAWF）在使用中可能会出现什么样的故障现象？应该怎样检修？

20. 有一台彩色电视机收不到 UHF 频段的电视节目，应该怎样检查故障的大体范围？

21. 彩色电视机遥控系统的作用是什么？常包括哪些主要元器件？它们的基本功能是什么？

22. 为什么许多家用电器都使用红外线遥控器？采用红外线遥控有什么优点？

23. 为什么不同厂家（不同品牌）的电视机遥控器不能互换使用？怎样避免相互干扰和误操作？

24. 红外遥控接收模块 HS0038 有哪些特点？

25. 某电视机遥控板遥控失灵，如何判别遥控失灵是由哪一方面的原因造成的？

二、项目考核评价表

项目名称	模拟电视原理与维修				
专业能力（70%）			得分		
训练内容	考核内容	评分标准	自我评价	同学互评	教师寄语
认识模拟电视信号（5分）	1. 掌握电视系统中的光电转换、电子扫描过程理解电视图像中像素、图像格式、分辨力及清晰度等概念； 2. 掌握黑白电视信号组成及特点； 3. 掌握彩色电视信号组成及特点； 4. 掌握实现彩色电视的五大基本原理	优秀100%；良好80%；合格60%；不合格30%			
典型的三种彩色电视制式（5分）	理解 NTSC、PAL、SECAM 彩色电视制式原理及其特点	优秀100%；良好80%；合格60%；不合格30%			
模拟电视信号的传输方法（5分）	了解模拟视频、伴音信号调制、发送、传输、接收的过程及方法	优秀100%；良好80%；合格60%；不合格30%			
模拟电视机整机的故障维修（5分）	掌握电视机的整机拆卸过程及简单整机故障维修方法	优秀100%；良好80%；合格60%；不合格30%			

续表

项目名称	模拟电视原理与维修				
专业能力（70%）			得分		
训练内容	考核内容	评分标准	自我评价	同学互评	教师寄语
模拟电视机电源电路分析与故障维修（10分）	1. 了解电视机开关电源电路组成及工作原理； 2. 掌握电源关键器件作用及故障维修方法	优秀100%； 良好80%； 合格60%； 不合格30%			
模拟电视机扫描电路分析与故障维修（10分）	1. 了解电视机扫描电路组成及工作原理； 2. 掌握扫描电路关键器件作用及故障维修	优秀100%； 良好80%； 合格60%； 不合格30%			
模拟电视机显示电路分析与故障维修（10分）	1. 了解电视机显示电路中显像管及视放电路组成及工作原理； 2. 了解显示电路中关键器件作用及故障维修	优秀100%； 良好80%； 合格60%； 不合格30%			
模拟电视机信号电路分析与故障维修（10分）	1. 了解电视机信号电路中高频、中频、低频以及彩色解码模块电路组成及工作原理； 2. 掌握信号电路关键器件作用及故障维修	优秀100%； 良好80%； 合格60%； 不合格30%			
模拟电视机遥控电路分析与故障维修（10分）	1. 了解红外遥控基础知识； 2. 掌握遥控电路原理和故障维修方法	优秀100%； 良好80%； 合格60%； 不合格30%			
团队合作意识（10分）	具有团队合作意识和沟通能力；承担小组分配的任务，并有序完成	优秀100%； 良好80%； 合格60%； 不合格30%			
敬业精神（10分）	热爱本职工作，工作认真负责，任劳任怨，一丝不苟，富有创新精神	优秀100%； 良好80%； 合格60%； 不合格30%			
决策能力（10分）	具有准确的预测能力；准确和迅速地提炼出解决问题的各种方案的能力	优秀100%； 良好80%； 合格60%； 不合格30%			

项目三

数字电视原理与维修

项目描述

随着数字信号的普及，数字电视必将取代模拟电视。数字电视的技术维护工作不像模拟电视已经过多年的探索，而有着丰富的维护经验。对于当前的数字电视，从事技术维护维修的人员，应该熟练掌握数字电视的基本原理和设备性能，认真分析故障产生的原因，不断总结经验，快速、及时地处理数字电视故障。

下面两个案例是某小区数字电视用户使用中出现的故障，这些问题你碰到过吗？如果让你来分析故障原因，你怎么分析，能给出其解决途径吗？

案例1：某小区2号楼的住户普遍反映数字电视有马赛克和停屏现象。

案例2：某台海尔HDVB－3000CS型有线数字电视机顶盒开机后面板无显示，电视屏幕无显示。

学习目标

1. 知识目标

（1）了解数字电视的有关概念及数字电视在我国的应用情况，熟悉数字电视信源编码和信道编码的有关知识，熟悉传输码流的组成及其复用。

（2）熟悉数字电视传输方式，了解数字电视传输标准。

（3）认识数字电视接收机的相关概念和数字电视接收机的发展概况。

（4）了解数字电视机顶盒的分类和发展趋势，认识数字电视机顶盒的工作原理、基本组成和基本结构。

（5）了解数字电视条件接收技术定义，认识数字电视条件接收系统组成，理解数字电视条件接收关键技术，了解数字电视条件接收的重要意义。

2. 技能目标

（6）学习有线数字电视机顶盒电路，熟悉有线数字电视机顶盒工作流程，对于有线

（卫星）数字电视机顶盒常见问题及故障，能够尝试分析出故障点并能给出解决办法。

项目讲解

任务 1 识记数字电视基础知识

任务分析

青年小吴准备结婚，带女朋友去商场买电视，一名电视品牌导购员向他推荐某款价格不菲的数字电视，说这款数字电视的质量如何如何好，图像是如何如何清楚，但是等小吴把电视买回家之后，发现根本看不了清晰的数字电视节目，打电话咨询厂家才知道要想看到清晰的数字电视，一是必须有数字电视信号，二是需要配备相应的数字电视机顶盒。

任务准备

小吴之所以会轻信电视导购员的话，买了价格不菲的数字电视又看不了数字节目，其主要原因在于他不了解数字电视及数字电视在我国的应用情况。本任务将具体讲述数字电视的概念及数字信号的产生和处理。

必备知识

一、数字电视的概念

（一）数字电视

数字电视是指包括节目摄制、编辑、发送、传输、存储、接收和显示等环节全部采用数字处理的全新电视系统，也可以说数字电视是在信源、信道、信宿 3 个方面全面实现数字化和数字处理的电视系统。其中，电视信号的采集（摄取）、编辑加工和播出发送（发射）属于数字电视的信源，传输和存储属于信道，接收端与显示器件属于信宿。

数字电视采用了超大规模集成电路、计算机、软件、数字通信、数字图像压缩编码、数字伴音压缩编、解码、数字多路复用、信道纠错编码、各种传输信道的调制、解调以及高清晰显示器等技术，它是继黑白电视和彩色电视之后的第三代电视。

数字电视按其传输途径可分为 3 种，即卫星数字电视（DVB－S）、有线数字电视（DVB－C）和地面数字广播电视（DVB－T）。

按照数字电视扫描标准、图像格式或图像清晰度、传输视频（活动图像）比特率的不同，一般将其分为标准清晰度数字电视（SDTV，简称标清电视）和高清晰度数字电视（HDTV，简称高清电视）。标准清晰度电视的视频比特率为 3～8Mb/s，显示清晰度为 350～600 线；高清晰度电视采用隔行扫描，视频比特率为 18～20Mb/s，显示清晰度为 700～1

000 线。

　　高清晰度数字电视是未来的发展方向。与标准清晰度电视比较，高清晰度数字电视的图像分辨率被成倍地提高，宽色域、16：9 的大屏幕与 5.1 环绕立体声播映，使得电视节目具有前所未有的临场感、逼真性和感染力。欣赏高清电视节目是一种更高层次的精神文化享受，可以极大地满足人民群众对节目欣赏水平日益增长的需求。

　　市场上常见的移动多媒体广播电视（CMMB）、手机电视、交互式网络电视（IPTV）与网络电视均属于数字电视范畴，它们之间的主要区别是传输途径与终端显示设备的不同。

（二）数字电视系统的工作过程

　　数字电视系统的组成框图如图 3-1 所示，下面仅以信号发送前系统编码部分为例，简要介绍其各部分的作用。

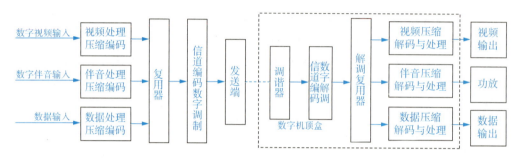

图 3-1　数字电视系统组成框图

1. 视、音频信号的压缩编码部分

　　压缩编码的主要任务是去除信源的视频、音频和辅助数据的信息冗余，降低码率，提高信源的有效性。

2. 系统业务复用部分

　　数字电视的复用系统是高清晰电视的关键部分之一。从发送端信息的流向来看，它将视频、音频、辅助数据等编码器送来的数据比特流，分别以一定的比特数为单位打包，经处理复合成单路串行的比特流，送给信道编码及调制。接收端与此过程正好相反。

　　在高清晰电视复用传输标准方面，美国、欧洲、日本都采用了 MPEG－2 标准。

3. 信道编码部分

　　进行信道编码是为了增强数据流的可靠性，对信源编码后的数据包加上附加比特及其他处理，使得经过信道传输后的数据流即使在受到损伤后，在接收端也能实现误码纠正，恢复出正确的数据。

4. 调制传输部分

　　调制传输是用信道编码后的数据流调制高频载波，形成数字已调波信号。目前在数字电视广播系统中常用的调制模式有正交相移键控调制（QPSK）、正交振幅调制（QAM）、编码正交频分复用调制（COFDM）及残留边带调制（VSB）等。

　　接收信号后，系统解码工作过程与编码过程相反，在此不再赘述。

二、数字电视信源编码

字、符号、图形、图像、音频、视频、动画等各种数据本身的编码通常称为信源编码，它是电视信号在获取后经过的第一个处理环节。所谓信源编码，是将模拟信号转化成数字信号，并通过压缩编码来去掉信号源中的冗余成分，得到压缩码率和带宽，以达到实现信号有效传输的目的。

信源编码标准是信息领域的基础性标准。常见的信源编码技术有 MPEG－2、H.161等。信源编码作为数字电视系统的核心构成部分，直接决定了数字电视的基本格式及其信号编码效率，决定了数字电视最终如何在实际的系统中实现。

(一) 数字信号的产生

数字电视中的视频与音频信号均是经过取样、量化、编码 3 个过程，形成二进制数字信号。一个模拟信号数字化过程示意图如图 3-2 所示。显然，取样点越多，量化层越细，越能逼真地表示模拟信号。

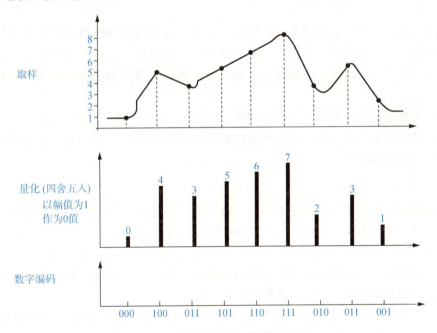

图 3-2　模拟信号数字化过程示意图

(二) 视频压缩编码

模拟电视视频信号数字化后的数据量非常大，按照 4∶2∶2 标准进行分量编码，亮度信号的数据传输速率（码率）为 108Mb/s，两个色差信号的码率为 108Mb/s，如果传输信道每赫兹带宽能传输的最高码率是 2Mb/s，传输一路数字电视信号则要求 216/2＝108（MHz）的带宽。为了提高传输效率，一般将数字化的视频信号先进行压缩编码，从数字视频信号中移去自然存在的冗余度，尽量减少图像各符号的相关性，提高图像的传输效率。这个过程就好像将牛奶中的水分去掉制成奶粉，在需要时将水倒进去又制成牛奶一样，在接收端则通过解码恢复图像信号。

电视信号压缩的目的是减小数据量，降低信号传输带数码率。压缩过程实际上就是去除图像中那些与信息无关或对图像质量影响不大的部分，即冗余部分。

（三）音频压缩编码

音频压缩编码与视频压缩编码一样，采用数字压缩方法，降低音频信号中的冗余和丢掉音频信号中的不相关部分（凡不能被人耳感觉到的信号），使数字音频的信息量减少到最小程度，又能精确地再现原始的声音信号。随着人们对音频信号特性和人耳特性的不断研究，音频编码技术得到很大的发展。

音频信号的压缩编码主要利用了人耳的听觉特性。

（1）听觉的掩蔽效应。在人的听觉方面，一个声音的存在可掩蔽另一个声音的存在，掩蔽效应是一个较为复杂的心理和生理现象，包括人耳的频域掩蔽效应和时域掩蔽效应。

（2）人耳对声音的方向特性。对于2kHz以上的高频声音信号，人耳很难判断其方向性，因而立体声广播的高频部分不必重复存储。

三、数字电视信道编码

信道编码是通过按一定规则重新排列信号码元，或加入辅助码的方法来防止码元在传输过程中出错，并进行检错和纠错，以保证信号的可靠传输。它是为了对抗信道中的噪声和衰减，通过增加冗余，如校验码等，来提高抗干扰能力及纠错能力，解决可靠性（抗干扰）问题。

数字电视常用的信道编码方法有RS码、卷积码、TCM编码及交织码等。

目前，数字电视传输一般采用外码加内码级联的信道编码方式，而且不同的调制方式采用不同的信道编码方法。

（一）误码产生的原因

数字电视信号在信道中传输时，传输系统特性的不理想和信道中的噪声干扰，可引起数字电视信号波形的失真，在接收端判决时可能误判而造成误码。

信道中的噪声干扰随机地与信号叠加，使数字电视信号变形，这种噪声为加性噪声，如电磁干扰，像闪电、磁爆、电器开关的电弧和电力线引入的干扰；如无线电设备产生的无线电干扰，像交调干扰、邻频干扰和谐振干扰等。

另外，系统内部的加性干扰来自导体热运动产生的随机噪声及电子器件的器件噪声，如电子管、半导体管器件形成的散弹噪声。内部噪声有一个很重要的特点，即可以将它们看成是具有高斯分布的平稳随机过程，它造成的误码之间是统计独立、互不关联的，即孤立偶发的单个误码，连续两个码元的误码可能性很小。这种孤立偶发的误码称为随机误码。

除了加性干扰之外，传输通道中还有一类乘性干扰问题，它会引起码间的串扰想象，如信道中非线性失真，信道中的数字信号多径反射是造成这种干扰的重要原因。对于乘性干扰所引起的码间串扰，可以通过在传输系统中加装均衡器的方法来消除或减少其影响。

（二）数字信号传输过程的检错与纠错

数字电视信号在传输中会因各种原因出现差错，产生误码，如将"1"变为"0"，或将"0"变为"1"，这就需要在接收端能发现错误并加以纠正。完成这项工作就是在传送的数字信息码元中附加一些监督码元来进行检错和纠错。

在信源编码中，须除去冗余，压缩码元数量，提高传输效率，而在信道编码中却要增加冗余，增加码元数量，降低传输效率，增加的冗余部分即监督码元，信道编码是以降低传输效率为代价而获得传输可靠性的。

例如，有一则通知"星期四 14：30－16：30 开会"，但在发通知过程中由于某种原因产生了错误，变成了"星期四 11：30－16：30 开会"。被通知人在收到这则通知后无法判断其正确与否，就会按这个错误时间去行动。为了使被通知人能判断正误，可以在通知内容中增加"下午"两个字，即改为"星期四下午 14：30－16：30 开会"，这时，如果仍错为"星期四下午 11：30－16：30 开会"，则被通知人收到此通知后根据"下午"两字即可判断出其中"11：30"发生了错误。但仍不能纠正其错误，因为无法判断"11：30"错在何处，即无法判断原来到底是几点。这时，接收者可以告诉发送端再重发一次通知，这就是检错重发（即反馈纠错）。为了实现不但能判断正误（检错），还能改正错误（纠错），可以把发的通知内容再增加"两个小时"4 个字，即改为"星期四下午 14：30－16：30 两个小时开会"。这样，如果其中"14：30"错为"11：30"，那么接收者不但能判断出错误，而且能纠正错误，因为通过增加的"两个小时"这 4 个字，就可以判断出正确的时间为"14：30～16：30"。

这个例子中"下午"两个字和"两个小时"4 个字是冗余，具有监督码元的作用，但打字员多打 6 个字，工作效率（传输效率）降低了。

（三）数字信号的纠错编码方式

为适应不同的通信业务、通信环境及通信方式的需要，数字信号在传输过程中往往采用不同的纠错编码方式。常用有三种，即前向纠错（FEC）、反馈纠错（ARQ）及混合纠错（HEC），如图 3-3 所示。

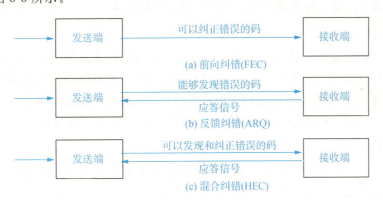

图 3-3　纠错编码方式

1. 前向纠错（FEC）

发送端发送的数据内包括信息码元及供接收端自动发现错误和纠正误码的监督码元，使信源代码本身包含检错纠错能力。当接收端检测出误码后，可在一定范围内进行纠错。这种编码一般称为 FEC（前向误码控制编码），在数字电视中普遍采用。采用前向纠错方式时，不需要反馈信道，也无须反复重发而延误传输时间，对实时传输有利，但是纠错设备比较复杂。

2. 反馈纠错（ARQ）

在发信端对所传信息进行简单编码，加入少量监督码元，在接收端则根据编码规则对收到的编码信号进行检查，一旦检测出有错码时，立即通过反馈信道向发信端发出询问信号，要求重发。发信端收到询问信号后，立即重发已发生传输差错的那部分信息，直到正确收到为止。因此，接收端需要有误码检测和反馈信道，适用于点对点的交互通信。

3. 混合纠错（HEC）

混合纠错是在前两类纠错方式的基础上派生出的一种纠错方式，发送端发出的信息内包含检错纠错能力的监督码元，误码量少时接收端检知后能自动纠错，误码量超过自行纠错能力时，就向发信端发出询问信号，要求重发。因此，"混合纠错"是"前向纠错"及"反馈纠错"两种方式的混合。

对于不同类型的信道，应采用不同的差错控制技术，否则就将事倍功半。

四、传输码流及其复用

（一）基本码流与打包基本码流

基本码流（ES）也称原始数据流，它是包含视频、音频或数据的连续码流。ES的结构和内容是根据各种数据的编码格式而定的。

打包的基本码流（PES）是按照一定的要求和格式打包的ES流。因为音频或视频数据经过编码后得到基本码流，此时无法直接送入传输系统或节目系统中，而是需要经过数据分组后才能送出。数据分组也称为打包，其包结构的长度可变，但一般是取单位的长度。一个单位的长度可以是一幅视频图像，也可以是一个音频帧。

（二）节目码流

节目码流（PS）是用来传输和保存一个节目的编码数据或其他数据，它是将一个或几个具有公共时间基准的PES组合成单一的码流。如同单一节目码流，所有的基本码流都能在同步情况下解码。PS码流比较适用于相对误码率小的传输环境中，如交互式多媒体环境和媒体存储管理系统。PS码流的数据包长度相对比较长，并且是可变的。

（三）传输码流

传输码流适合于有误差发生的环境，例如在噪声或有损耗介质中的存储或传输，比如有线网络、地面广播与卫星传输。它也是将一个或几个PES组合成单一的码流，但这些PES可以有一个公共的时间基准，也可以有几个独立的时间基准。如果几个基本码流有公共的时间基准，那么这几个基本码流先组合成一组，称为节目复用，然后由若干个节目复用后再进行传输复用。传输码流中的包长度是固定的，总是188B，这对于处理误码非常有利。

数字电视码流主要有基本码流、打包基本码流、节目码流与传输码流，这几种码流虽不相同，但又是相互关联的，它们之间的层次关系如图3-4所示。

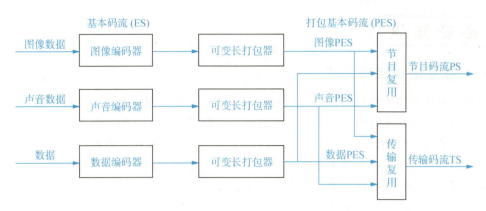

图 3-4 数字电视码流之间的层次关系

(四) 传输码流的复用

模拟电视信号经过压缩编码后，形成单节目码流。它是在编码器中由视频、音频及其他节目信息复用而成。数字电视在一个模拟电视信道中可传送多路数字电视节目，因此在调制前先要将多路节目的 TS 流进行复用，实现节目间的动态带宽分配，这种多路节目的复用称为系统复用、传输流复用或再复用。

复用器的主要目的是将多个单节目码流（SPTS）或多节目码流（MPTS）转换成一个MPTS，复用后的 MPTS 就可以在光纤网上传输或者直接通过 QAM 调制器调制输出，能有效提高传输信道的利用率。

任务2 了解数字电视传输技术与标准

任务分析

你家里的电视是通过哪种方式收看数字节目的呢？是用的国家广电局的有线电视信号，还是从市场上买的"锅"（直播卫星接收器）收看卫星电视信号，又或是从网络上看的网络电视节目？你知道数字电视传播的方式有哪几种吗？

任务准备

大家不妨想一下，家里电视上看到的清晰数字节目，无非就上面几种。农村有线电视和网络不普及，可能装"锅"收看卫星电视信号的比较多；而城里有线电视和网络比较普及，可能看有线电视和网络电视的比较多；而大家用移动电话观看数字节目时，采用的是地面广播方式。下面将详细讲述这几种传播方式。

必备知识

一、数字电视传播方式

数字电视信号的传播与模拟电视信号完全不同，模拟电视信号属于电波传播，它是将模拟电视信号调制在无线电射频载波上发送出去；数字电视信号则是首先进行信源压缩编码，再进行信道纠错编码，最后利用数字调制技术实现频谱搬移，将由"0"、"1"序列组成的二进制码流送入传输信道中进行传输。目前数字电视主要有三种传播方式，即数字电视地面广播、数字电视有线广播、数字电视卫星广播。

（一）数字电视地面广播

数字电视地面广播是指利用电视台的发射天线发射无线电波，将数字电视节目以电波形式传送到覆盖范围之内的数字电视用户，覆盖范围之内的用户可通过接收天线与数字电视接收机来收看数字电视节目。

2013年1月21日，工业和信息化部、国家发展改革委、财政部、国家工商总局、国家质检总局和新闻出版广电总局六部委联合发布了《关于普及地面数字电视接收机的实施意见》。该《意见》规定：在3～5年内普及地面数字电视接收机，实现境内销售的所有电视机都具备地面数字电视接收功能，满足消费者免费正常收看地面数字电视的需求，从2015年开始，在我国地级以上城市地面数字电视服务区内，逐步停播模拟电视发射，到2020年全面实现地面数字电视接收。

数字电视地面广播是最普及的电视广播方式，其特点是环境复杂、干扰严重、频道资源紧张，同时受众多因素的影响，如多径问题、接收方式问题、接收区域问题等。多径接收是指因地形地貌（如山、房屋等反射）使到达接收点的信号不止一个，在模拟电视中的反映是重影；在数字接收中，某些特定相位的多径信号将使接收完全失败。在这种情况下，接收好坏不单依赖于与发射台距离的远近，在很大程度上还依赖于接收信号之间的相位。接收方式是指固定接收、车载移动接收及便携接收，如车载用户、手机用户和笔记本电脑等属于移动接收方式，而山区、草原牧区等分散用户属于固定接收方式。

（二）数字电视卫星广播

数字电视卫星广播是在地球赤道上空35 800km处的静止卫星上，装载转发器和天线系统，向地面转发广播电视信号，直接进行大面积广播电视覆盖的一项新技术。它能使覆盖区内的广大用户直接收看千百千米之外乃至地球另一面的广播电视节目。因此，数字电视卫星广播是解决广播电视大面积覆盖最先进、最有效的技术手段。

数字电视卫星广播系统主要由地面上行发射站、卫星转发器和地面接收三大部分组成。上行发射站将节目制作中心送来的电视信号（图像与伴音）进行一定的处理和调制后，变频为上行载波频率发送给卫星，并负责对卫星系统的工作状态进行监测和控制；卫星转发器则将上行发射站送来的上行微波信号进行变频和放大，变成下行微波信号，并转发给地面接收站；地面接收站则将接收到的下行微波信号经过变频、解调和处理后，重新恢复出原电视信号（图像与伴音），并将它送给电视机，或进行开路转发，或进行闭路传送。

在数字电视卫星广播中，通过采用数字化技术，并利用数据压缩编码技术，一颗大容量卫星可转播 100～500 套节目，因而它是未来多频道电视广播的主要方式。

（三）数字电视有线广播

数字电视有线广播是利用有线电视（CATV）系统来传送多路数字电视节目，其调制方式大都采用 QAM（正交幅度调制）方式。数字电视有线广播具有传输质量高、节目频道多、资源丰富等特点，因而便于开展按节目收费（PPV）、视频点播（VOD）及其他双向业务，但其成本在数字电视三种传播方式中最高，目前借助有线电视技术来实现数字交互式电视（Interactive Television，ITV）业务是最佳方案。

目前普遍采用同轴电缆与光纤混合网形式，即 HFC（Hybrid Fibre Coaxial，混合光纤同轴电缆）进行有线传输，即主干部分采用光纤，到用户小区再用电缆接到用户终端。

二、数字电视传输标准

传输标准对于数字电视产业的发展具有不可低估的重要意义，因此世界各国都高度重视传输标准的制定及选用。迄今为止，国际电信联盟（ITU）共批准颁布了三项数字电视传输国际标准，即美国高级电视制式委员会提出的 ATSC 标准、欧洲数字电视广播联盟提出的 DVB 标准、日本综合业务数字广播组织提出的 ISDB 标准，如图 3-5 所示，这三大标准的比较如表 3-1 所示。

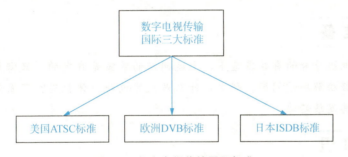

图 3-5　数字电视传输国际标准

表 3-1　数字电视 3 种标准的比较

	ATSC	DVB			ISDB
		DVB－T	DVB－C	DVB－S	
视频编码方式	MPEG－2	MPEG－2	MPEG－2	MPEG－2	MPEG－2
音频编码方式	AC－3	MPEG－2	MPEG－2	MPEG－2	MPEG－2
复用方式	MPEG－2	MPEG－2	MPEG－2	MPEG－2	MPEG－2
调用方式	8VSB	COFDM	QAM	QPSK	QPSK
带宽/Hz	6M	8M	—	—	27M

目前，世界各国都根据本国的具体情况，慎重地选择地面数字电视标准。从世界范围看，除了美国，还有加拿大、阿根廷、韩国等国家采用美国的 ATSC 标准，而欧洲所有国家和澳大利亚、新加坡、印度等国则选用了欧洲数字电视广播联盟的 DVB－T 标准。

2006 年 8 月 18 日，国家标准化管理委员会第 95 号公告正式发布了我国具有自主知识产权的中国数字电视地面广播传输系统标准（Digital Television Terrestrial Broadcasting System，DTTBS）——GB 20600—2006《数字电视地面广播传输系统帧结构、信道编码和调制》，于 2007 年 8 月 1 日正式实施。

数字电视的传输方式包括卫星、有线和地面无线三种。此次实施的数字电视地面传输标准针对的是地面无线方式的传输，其应用领域主要为固定接收、移动接收和便携接收 3 个方面。

任务 3 认识数字电视接收机

 任 务 分 析

很多用户在家看电视时都会被机顶盒弄得晕头转向，不仅需要用两个遥控器操控，缠来缠去的线和接口也很容易让人烦躁不堪。特别是当家里只有老年人的时候，用机顶盒观看数字电视可能更是无所适从。那么，能不能不用机顶盒，并且只用一个遥控器就能收看高清直播节目呢？

 任 务 准 备

在地面数字电视信号的有效覆盖下，上述问题的答案是肯定的，只需要购买一款数字电视一体机就可轻松解决该问题。那么，什么是数字电视一体机呢？下面简单介绍一下数字电视一体机及其发展趋势。

必 备 知 识

所谓数字电视接收机，是指能接收、处理和重现数字电视广播射频信号的一种终端设备。通俗地说，数字电视接收机就是将数字接收、解码与显示融为一体而不再需要机顶盒的数字电视机。数字电视接收机也称数字电视一体机，数字化完成及模拟频道关闭后，"一体机"就该叫数字电视机或干脆叫电视机。数字电视接收机内置数字电视高频头，可以直接接收和解码数字电视节目源。与模拟电视加机顶盒的方式相比，数字电视一体机集成度高，可以实现全程数字化，是最为理想的收视方式，代表了未来数字电视的发展方向。

截至 2015 年年底，我国广播电视还处于模拟电视信号和数字电视信号的并存时期。解决模拟电视机接收数字电视信号的问题，由机顶盒完成。根据市场的需要，国内很多厂家已经推出高清晰度数字/模拟兼容电视机，可接收目前的模拟电视信号，并采用大量数字处理技术保留了 HDTV 接口，待今后开播了数字电视，可直接接收数字高清晰度电视信号。

通过数字电视机顶盒收看数字电视是一种过渡性措施，随着国内各大城市数字电视广播系统的开播，数字电视一体机产品进入市场，它不需要数字机顶盒，能够高质量、无失真或少失真地重显与演播室质量相当的高清晰度的电视图像及高品质的环绕立体声。

根据接收、解调和显示数字电视信号的不同，数字电视接收机又分为高清数字电视接收机和标清数字电视接收机。高清数字电视接收机除能收看 HDTV 节目外，还能收看 SDTV 节目。高清数字电视机内置了数字高频头与数字电视芯片，可以实现对数字电视信号的一体化接收与播放，这样用户就摆脱了高清数字电视机顶盒与付费收视的制约，可免费收看地面广播的高清数字电视信号，使得高清数字电视节目能在更为广阔的区域迅速普及。

自 2007 年 8 月 1 日国家数字电视地面传输标准 GB 20600—2006《数字电视地面广播传输系统帧结构、信道编码和调制》正式实施以来，高清数字电视机生产厂商利用 2008 年北京奥运会首次实现高清数字电视转播的机会，纷纷推出按照国标研制开发的地面高清数字电视机，使消费者无须安装机顶盒就可兼收模拟信号节目和新国标地面数字电视节目。2008 年 2 月 25 日在北京召开的"数字高清新纪元"LG70 上市预售发布会上，LG 公司宣布推出并预售符合国家地面数字电视标准的数字电视一体机产品——LG70 全高清液晶电视。同年 3 月 27 日，TCL 发布了"全高清数字电视一体机"产品；3 月 28 日，长虹公司发布了涵盖 CRT、液晶和等离子三大类的全系列数字电视一体机。

2010 年 4 月 8 日，广东创维集团股份有限公司在深圳宣布，创维"酷开"高清一体机 E80 系列问世，该系列为 LED 电视，采用创新的 ALL－HD 系列全高清单芯片方案，无须使用数字电视机顶盒即可收看中央电视台的 CCTV－1、CCTV－高清及其他有线或地面数字电视高清频道电视节目。

事实上，美国已于 2006 年前完成数字过渡，关闭了模拟信号。2007 年，美国新销售的电视机都是一体机，高清电视市场达到 1500 万台，有 87％的消费者选择高清电视。而欧洲的年销售一体机量在 1200 万台以上；日本的一体机用户目前已经达 1100 多万户，数字电视一体机更是占到全部电视机出货数量的 77％。如此高的普及率，无疑将数字电视一体机的发展前景推至高潮。

虽然 TCL、海信、创维等国内彩电厂家也争相推出了数字电视一体机，但现在国内的一体机大多只支持地面信号，虽然有些也推出了三模一体机，但因各地的有线电视运营商加密的标准不一样，消费者大都不能直接接收当地的有线电视信号，数字电视一体机要想在中国得到推广和发展，还有许多工作要做。

任务 4　认识数字电视机顶盒

任务分析

目前，不管采用哪种方式收看数字电视节目，除了一台电视机，基本上都离不开一个小盒子，这个小盒子从 VCD、DVD 播放器到现在，经历了许多代的演变，现在几乎每家都有这么一个小盒子。你应该能猜到它是什么。

不错，它就是我们所说的数字电视机顶盒。那么它的作用是什么？它的内部组成和工作原理又是什么呢？本任务会给读者一个答案。

必备知识

数字电视机顶盒的英文缩写为 STB（Set－Top Box），它是一种将数字电视信号转换成模拟信号的变换设备，可把经过数字化压缩的图像和声音信号解码还原成模拟视/音频信号送入普通的电视机。从模拟电视向数字电视过渡，是一个跨越式的过渡，可以说无法直接兼容，也就是说目前所有的模拟电视机不能接收数字电视信号。所以采用一个过渡的办法，即用数字电视机顶盒将数字电视信号转变为模拟的视/音频信号后，输入给现有的模拟电视机显示，这样现有的模拟电视机就成为数字电视显示设备，数字电视机顶盒即为数字电视接收设备。

一、数字电视机顶盒的分类

按数字电视图像清晰度不同，数字电视机顶盒一般分为标清数字电视机顶盒和高清数字电视机顶盒，它们接收、处理和输出的数字信号分别为标清和高清数字信号。

数字电视机顶盒按功能不同一般分 3 种。第一种称为基本型机顶盒，能满足一般数字电视业务和付费电视业务的基本功能，具备授权数字电视业务的接收、中文显示、电子节目指南 EPG（即节目预告）、软件升级、加密信息提示、故障提示等功能。第二种称为增强型机顶盒，在基本型的基础上能满足按次付费业务、数据广播和本地交互业务的需要。第三种称为高级型机顶盒，在增强型的基础上，能满足视频点播、上网浏览业务、电子邮件收发、互动游戏及 IP 电话业务等功能。我国目前家庭用得比较多的是基本型和增强型数字电视机顶盒。

按照信号传输方式的不同，机顶盒又可以分为数字卫星接收机顶盒（DVB－S）、数字有线接收机顶盒（DVB－C）和数字地面广播接收机顶盒（DVB－T、DMB－TH）3 种。这 3 种数字机顶盒的主要区别在于传输信道和调制方式。数字卫星接收机顶盒接收来自卫星广播、采用 QPSK（四相相移键控）调制的信号；数字有线接收机顶盒接收来自有线电视网络、采用 QAM（正交幅度调制）调制的信号；数字地面广播接收机顶盒接收来自数字地面电视广播、采用 COFDM（编码正交频分复用）调制的信号，DMB－TH 采用 TDS－OFDM（时域同步正交频分复用）调制的信号。

二、数字电视机顶盒的工作原理

数字电视机顶盒的基本功能是接收数字电视信号和处理 MPEG－2 标准的数字视/音频信号，并将其转换成为模拟电视信号。

它的工作过程如下：首先，调谐模块通过天线接收到射频信号并下行变频为中频信号，通过 A/D 转换为数字信号后送入 QAM 解调模块进行 QAM 解调，并输出 MPEG 传输流的串行和并行数据。解复用模块接收 MPEG 传输流，并从中抽出一个节目 PES（Packetized Elementary Streams，打包的基本码流）数据，包括视频 PES、音频 PES、数据 PES。解复用模块中包括一个解扰引擎,可对加扰的数据进行解扰,其输出是已解扰 PES。接着,视频 PES 送入视频解码模块,取出 MPEG 视频数据,并对 MPEG 视频数据进行解码,再输出到 PAL/NTSC 编码器编码成模拟电视信号,最后经过视频输出电路输出。

音频 PES 送入音频解码模块,取出 MPEG 音频数据,并对 MPEG 音频数据进行解码,再输出到 PCM 解码器解码成立体声模拟音频信号,最后经过音频输出电路输出。数字电视机顶盒的工作示意图如图 3-6 所示。

图 3-6 数字电视机顶盒工作示意图

三、数字电视机顶盒的组成

数字电视机顶盒由调谐器、解调器、解复用器、解码器、系统控制部分、用户扩展接口和电源等部分组成,下面分别进行介绍。

(一)一体化调谐器、解调器

数字调谐器接收来自卫星天线、地面或有线电视网的射频信号,进行低噪声放大、滤波和变频将其转换成中频信号。然后进行 A/D 转换,再进行信道解调和 FEC 处理,即进行 QPSK、QAM、COFDM(TDS-OFDM)解调,FEC 处理包括 Viterbi 解码、Reed-Solomon 解码、卷积去交织等处理。解调后的数据流经过 Viterbi 解码,去交织和解扰后,就成为每包 188B 的标准传输流。

(二)解复用器和解码器

由于传输流中包含了若干套节目,每个节目又包含了音频、视频和传输数据,而目前的 MPEG-2 解码器只能对单个音频或视频数据流进行解码。因此,解码前必须对传输流解复用,将其分解成只包含音频或视频的基本码流。

MPEG 解码器包括音频解码和视频解码器。其中,视频解码器通过检测视频码流中的包头,进行解码运算、反量化和反 DCT 变换等解压缩处理,将提取控制信息,并按照 MPEG-2 编码格式将视频图像数据还原成编码压缩前的原始图像数据,然后输出符合 ITU-R 建议 601 格式的视频数据。音频解码器的解码过程与相似,解码后输出 PCM 立体声数据。

(三)系统控制部分

系统控制部分是数字机顶盒的核心,它由 CPU、ROM 和 RAM 组成。微处理器(CPU)通过总线把各部分和谐地组织起来,除负责各子系统的初始化工作之外,还必须控制各部分的协调工作,共同实现数字机顶盒的整体功能。

（四）用户扩展接口

用户扩展接口用来与红外遥控器、面板、智能卡读写器、游戏控制器等外设进行通信。

（五）电源

通常采用脉冲调制式开关稳压电源，主要由输入滤波电路、逆变器、脉冲调制电路、保护电路和输出电路等部分组成。

四、数字电视机顶盒在我国的发展趋势

我国明确了数字电视发展要从有线网切入，国家广播电影电视总局也对我国数字电视的发展作了以下规划：2008 年数字高清晰度电视节目将在国内主要城市普及和商用播出；2010 年全国实现数字电视广播；2015 年停止模拟电视广播。因此，在今后相当长的过渡期内，模拟节目将与数字节目共存。随着数字机顶盒标准的完善、成本的降低和用户消费观念的改变，数字电视机顶盒必将同移动电话一样，得到广大用户的认可和接受，市场将不断扩大。

数字电视今后将会朝着两个主要方面发展：一方面，高清晰度的图像一直是人们追求的理想的电视画面效果，所以数字高清晰度电视是数字电视的发展目标之一；另一方面，在数字电视系统中提供多种创新的服务功能也是一个重要的发展方向。因此，数字电视机顶盒技术的发展也会朝着这两个方向前进，最终将会集二者于一身。

任务 5　了解数字电视条件接收技术

前面已讲解过，在家收看数字电视节目的方法很多，但是正常观看数字电视节目的方式基本上都是需要收费的。另外，我们在家通过有线电视收看节目时也会发现，有些电视节目是付费频道，未交费是不能观看的。这是通过什么技术来限制观看的呢？

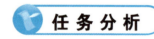

其实收看数字电视节目的权限就是通过数字电视接收技术设定的，下面主要讲解数字电视条件接收的定义、系统组成和关键技术。

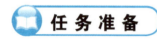

一、数字电视条件接收的定义

数字电视条件接收（Conditional Access，CA）是指通过一种技术，使授权用户能获得已预订的数字电视节目、业务及服务，未授权用户则无法获得。付费电视就是有条件接收

技术的典型应用，它必须解决两个问题：其一是如何从用户处收取费用；其二是如何阻止用户收看未经授权的付费频道。通常，在数字电视系统前端对数字电视节目进行加扰或接收控制，对用户进行寻址控制，以及在用户端进行可寻址解扰，是解决以上两个问题的基本途径。

所谓加扰，就是改变标准数字电视信号的特性，对视频、音频或辅助数据加以一定处理，防止未授权者接收到清晰的图像及伴音。由于在高频载波上调制的信号有图像信号和伴音信号两种，故对电视信号的加扰，可以只对图像加扰，也可以只对伴音加扰，还可以对图像与伴音都进行加扰。从信号功率谱角度看，加扰过程相当于将数字电视信号的功率谱拓宽，使其能量分散，因此加扰过程又被称为"能量分散"过程，只有在接收端进行解扰处理，才可以完全恢复原始图像与伴音。

条件接收是现代信息加密技术在数字电视领域的具体应用，它实现了节目和业务信息分类、管理以及对节目的有条件接收，是数字电视收费运营机制的重要保证。数字电视收费运营机制的基本特征就是在节目供应单位、节目播出单位与节目接收用户之间建立起一种有偿的服务体系，因而所提供的业务及服务仅限于授权用户使用。正是基于这种有偿服务体系，数字电视节目制作、节目播出所需的巨大投资才得以补偿，从而为数字电视产业的发展奠定了良性循环的经济基础。为此，加扰、解扰技术在数字电视系统中必不可少，采用条件接收技术是数字电视产业向高层次发展的必由之路。

二、数字电视条件接收系统的组成

典型的条件接收系统由用户管理系统、节目信息管理系统、加密/解密系统、加扰/解扰系统等构成，其功能结构如图 3-7 所示。系统各部件之间通过相关接口进行通信和数据传输，主要包括节目信息管理接口、用户管理系统接口、复用器接口、智能卡接口等。条件接收系统是数字电视接收控制的核心技术保障系统，可根据不同情况对数字电视广播业务按时间、频道和节目进行管理控制，按照层次结构进行划分，可分为加扰/解扰层、控制层和管理层 3 个层次。

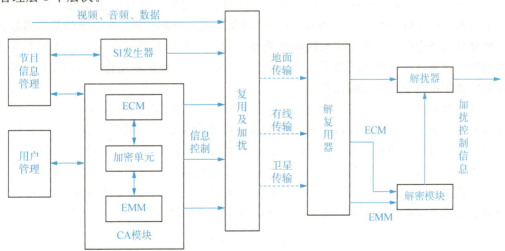

图 3-7 数字电视接收系统的功能结构

（一）用户管理系统

用户管理系统主要实现数字电视广播条件接收用户的管理，包括对用户信息、用户设备信息、用户预订信息、用户授权信息、财务信息等进行记录、处理、维护和管理，其主要功能是编辑和管理用户信息，处理用户的节目订单，检查用户付费情况，产生用户的预授权信息。

（二）节目信息管理系统

节目管理为即将播出的节目建立节目表。节目表不仅包括频道、日期和时间安排，也包括要播出的各个节目的 CA 信息。节目管理信息被 SI 发生器用来生成 SI/PSI 信息，被播控系统用来控制节目的播出，被 CA 系统用来进行加扰调度和产生 ECM，同时送入 SMS 系统。

（三）加扰/解扰系统

加扰是为了保证传输安全而对业务码流进行的特殊处理。通常在广播前端的条件接收系统控制下改变或控制被传送业务码流的某些特性，使得未经授权的接收者不能得到正确的业务码流。解扰是加扰的逆过程，在用户接收端的解扰器中完成。

（四）加密/解密系统

条件接收系统中存在两种类型的加密单元，用途如下：①对授权管理信息（EMM）进行加密处理，然后以单独授权或分组授权的方式发送到用户接收终端的相应处理装置；②对授权控制信息 ECM 进行加密处理，其中 ECM 信息中包含了对业务的访问准则信息及用于解扰的信息。解密操作在接收机端进行。通常为了安全性，解密操作和接收机分离，在一个可分离的模块中进行（如智能卡），以利于增强系统的保密性。

三、发展数字电视条件接收的重要意义

未来数字电视的发展方向是数字电视接收显示一体机，当前及今后一个时期通过数字机顶盒（STB）收看数字电视是一种过渡性、临时性的措施，这在一定意义上体现了国家的机卡分离（Conditional Access Separation）政策。机卡分离是将 CA 系统的某些部分从数字电视接收设备中分离，从而实现接收终端通用化的一种技术处理方式。它是在不改变数字电视接收设备软、硬件的前提下，通过与符合要求的 CA 模块相配合，从而实现受 CA 系统控制的数字电视节目的正确接收。

条件接收系统是数字电视系统建设的重要组成部分，它既是国家基础设施，又是涉及国家信息安全的关键设备，在数字电视产业的发展中意义重大。同时，数字电视条件接收标准也是数字电视的核心标准之一，它是数字电视网络运营商增值服务的必要保障。另外，机卡分离是中国数字电视条件接收的重要政策，数字电视各运营商可以选择不同设备提供商的条件接收系统。因此，研制、开发、推广具有自主知识产权的数字电视条件接收系统对于数字电视产业的良性发展具有特别重要的意义。

任务6　数字电视机顶盒电路分析与故障维修

任务分析

某小区一用户所使用的九州 DVS—398E 型卫星数字电视机顶盒出现故障，开机后电源指示管与数码显示屏均不亮。你能找出它的故障点吗？

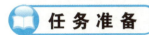

任务准备

要分析上述机顶盒的故障点，首先要了解机顶盒的内部电路和工作原理，然后借助必需的检测工具，对它进行分析和维修。

必备工具

万用表、螺钉旋具、电烙铁、示波器等。

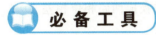

必备知识

一、有线数字电视机顶盒

（一）有线数字电视机顶盒电路分析

有线数字电视机顶盒主要由主电路板、操作显示面板、IC 卡座和电源电路板等构成，其中主电路板上有一体化调谐器、解复用解码芯片、程序存储器、数据存储器、E^2PROM 存储器、视频放大器、音频放大器、智能卡电路和网络电路；操作显示面板主要由 LED 数码显示器、操作按键、红外遥控接收器及其驱动电路构成。

现以同洲 CDVB2200 型有线数字电视机顶盒为例进行电路分析，它的组成方框图如图 3-8 所示，它由调谐解调器 CD1316、内含 CPU 的单片解复用与解码器 MB87L2250、同频动态存储器（SDRAM）、快闪存储器（FLASH ROM）、电可擦除存储器（E^2PROM）、视频编码器 ADV7171、视频滤波网络、音频 D/A 转换器 PCM1723E、音频放大器 JR4558、智能卡及读卡电路、操作显示单元和开关稳压电源等电路组成。

1. 调谐解调器

该机用 PHLIPS 公司生产的一体化调谐解调器 CD1316，它由调谐器和解调器组成。其内部组成方框图如图 3-9 所示。

调谐器由高段（HIGH）、中段（MID）、低段（LOW）三路带通滤波器、前置放大器、变频器以及共用的锁相环（PLL）电路、中频放大器等组成，其结构类似于彩电高频头。CD1316 的接收频率范围为 51～858MHz，其调谐电压由内部的 DC—DC 变换器提供，频率

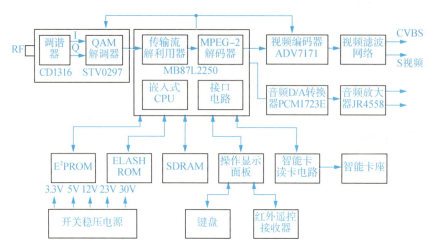

图 3-8   同洲 CDVB2200 型有线数字电视机顶盒组成框图

选择与频道转换由 I^2C 总线控制内部带有数字可编程锁相环调谐系统完成。调谐器接收有线电视数字前端的 RF 信号,经滤波、低噪声前置放大、变频后转换成两路相位相差 90°的 I、Q 信号,送入 QAM 解调器解调。

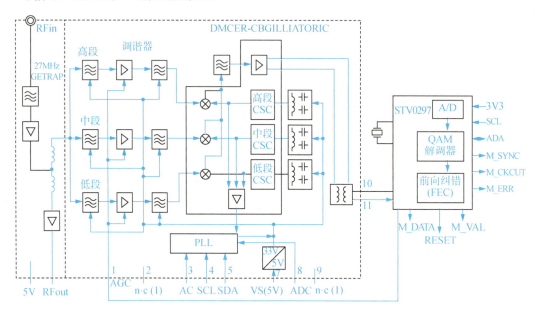

图 3-9   一体化调谐解调器 CD1316 内部组成框图

QAM 解调器采用 ST 公司生产的 STV0297 解调芯片。它内部由两个 A/D 转换器、QAM 解调器、前向纠错(FEC)单元、奈奎斯特平方根升余弦滤波器和允许宽范围偏移跟踪的去旋转器以及自动增益控制(AGC)等电路组成。来自 QAM 解调器的 I、Q 信号先由双 A/D 转换器转换成两路 6b 的数字信号,送入奈奎斯特数字滤波器进行滤波后,得到复合数据流。

自动增益控制(AGC)电路产生的第一个 AGC 使调谐器的增益受脉宽调制输出信号的

控制，第二个 AGC 使数字信号带宽的功率分配最优化。经上述处理得到的数字信号经数字载波环路进行解调，由维特比解码器、卷积去交织器和里德－索罗门解码器等完成前向纠错，恢复输出以 188B（字节）为一包、满足 MPEG－2 编码标准的传输码流。

2. 解复用器和解码器

解复用器和解码器采用日本富士通（Fujitsu）公司强大的单芯片处理器 MB87L2250，该芯片内还包含嵌入式 CPU、DVB 解扰器、OSD 控制器、DRAM 控制器及各种接口电路，其内部功能方框图如图 3-10 所示。

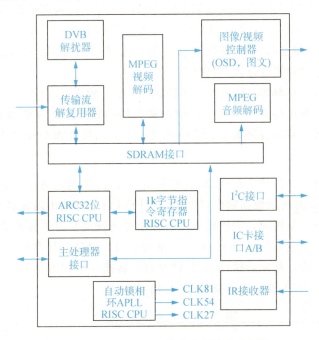

图 3-10 MB87L2250 芯片内部功能方框图

来自解调器输出的并行或串行码流，先送到 DVB 解扰器进行解扰。DVB 解扰器能并行处理 8 个不同的码流，能对 TS 流和 PES 流进行解扰。接收加密节目时，通过解扰后才能收看。加密节目的码流中包含了前端发送来的 ECM、EMM 信息，这些信息是前端系统通过使用密钥及通用加密算法对码流数据包进行变换处理组成的。

解复用器包括传输流解复用器和节目流解复用器。传输流解复用器对 DVB 解扰器送来的传输码流进行数字化滤波，从中分解出节目 PID（即从多路单载波的多套节目中分解出只含一套节目的节目流）。再由节目流解复用器作进一步处理，即将节目流分解成只含有音、视频和传输数据的基本码流。其过程是将预置在 PID 表中的 PID 值与 TS 包中的 PID 值进行比较，如果这两个 PID 值相匹配，则将相匹配的 PID 值送到存储器中缓存起来，供 MPEG 解码器作进一步处理。

由上述可知，解复用器实际上是一个 PID 分析器，用来识别传输包中可编程 PID 中的一个。除此之外，解复用器还处理基本流同步和进行错误校正。它通过分析 PES 包，从中提出满足控制和同步需要的节目基准时钟（PCR）。

133

3. 系统控制 CPU 与存储器

该机的系统控制电路由 CPU、程序存储器、数据存储器、地址译码器和总线收发器组成。

该机的 CPU 为 MB87L2250 芯片中的嵌入式 CPU，它是一个集成在 MB87L2250 芯片中的 ARC CPU，是具有硬件 RISC 的 32b 高性能 CPU。ARC 存储器控制器包括 SRAM 和 SDRAM 控制器，能寻址 8MB SRAM 和 8MB SDRAM。SRAM 控制器有一个可编程的等待状态发生器，当与不同速度的存储器连接时，可在读、写时序中插入等待状态与之适应。

程序存储器 29LV160BE 是一种 16MB FLASH ROM（快闪存储器），整机的控制程序固化在芯片内。它有 16 条数据线与 CPU 的 16b 外部数据总线 D0～D15 相连，还有 19 条地址线与 CPU 外部的地址总线 A0～A18 连接，为 CPU 提供了 2MB 的存储空间。CPU 通过外部控制 I²C 总线直接对其进行读/写操作。

本机用了两片数据存储器 HY57V161610D，它是一种 16Mb 同步动态 SDRAM。一片用作系统控制电路的数据存储器，另一片用作解码器的数据缓冲存储器和帧存储器，分别用来存储执行程序所需的各种数据、传输码流中的专用数据和 OSD 数据等。

4. 视频编码器

视频编码器采用 AD 公司生产的 ADV7171 芯片，内部功能方框图如图 3-11 所示。它直接与 MPEG 解码器的视频数据输出口连接。MPEG 解码器输出的视频数字信号送入视频编码器进行数字编码。编码前，先将输入的视频信号处理成同时传输的 R、G、B 信号，通过数字编码产生亮度和色差信号的 Y、U、V 基带信号。这些信号在视频编码器中分别经过亮、色处理单元处理后，相加后送往 D/A 转换器，转换成 CVBS 信号。或者经亮、色度处理后，进行编码，由 D/A 转换器转换为 RGB 信号。

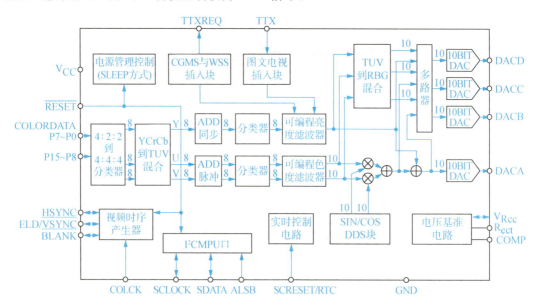

图 3-11 ADV7171 芯片内部功能方框图

5. 音频 D/A 转换器和音频放大器

　　该机的音频 D/A 转换器采用 PCM1723E 芯片，它是一种具有可编程锁相环（PLL）的立体声数模转换器。它直接与 MPEG 解码器的音频数据输出口连接，将音频解码器输出的 PCM 音频数据转换为具有左、右两路立体声的音频信号。

　　PCM1723E 由串行输入音频数据接口、具有功能控制的 8 倍过采样数字滤波器、多电平 $\Delta\Sigma$ 调制器、D/A 转换器、低通滤波器、可编程 PLL 和模式控制单元等组成，其内部功能方框图如图 3-12 所示。

　　音频放大器由双运算放大器 JR4558 等组成，电路原理如图 3-13 所示。

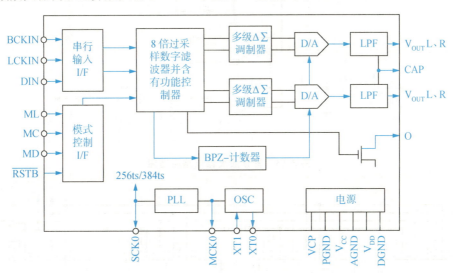

图 3-12　芯片 PCM1723E 内部功能方框图

6. 操作显示面板

　　显示面板由键盘矩阵及扫描电路、显示电路、红外线遥控接收器等组成。用户通过操作面板按键或遥控，实现人机对话，完成设置的功能。

　　键盘矩阵扫描电路由 74HC245 与 CPU 的键盘接口电路组成。CPU 的 GP105、GP106 作为键盘扫描输入线，数据线 D0～D3 与 I^2C 总线收发器 74HC245 的 15～18 脚连接，74HC245 的 2～5 脚与或门电路 U16 的输入端连接，或专门电路相"或"后，连接至 CPU 的 GP107，CPU 通过 GP107 判断键盘的按键是否按下。

　　显示电路由 4 位 7 段数码管和驱动电路 74HC595 组成。CPU 由 GP10 口把编程产生的移位时钟、锁存信号和频道号的数据输入 74HC595，由 74HC595 完成转换工作，并驱动数码显示器按照输入的数据显示相应的频道。电路原理如图 3-14 所示。

　　遥控红外接收器（IR）的输出端直接连接至 MB87L2250 的 IR 端口上，通过遥控，CPU 通过分析接收到的 IR 信号来判断遥控器是哪个键起作用，然后控制相关电路完成设置工作。

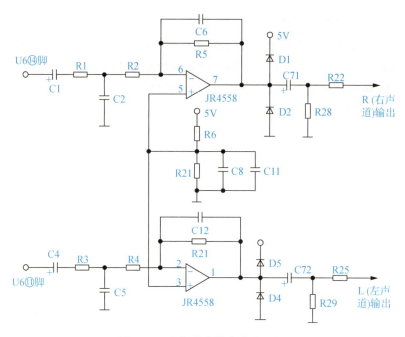

图 3-13　音频放大器电路原理图

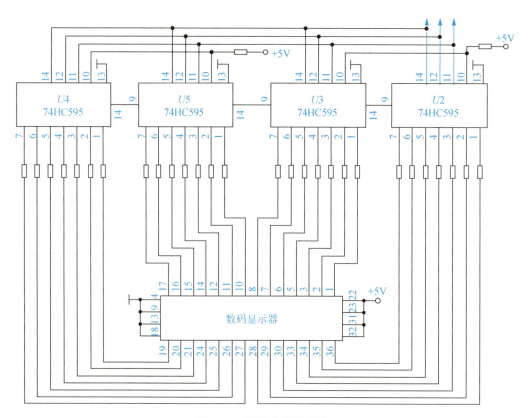

图 3-14　显示电路原理图

7. 开关稳压电源

开关电源部分是机顶盒中非常重要的一个环节。该机采用脉宽调制式开关稳压电源，这种电源具有功耗小、转换效率高、工作可靠、保护完善和稳压范围宽等特点。它主要由输入整流滤波电路、逆变器、脉宽调制（PWM）电路、输出稳压电路和保护电路等组成，电路框图如图 3-15 所示。

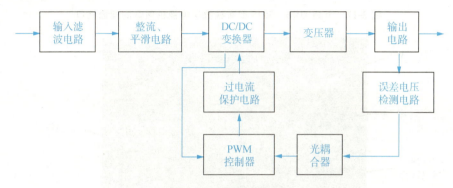

图 3-15　电源电路框图

该电源为整机提供−12V、3.3V、5V、12V、23V、30V 的直流电压。其中，3.3V 电压用来向解复用器、解码器、解调器等电路供电；5V 电压主要用来向音频 D/A 转换器、调谐器等电路供电；12V 电压用来向音频放大器供电；30V 电压用来向调谐器中的 AGC 电路供电。

（二）几种常用有线数字电视机顶盒介绍

1. 采用 STi5105 方案的有线数字电视机顶盒

采用 STi5105（STx5105）方案的代表机型有深圳同洲 AnySight108 型交互式有线数字电视机顶盒、创维 C7000NE 型交互式有线数字电视机顶盒、创维 C7000 型增强型有线数字电视机顶盒、海尔 HDVB−3000CS 有线数字电视机顶盒和九州 DVB−5028 型有线数字电视机顶盒。九州 DVB−5028 型有线数字电视机顶盒的整机外形如图 3-16 所示，背面接口如图 3-17 所示，内部电路结构如图 3-18 所示。

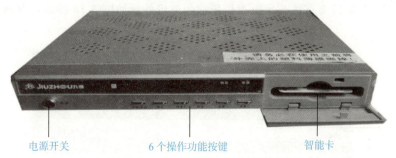

电源开关　　6 个操作功能按键　　智能卡

图 3-16　九州 DVB−5028 型有线数字电视机顶盒的整机外形

RF输入

RF输出

S/PDIF　　左、右声道　复合视频　　S端子　　　RS−232　　电源线

图 3-17　九州 DVB−5028 型有线数字电视机顶盒的背面接口

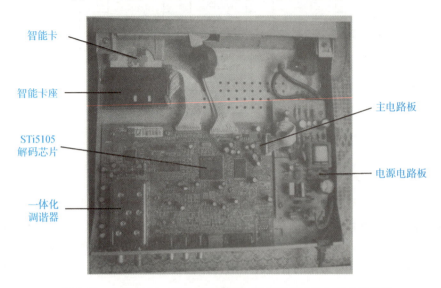

智能卡

智能卡座

STi5105
解码芯片

一体化
调谐器

主电路板

电源电路板

图 3-18　九州 DVB−5028 型有线数字电视机顶盒的内部电路结构

STi5105 芯片中采用 ST 公司 ST20 32b CPU，它是第二代 MPEG 解码器件，符合 DVB−C/MPEG−2 标准，并且支持 16/32/64/128/256QAM 等不同的调制方式，支持 EPG 功能，支持 S−VHS 视频输出，支持 YPbPr 分量，PAL/NTSC 自动识别，通过 RS−232 串口实现软件的本地升级，具有高保真立体声输出功能、零功耗环通功能、NIT 表自动搜索功能，内置国标二级中文字库、LNB 电源短路保护，可以存储的频道数为 800 个，还可存储 800 个可编辑的广播节目。

创维 C7000 型增强型有线数字电视机顶盒的整机外形如图 3-19 所示，背面接口如图 3-20 所示。

前面盖板内
有功能键和
IC卡槽

电源开关

图 3-19　创维 C7000 型增强型有线数字电视机顶盒的整机外形

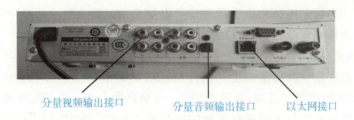

图 3-20 创维 C7000 型增强型有线数字电视机顶盒的背面接口

2. 采用 QAMi5516 方案的有线数字电视机顶盒

QAMi5516 是法国著名的芯片厂商 ST 公司推出的一款专门针对中、低端市场的高性价比有线数字电视机顶盒单芯片。该芯片除了拥有传统的音频、视频解码功能，还具有很强的扩展能力、增强型图形处理功能和提高音/视频质量的后处理能力。同时，由于将 QAM 解调器和 MPEG 解码器集成在了一起，因而降低了硬件芯片组的成本，简化了电路设计，提高了产品的可靠性和性价比。

采用 ST 公司的 QAMi5516 解码芯片的机顶盒有同洲 CDVBC5680M、长虹 DY6000C、DVB－C2088B、九州 DVC－2018DN、浙江大华科技的 DH－STB100 基本型有线数字电视机顶盒和 DH－STB100B 小精灵有线数字电视机顶盒。由 QAMi5516 芯片设计的有线数字电视机顶盒硬件框图如图 3-21 所示。

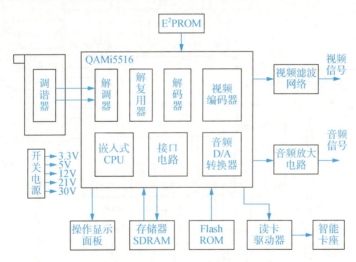

图 3-21 由 QAMi5516 芯片设计的有线数字电视机顶盒硬件框图

调谐器（Tuner）接收来自有线电视网络的射频信号，由内部变频电路将射频信号变换为一个中心频率为 43.75MHz 的中频信号，并通过中频输入端（IFIN）输入到内部的 QAM 解调器，完成信号的定时恢复、载波恢复、数据成型、自适应均衡和维特比解码（Viterbi）、解交织、RS 解码和去随机化，最后将得到的符合 MPEG－2 标准的传输码流（TS）经过 TSOUT 串/并口输出，完成信道解码。

信道解码器输出的 TS 流经过解复用，形成音频和视频 PES 分组数据，通过 A/V 接口输出给 MPEG－2 解码器。MPEG－2 解码器将 PES 分组进行解码，输出两组数字视频和数字音频信号。一组数字视频和数字音频信号直接输出。另一组中的数字视频信号送到视频编码器中，被转换成全电视信号（CVBS）或 S 端子信号（Y/C）；数字音频信号送到音频 DAC 中，转换成立体声模拟信号，完成信源解码。

QAMi5516 芯片是一款高集成度、高性价比的解调解码单芯片，它内部集成了 32 位 ST20 CPU、QAM 解调器、音频/视频 MPEG－2 解码器、显示及图形处理功能和各种系统外设接口。除了具有有线数字电视机顶盒的全部基本功能，它还可以运行中间件，以实现数字电视营运商的增值服务，同时具有以太网接口、USB 接口等丰富的外设接口，不仅为实现增值服务建立了很好的硬件环境，也能够满足用户上互联网浏览、电子商务以及查询电子节目指南等方面的需要。

3. 采用 STi5197 方案的有线数字电视机顶盒

STi5197 是意法半导体公司新一代高性价比的单片 MPEG 解码芯片，芯片采用 CMOS 65nm 工艺，ST40－C1 CPU，工作频率达 350MHz；内部集成 DVD－CI、QAM 解调、Ethernet MAC、USB 2.0 HOST 功能；具备硬件完全系统；兼容最新的高级 CA 安全规范，完全满足 NDS、NAGRA、CONAX 等公司的最新 CA 要求。采用 STi5197 方案的代表机型有四川九州生产的 DVC－5068 型有线数字电视机顶盒，该机顶盒内部电路框图如图 3-22 所示，主板上的集成电路的型号如图 3-23 所示。

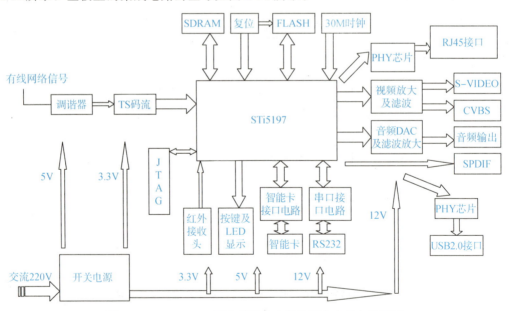

图 3-22　DVC－5068 型有线数字电视机顶盒内部电路框图

在图 3-22 中，调谐器可以采用 UNTUNE 公司的 CD1606、DCT70707 或者 ALPS 的 C01A 高频头，以完成视频信号下变频为中频信号；开关电源输出稳定的 3.3V、5V、12V 直流电压，给主板、面板和硬盘供电；STi5197 是机顶盒的主芯片，完成 TS 流的解复用及 TS 音/视频解码，以及以太网 MAC、USB HOST 等整机的大部分功能；E^2PROM 用于存储节目参数信息，采取按位擦写方式；30MHz 时钟电路为主芯片提供 30MHz 的时钟频率；SDRAM 为动态存储器，存储系统工作过程中的各种数据；FLASH 为外部内存，作为程序

视频放大
FMS6164

解调、解
码芯片
STi5197

程序存储器
S25LF128

一体化调谐器
DCT70707

音频DAC
RC4558

数据存储器
HY5DU1216

图 3-23   DVC－5068 型有线数字电视机顶盒主电路板

数据存储器；采用专门的复位电路，给主芯片、FLASH、网口 PHY 芯片提供复位信号；音频输出电路对主芯片输出的音频模拟信号通过运算放大电路进行放大输出；视频输出电路采用专门的滤波放大芯片对主芯片解码出的视频信号进行放大滤波输出；采用红色和绿色 LED 作为电源和信号锁定的指示，使用 4 位 7 段的数码显示管作为频道等其他功能的显示；显示通过软件动态扫描方式实现。

图 3-22 中的 JTAG 用于与 ST MICRO CONNECT 连接，作为软件调试使用；RS 232 为串口接口，作为软件升级和调试使用；以太网口 PHY 接口是采用外加一个以太网的 PHY 芯片，通过 MII/RMII 总线与主芯片 MAC 连接，实现以太网 RJ45 接口与主芯片的双向通信；USB 接口采用外加一个 USB PHY 芯片与主芯片 MAC 连接，实现 USB 2.0 接口的双向通信；主芯片通过提供一个专门的智能卡接口，连接外部卡座板，实现主芯片与智能卡的通信。

图 3-22 中一体化调谐器 DCT70707 的调谐模块接收射频信号，并下变频为中频信号，然后进行 A/D 转换为数字信号，再解调，输出 MPEG 传输流串行或并行数据。STI5197 主芯片中的解复用电路接收 MPEG 传输流，从中解析出一个节目的打包基本码流（PES）数据，包括视频 PES、音频 PES。解复用电路中包含一个解扰引擎，可在传输流层和 PES 层对加扰的数据进行解扰。视频 PES 送入 STI5197 主芯片中的视频解码电路，对 MPEG 视频数据进行解码，然后输出到视频解码器，再经视频放大处理电路 FMS6146 输出高清、标清格式的视频信号。音频 PES 送入 STI5197 主芯片中的音频解码电路，对 MPEG 音频数据进行解码，经音频输出处理电路 RC4558 输出模拟、数字音频信号。

（三）有线数字电视机顶盒故障分析与维修

1. 机顶盒安装不当对接收数字电视的影响

（1）无图像。

安装机顶盒后不能收看数字电视节目，电视机出现无图像故障。首先检查各连接线是否正确。用户自己连接时，注意数字电视机顶盒输出端口信号与电视机的输入端口信号的一致，数字电视机顶盒射频输入端口信号与用户终端盒输出信号的一致。连接线不正确一般有下面几种情况：

①有线电视用户终端盒输出信号要连接到数字电视机顶盒的"有线输入"插孔，有些人将此线连接到"射频输出"插孔中，肯定不能收看数字电视节目。

②用户电视机显示"无信号或信号中断"，结果发现是用户将数字电视机顶盒的输入端接到了电视机的输入口，根本没有将有线电视信号送到机顶盒。此时，将数字电视机顶盒的输入信号接到有线电视的用户终端盒上，电视信号即可恢复正常。

③没有将数字电视机顶盒上的视/音频线正确连接到电视机的视音/频输入插孔上（AV1、AV2…任一组中）。若接到电视机的"视/音频输出"插孔上或将视频音频交叉差错，则连菜单也不会显示，更不能收看数字电视节目。

④用户接线正确但看不到数字电视节目，原因是用户没有选择相应的机顶盒所接的AV端口，还有些用户的AV端口损坏。由于长期不用，AV端口会发生氧化，可能会使某组不好，这时可换另一组试试。

另外，用户自己买的有线电视器材（电缆、分配器、接线盒、用户线）质量不好、线路太长、未做好接头或接头接触不良，使信号损耗大、阻抗失配，都会导致用户不能正常收看数字电视节目。

（2）马赛克现象。

造成马赛克现象的原因可能是接头不好，或是入户信号电平低，或是机房前端的问题。解决办法如下：

①首先检查机顶盒的信号输入口处和用户盒输出口的信号线连接是否紧密，用户连接线的接头是否规范，接地是否良好，另外检查机顶盒的信号输入线是否接到机顶盒的信号输出口。如遇到上述情况，需要更换用户线，检查机顶盒的信号输入是否正确。

②用户家里的电平偏低或过高，高频头的接收解码能力要求在一个电平范围之内，过高或偏低对它的解码能力都有影响，这就需要维护人员对用户家里的信号电平进行测试，如果不满足机顶盒接收的要求，必须对网络作相应的调整。

③如果用同一信号，换另外一台机顶盒就能正常接收，很有可能是高频头本身有问题，需要更换高频头。

④同时在不同的地区，及相同或不同的频点上的节目都发现有这样的问题，可能是前端系统有问题。

⑤在确认机顶盒接线和网络都正常的情况下，只有某一频道在不同的地区同时都出现这样的问题，而其他的节目都正常，很可能是由信号源的问题引起的。

这样的情况一般都是受到其他外界因素的干扰造成的，比较少见，如果出现也只是短暂的，应该很快就能恢复。

比较常见的是从卫星传输下来的同一频点的信号流太大，造成这个频点的节目在用机顶盒接收时出现马赛克。

（3）音频故障。

①音频有交流声，主要表现在使用平板液晶电视的用户。出现这种故障应更换用户终端盒，使用芯线和边网都带电容隔离的用户终端盒即可消除交流声；还有一种情况是，用户将音频线错插到视频分量中的红色端口上，将音频线纠正过来即可消除交流声。

②用户反映电视机只有一边的扬声器响，而看模拟电视时正常，检查接线正确，原因是用户将电视机的声音平衡调整为左声道，右声道的扬声器自然不响，将平衡点重新调到中心点，两边的扬声器即可恢复正常。

③部分频道无音量或图像与伴音不同步，用遥控器调整机顶盒音频输出声道，将其调整到左声道即解决问题。如果仍不能解决问题，采取在线下载新版本的方式，基本就可解决。

④声音中有广播电台的干扰。这种现象只会出现在某些台中，因为一般省台在同一频道中，将左声道设置成电视伴音，将右声道设置成广播。遇到这种情况，只要用遥控器将"声道"设置成"左声道"即可解决。

（4）死机现象。

有些用户的机顶盒是常开的，不看时只将电视机关掉，而不关机顶盒电源，在此情况下，个别机顶盒可能出现死机现象，此时只要将机顶盒的电源关闭片刻后再打开（重启）即可。

2. 有线电视机顶盒常见故障及解决办法

（1）接收频道较少的故障原因及解决办法。

①用户连接线故障。用户线两端接头接触不良；用户线质量较差，衰减信号太大；用户线短路或断路；用户线中间有接头。解决方法如下：重新做接头；更换用户线；找出原接头位置重新接线。

②用户终端盒故障。有的用户私自购买的终端盒质量差，或用户因装修自己挪动终端盒位置，私自接线，造成其终端盒屏蔽网短路；芯线未压紧；串接两个或多个用户线；终端盒损坏等。解决办法如下：重新接线或更换用户终端盒；拆除串接用户线。

③入户线路故障。入户线内、外接头接触不良；入户线质量较差，衰减信号太大；入户线短路或断路；入户线中间有接头或分支分配器。解决方法如下：重新做接头；更换入户线，找出原接头位置或分支的分配位置，重新接线，去掉分支分配器。

④用户私自接三通、分支分配器、放大器等器件，衰减了信号。解决方法如下：拆除三通、分支分配器和放大器等。

可通过场强仪检测数字电视信号强度来判断故障原因，若接到数字电视机顶盒上的信号强度达不到标准要求，则应按上述因素逐项排查，找出故障点。

（2）有伴音无图像故障的原因及解决办法。

电视机出现有伴音无图像故障的原因如下：将机顶盒的视频线接错，或视频线断路，或电视机的视频输入端子有故障等。

解决方法如下：检查电视机与机顶盒的视频线连接是否正确，确认视频线是否有断路现象；检查电视机视频输入端子是否存在故障，确认后与电视机厂家联系维修。

（3）有图像无伴音故障的原因及解决办法。

电视机出现有图像无伴音故障的原因如下：机顶盒处于静音状态；声道设置错误；电视音量设置太小，无法收听；音频线接错或音频线断路；电视机的音频输入端子有故障等。

解决方法如下：将机顶盒遥控器转换到非静音状态；重新选择正常的声道；排查电视机原音量是否设置太小，建议根据用户接受情况，先将电视机音量调整在合适标准上，再通过机顶盒的遥控器来调整音量；检查电视机与机顶盒的音频线连接是否正确，确认音频线是否有断路现象；检修电视机音频输入端子是否存在故障，确认后与电视机厂家联系维修。

（4）播放电视节目无彩色故障的原因及解决办法。

播放电视节目无彩色的原因是机顶盒的主芯片采用STx5105芯片，图像D/A转换需要较准确的27MHz晶振，并有一定的VCXO（压控振荡器）可调整范围，如果调整范围不够，就可能会引起视频无彩色，处理方法是更换晶振。

3. 开关电源电路故障检修方法

开关电源部分是数字电视机顶盒的启动部分，也是机顶盒的动力成分。在日常损坏的机顶盒中，50％以上的故障是开关电源的故障，因此学会检修开关电源至关重要。

数字电视机顶盒的开关电源主要由输入滤波电路、开关振荡电路、脉宽调制电路、保护电路和整流滤波输出电路等部分组成。创维C7000型有线数字电视机顶盒电源电路板如图3-24所示，电路原理图如图3-25所示。

图3-24　创维C7000型有线数字电视机顶盒电源电路板

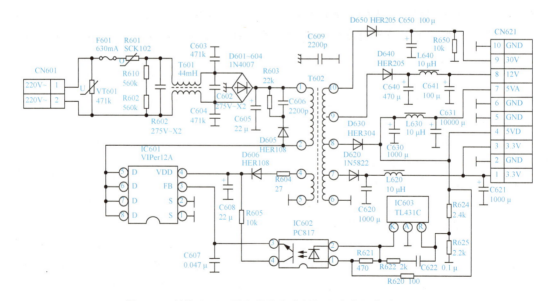

图3-25　创维C7000型有线数字电视机顶盒电源电路原理图

检修机顶盒开关电源有三大技巧：一是要掌握开关电源的关键检测点；二是要掌握开关电源各类故障的处理方法；三是要掌握开关电源中关键元器件的代换方法。掌握了这三点，开关电源的检修就变得简单了。

检修开关电源一般采用直接观察法、电压法、替换法、波形检测法、开路分割法和假负载法。

（1）直接观察法。

直接观察法是凭借维修人员的视觉、听觉、嗅觉和触觉等感觉特性，查找故障范围和有故障的元器件，它是检修过程的第一步，也是最基本、最直接、最重要的一种方法。在检修开关电源电路的过程中，可通过观察熔丝是否烧断来判断故障性质。若熔丝烧断发黑，则说明开关电源中有严重的短路现象。此时应立即想到整流二极管、开关集成电路、300V滤波电容有无击穿现象。若熔丝未烧，则说明电路中没有严重短路现象，这样，通过目击熔丝就能大致了解故障性质是短路性的还是非短路性的。

（2）电压法。

电压法是通过测量3个关键点的电压来判断故障的部位。这3个关键检测点分别是300V电压滤波端、开关电源集成电路反馈输入端和直流电压输出端。

300V电压是开关电源集成电路的供电电压，根据检测滤波电容端是否有300V电压，可大致判断故障是发生在输入滤波电路还是开关电源集成电路。若无300V电压，则应检查输入滤波器、整流二极管和滤波电容；若有300V电压，则应检查开关电源集成电路与开关变压器等。

当检测300V电压时，应将万用表置于直流电压500V挡，用黑表笔接热地点，用红表笔接桥式整流二极管输出端，如图3-26所示。

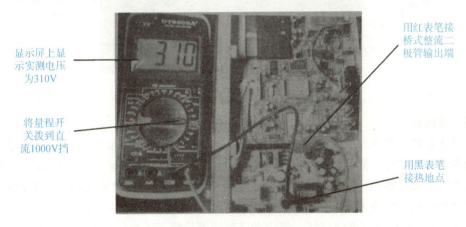

显示屏上显示实测电压为310V

将量程开关拨到直流1000V挡

用红表笔接桥式整流二极管输出端

用黑表笔接热地点

图 3-26　检查 300V 电压

开关电源集成电路反馈输入端是否正常，反映了取样比较放大电路是否正常，同时也影响直流电压的稳定。因误差电压检测电路，通常由精密稳压器 TL431C 和光耦合器 PC817 等组成，光耦合器将检测到的误差电压反馈到开关电源集成电路的控制端，改变开关电源集成电路的输出脉冲宽度，达到稳定输出电压的目的。测创维 C7000 型有线数字电视机顶盒的光耦合器 PC817 第 4 脚电压如图 3-27 所示。

显示屏上显示实测电压值为18.01V

将量程开关拨到直流20V挡

用黑表笔接热地点

用红表笔接PC817的第4脚

图 3-27　测 PC817 第 4 脚电压

若熔丝未被烧断，则用万用表测量电源板的输出端，看机顶盒是否有正常电压输出。例如，此时的创维 C7000 型有线数字电视机顶盒电源电路板应有 3.3V、12V 和 30V 电压输出，检测 3.3V 电压如图 3-28 所示。若无直流电压输出，则检查开关变压器次级整流输入端有无交流电压输入。若有交流电压输入，则说明整流二极管损坏；若整流二极管有直流电压输出，但输出电压不正常，则可判断故障发生在稳压电路或某一支路输出电路中。

显示屏上显示实测电压值为3.32V

将量程开关拨到直流20V挡

用黑表笔接冷地点，用红表笔接电源端的输出端

图 3-28　检测 3.3V 电压

（3）替换法。

替换法是检修机顶盒故障的常用方法之一。当怀疑某元器件损坏，而又无法通过万用表测量判断其好坏时，就可使用器件替换法进行检测，即将被怀疑的元器件取下，换上一个优质的同型号元器件，若故障得到排除，则说明被替代的元器件确实损坏；若故障依旧，则说明被替代的元器件未损坏，故障是由其他原因引起的。

①如果 220V 整流二极管损坏，可先考虑用同型号管子更换，当无同型号管子时，可选用反向耐压在 400V 以上、整流电流在 1A 以上的管子来代换，如 1N4007 可用 1N5395、1N5404 代换。选用 220V 整流二极管时，主要考虑反向耐压和整流电流两个参数，不管可用其余参数。

②当代换 300V 滤波电容器时，只需考虑两点：一是安装尺寸应与原电容相差无几；二是容量和耐压要能满足要求。一般来说，对于数字电视机顶盒，可选用 $33\sim47\mu F/400V$ 的电解电容来代换。安装时，要注意电容器的极性，千万不要将正、负极接反，否则，电容

器有炸裂的危险。

③如果开关电源集成电路损坏，一般应选用同型号的集成电路代换，如果一时找不到同型号的，可以同品牌的其他型号代换，但要注意集成电路的功率大小，一般只能用功率大的代换功率小的，而不能用功率小的代换功率大的。对于开关电源集成电路的参数，除前面介绍的以外，还可向生产厂家咨询，或上互联网查找。如 TNY176PN，可直接用 TNY276PN 代换，其引脚功能与输出功率完全相同；同样，TNY14PN～TNY180PN，可直接用 TNY274PN～TNY280PN 代换。

（4）波形检测法。

波形检测法是用示波器观察判断开关电源集成电路是否振荡。检查方法如下：将示波器的探头靠在开关变压器的外部，即可感应出较弱的振荡脉冲，判断开关电源集成电路是否振荡，如图 3-29 所示。如果无信号，则表明没有起振，应分别检测开关电源集成电路的供电电路、开关变压器以及开关电源集成电路本身，其中开关电源集成电路的故障概率较高。

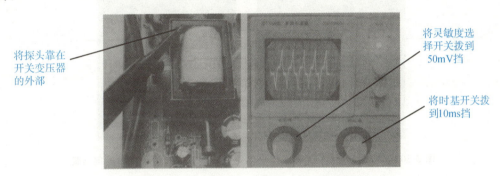

将探头靠在开关变压器的外部

将灵敏度选择开关拨到 50mV 挡

将时基开关拨到 10ms 挡

图 3-29　判断开关电源集成电路是否振荡

（5）开路分割法。

开路分割法是指将某一单元、负载电路或某只元器件开路，然后通过检测电阻、电流和电压的方法来判断故障范围或故障点。当电源出现短路击穿等故障时，运用开路分割法，可以逐步缩小故障范围，最终找到故障部位。尤其对于一些电流大的故障，无法开机或只能短时间开机检查，运用此方法进行检查，可获得安全、直观、快捷的检修效果。

此法常用于电源烧保险的故障检查，只要将负载电路逐一断开，就可以迅速找到短路性故障发生的部位，还能有效地区分故障是来源于负载电路还是电源电路本身。通常采用的方法如下：逐步断开某条支路的电源连线，或切断电路板负载的连接铜箔，直至发现造成电流增大的局部电路为止。当在电路中发现某处电压突降时，也可逐一断开有关元器件加以检测，但必须熟悉此处电路原理，视其是否可以断开而定。

（6）假负载法

假负载法是在检修开关电源的故障时，切断行输出负载（通称＋B 负载）或所有电压负载，在＋B 端接上灯泡模拟负载。该方法有利于快速判断故障部位，即根据接假负载时电源的输出情况与接真负载时的电源输出情况进行比较，就可判断是负载故障还是电源本身故障。假负载灯泡的亮度能够直接显示电压高低，有经验的维修人员可通过观察灯泡的亮度来判断＋B电源是否正常，或输出电压有无明显变化。

4. 一体化调谐解调器故障检修方法

下面以九联科技 HSC－1100D10 型数字有线电视接收机顶盒为例，介绍 ALPS TDAE3－C01A 型一体化调谐器的检测方法。该调谐器通过引脚焊点与电路板进行连接，可以通过检测该调谐器各引脚的电压、在线电阻、I^2C 总线信号以及输出中频信号的方法来判断其好坏。

（1）电压法。

电压法检测一体化调谐解调器是利用万用表测量一体化调谐器各引脚的电压，与 AGC 信号有关的引脚电压会在有输入信号与没有输入信号时不同。ALPS TDAE3－C01A 型一体化调谐器第 2 脚 RF AGC 的电压值、第 9 脚 IF AGC 的电压值分别如图 3-30 和图 3-31 所示。ALPS TDAE3－C01A 型一体化调谐器各引脚电压如表 3-2 所示。

没有接入有线电视信号时实测为4.07V

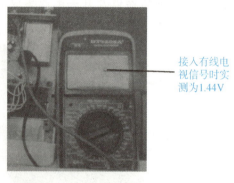
接入有线电视信号时实测为1.44V

图 3-30　ALPS TDAE3－C01A 型一体化调谐器第 2 脚 RF AGC 的电压值

没有接入有线电视信号时实测为2.15V

接入有线电视信号时实测为0.91V

图 3-31　ALPS TDAE3－C01A 型一体化调谐器第 9 脚 IF AGC 的电压值

表 3-2　ALPS TDAE3－C01A 型一体化调谐器各引脚电压

引脚序号	引脚名称	没有接入信号时实测电压值/V	接入信号时实测电压值/V
1	GND	0	0
2	T/P（RF AGC）	4.07	1.44
3	AS	0	0
4	SCL	4.97	4.97

续表

引脚序号	引脚名称	没有接入信号时实测电压值/V	接入信号时实测电压值/V
5	SDA	4.97	4.97
6	N/C [Xtal OUT]	0	0
7	MB	4.95	4.95
8	T/P (IF)	0	0
9	IF AGC	2.15	0.91
10	IF OUT2	0	0
11	IF OUT1	0	0

（2）电阻法。

电阻法检测一体化调谐解调器是利用万用表测量一体化调谐器各引脚的对地电阻，测量对地电阻值时应调换表笔测两次，即将黑表笔接地，将红表笔分别接各引脚；将红表笔接地，将黑表笔分别接各引脚。测 ALPS TDAE3－C01A 型一体化调谐器第 9 脚对地电阻值如图 3-32 所示。ALPS TDAE3－C01A 型一体化调谐器各引脚电阻表 3-3 所示。

将黑表笔接地，将红表笔接9脚

表针指示8.5kΩ

表针指示18kΩ

将红表笔接地，将黑表笔接9脚

图 3-32 测 ALPS TDAE3－C01A 型一体化调谐器第 9 脚对地电阻值

表 3-3 ALPS TDAE3－C01A 型一体化调谐器各引脚电阻

引脚序号	引脚名称	黑表笔接地/kΩ	红表笔接地/kΩ
1	GND	0	0
2	T/P (RF AGC)	9.2	∞
3	AS	0	0
4	SCL	5.0	5.5
5	SDA	5.0	5.5
6	N/C [Xtal OUT]	∞	∞
7	MB	1.2	1.2
8	T/P (IF)	∞	∞
9	IF AGC	8.5	18.0
10	IF OUT2	∞	∞
11	IF OUT1	∞	∞

（3）波形检测法。

波形检测法是指运用示波器检测一体化调谐器观察 I^2C 总线信号以及输出中频信号的波形。由于有线数字电视机顶盒的中频信号频率为 36MHz 左右，因此，示波器的工作频率范围应为 50MHz 左右。另外，调谐器的信号弱，故要求示波器的输入灵敏度要高。下面是用 ST 16A 型单踪示波器测量 ALPS TDAE3－C01A 型一体化调谐器的 I^2C 总线信号及输出中频信号的波形。该示波器的工作频率只有 10MHz；输入灵敏度为 5～10mV/div，分为 9 挡；扫描速度的选择范围由 0.1～1μs/div，分为 19 挡。用这种示波器观察波形的幅度与频率不太理想。测时钟总线信号波形、测数据总线信号波形和测中频信号波形分别如图 3-33 ～图 3-35 所示。

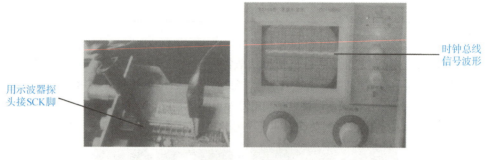

用示波器探头接SCK脚

时钟总线信号波形

图 3-33　测时钟总线信号波形图

用示波器探头接SDA脚

数据总线信号波形

图 3-34　测数据总线信号波形图

用示波器探头接IF OUT脚

中频信号波形

图 3-35　测中频信号波形图

（4）替换法。

如果通过电压、电阻和示波器的检测，确定是调谐器内部电路损坏，那么一般不能进行维修，而应直接更换。因为调谐器内部电路复杂，元器件很细，修复的难度很大。况且调谐器的市场价格也便宜，规格也多样，直接更换调谐器往往能提高工作效率。

当调谐器被损坏时，优先考虑用相同型号的调谐器进行更换，若无相同型号的调谐器时，则可用替代品。在选用替代品时，应注意以下几点：

①调谐器大小和安装尺寸与原调谐器相同。

②调谐器引脚排列方式与原调谐器相同。

③调谐器信号输入嘴的形状及长短与原调谐器相同（调谐器有长嘴和短嘴之分）。

④调谐器的供电电压与原调谐器相同。

只要符合以上要求，就可以直接更换。

5. 主电路板故障检修方法

主电路板的常见故障分为硬件故障和软件故障。若是机顶盒的软件出了故障，则需要重新输入或刷新机内程序，通常的方法是按下遥控器的菜单键，选择"系统设置"，再进入"出厂设置"，便可恢复机顶盒出厂时的程序设置。

检修主电路板的硬件故障主要是测量主电路板的供电电压是否正常，如果供电电压不正常，则要进一步查清是开关电源故障还是主电路板故障。检查主电路板供电端的故障可采用在线测量供电端的对地电阻。如惠州九联科技生产的 HSC－1100D10 型有线数字电视机顶盒的主电路板的供电端有 3.3V、5V 和 12V 三组电压，其对地电阻值如表 3-4 所示，主电路板如图 3-36 所示。用 MF47 型指针式万用表 R×100 挡测主电路板供电端的对地电阻如图 3-37 所示。

表 3-4　HSC－1100D10 型有线数字电视机顶盒主电路板供电端的对地电阻值

供电端	3.3V	5V	12V
用黑笔接地、用红笔测/Ω	650	700	6500
用红笔接地、用黑笔测/Ω	1100	9500	10000

解调、解码芯片Hi3110Q

程序存储器S29GL064

主板供电端子

9芯显示面板线连接端子

一体化调谐器TDAE3－C01

数据存储器HY5Du551622F

图 3-36　HSC－1100D10 型有线数字电视机顶盒主电路板

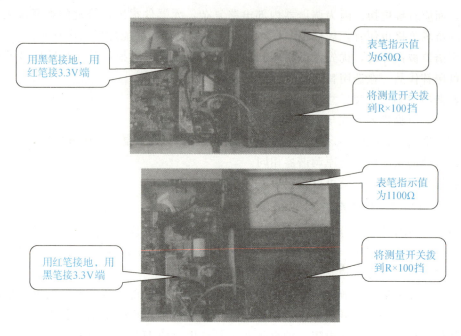

用黑笔接地，用红笔接3.3V端

表笔指示值为650Ω

将测量开关拨到R×100挡

用红笔接地，用黑笔接3.3V端

表笔指示值为1100Ω

将测量开关拨到R×100挡

图 3-37　用 MF47 型指针式万用表 R×100 挡测主电路板供电端的对地电阻

6. 操作显示面板的故障检修方法

操作显示面板的常见故障主要有以下几种。

（1）操作显示面板按键、遥控正常，能收看电视节目，但数码管无显示。该故障说明主电路板至操作显示面板之间的连接线正常，至操作显示面板的电压及 DATA、CLK、DFS 信息流三路信号都正常。应先检查液晶显示屏的驱动信号形成电路及外围引脚连线是否正常，如正常，则说明 LED 屏坏。处理方法是更换 LED 屏。

（2）机后屏幕显示正常，按键不起作用。该故障原因主要有两种：一是按键部分的扫描连接线开路；二是按键漏电或短路。一般只要对上述两个部位进行检查，就可找出故障原因。

（3）用遥控器操作不起作用。该故障主要有两种原因：一是遥控器电池无电或遥控器内部的晶振损坏；二是遥控接收部分的红外接收头不良。检查时，应先检查遥控器电池或遥控发射板上的晶振是否正常。如果正常，再检查红外接收头供电是否正常，用示波器检测信号输出脚波形是否会随遥控器操作而跳变；如果不正常，就说明红外接收头损坏，更换即可。当红外接收头不良时，会造成各种控制故障，如无规律重复某个功能动作、控制完全失效等。

操作显示面板的常见故障分为 LED 显示屏、按键和红外接头故障，检修时主要采用电压检测法、电阻检测法和示波器检测。如惠州九联科技生产的 HSC－1100D10 型有线数字电视机顶盒的操作显示面板与主电路板共有 9 根连接线，在正面板按从左到右的排列顺序编号，用 DT9205A⁺ 型数字式万用表测各连接端的电压，其值如表 3-5 所示。

表 3-5　HSC－1100D10 型有线数字电视机顶盒操作显示面板各连接线端电压值

序号	1	2	3	4	5	6	7	8	9
电压/V	0	3.37	3.32	3.34	0	4.96	4.87	0	4.97

其中，用表测量第 9 根连接线端子的电压值，如图 3-38 所示

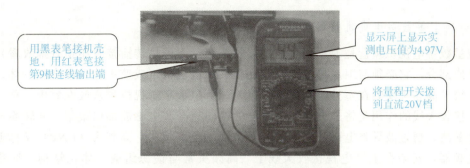

用黑表笔接机壳接地，用红表笔接第9根连线输出端

显示屏上显示实测电压值为4.97V

将量程开关拨到直流20V档

图 3-38　用表测量第 9 根连接线端子的电压值

有线电视机顶盒的红外接收头有 3 只引脚，分别是电源正极、电源负极（接地端）及信号输出端，用万用表分别测量 3 只引脚的电压便可区分这 3 只引脚。其中，电源正极和信号输出端的电压值在 5V 左右，信号输出端的电压值在按下遥控器上任一按键时会下降。测输出端电压，按下遥控器上任一键再测输出端电压分别如图 3-39 和图 3-40 所示，而电源正极的电压值没有变化。如果按下遥控器上任一按键时，信号输出端的电压值没有变化，则可判断红外接收头有故障。

用黑表笔接机壳接地，用红表笔接信号输出端

显示屏上显示实测电压值为4.86V

将量程开关拨到直流20V档

图 3-39　测输出端电压

用黑表笔接机壳接地，用红表笔接信号输出端，用手纸或其他物按下遥控器上任一键

显示屏上显示实测电压值为4.43V

将量程开关拨到直流20V档

图 3-40　按下遥控器上任一键再测输出端电压

二、卫星数字电视机顶盒

（一）卫星数字电视机顶盒的组成与工作原理

卫星数字电视机顶盒是卫星数字电视接收系统（无论是转播接收还是直接收看）中的重要组成部分，它必须与卫星接收天线、高频头和电视机（或监视器）组合成一体。卫星接收天线与高频头安装在室外，称为室外单元；卫星数字电视机顶盒放在室内，称为室内单元。接收天线的作用是将来自卫星转发器的微弱超高频电磁波加以聚集，并转换成波导中的电磁波，通过波导将电磁波还原为高频电流送给高频头。高频头（LNB）又称低噪声放大变频器，安装在卫星电视接收天线上。高频头常与馈源组成一体化结构（简称 LN-BF），便于安装、调试与使用。高频头的作用一是提高系统的载噪比；二是进行频率变换，产生第一中频信号（950～2150MHz）。卫星数字电视机顶盒是将高频头传输的第一中频信号，经过信道解码、信源解码，将传送的数字码流转换为压缩前的形式，再经 D/A 转换和视频编码后送到普通电视机。

卫星数字电视机顶盒基本组成如图 3-41 所示，它主要由一体化调谐器、QPSK 解调器、MPEG－2 解码器、视频编码器、音频 D/A 转换器、控制显示面板（键盘）、开关电源等部分组成，与前面所讲的有线电视机顶盒组成大致相同，故在此仅作简单介绍。

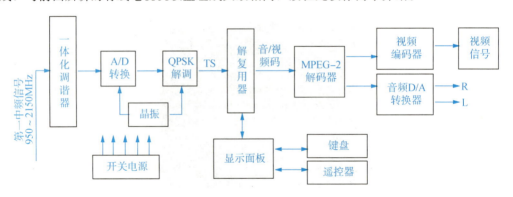

图 3-41　卫星数字电视机顶盒基本组成框图

其工作过程如下：接通开关后电源工作，并输出电压给接收机内各器件供电。高频头传输的第一中频卫星信号，送至调谐器选出所欲接收的信号，进行变频（变为 479.5MHz）、A/D 变换、QPSK 解调、信道纠错、解扰处理之后，生成标准的传输码流（TS），送入解复用器。解复用器根据所要接收电视节目的包识别符（PID）提取出相应的视频、音频和数据包，恢复出符合 MPDG－2 标准的打包的节目基本码流（PES）。把 PES 码流送入 MPEG－2 解码器，PES 数据包经过 MPEG－2 解码器芯片解压缩后，生成符合 CC IR601 格式的视频数据流和音频数据流，分别送到视频编码器和音频 D/A 转换器，视频编码器和 D/A 转换器按一定电视制式（中国为 PAL 制式）生成视、音频信号输出。

面板控制显示主要由微处理器、传感器、LED 或 LCD 显示器件、面板控制电路和遥控器组成，它的作用一是方便对接收的控制和使用，二是显示接收机的工作状态，用户可通过按键发出各种指令，以达到用户所要求的目的。

卫星数字电视机顶盒的电源通常采用脉宽调制式开关稳压电源。这种电源具有功耗小、转换效率高、工作可靠、保护完善和稳压范围宽等特点。它主要由输入整流滤波电路、逆变器、脉宽调制（PWM）电路、输出稳压电路和保护电路等组成。电源是卫星数字电视机顶盒的重要组成部分，也是卫星数字电视机顶盒发生故障较多的部位。

（二）卫星数字电视机顶盒常见故障分析与维修

卫星数字电视机顶盒是现代微电子技术、数字压缩技术与数据传输技术相结合的高科技数字化的用户终端设备之一，目前发展十分迅速，维修工作也不断增加。它不仅要求检修人员懂得卫星数字电视机顶盒的工作原理，还要求检修人员能根据故障现象准确判断故障产生的原因，并采取正确方法快速排除故障。

卫星数字电视机顶盒通常出现电视屏幕显示"无卫星信号"、图像经常停顿或有马赛克、有图像无伴音、有伴音无图像和电源电路工作异常等故障。

1. 电视屏幕显示"无卫星信号"

出现这种故障的原因如下：①由室外单元引起，有可能从天线高频头到卫星数字电视机顶盒的同轴电缆折断或F型接头接触不良，也有可能天线的方位角、仰角没调好，或天线上的高频头损坏；②机顶盒的电源单元有故障，各供电电压，包括高频头供电电压不正常，使高频头无法接收卫星信号；③设置的频道参数不正确；④机顶盒的一体化调谐器损坏；⑤传输流解复用器损坏。

检修"无卫星信号"故障，可先用其他卫星数字电视机顶盒接收。若其他机顶盒也收不到信号，则说明故障在室外单元。若其他机顶盒能正常接收，则观察故障机顶盒的"锁定"指示灯。若"锁定"指示灯不亮，则检查高频头供电电压（18V/14V）是否正常或"关断"，检查机顶盒设置频道参数设置是否正确，检查一体化调谐器供电电压（21V），若有21V电压，则继续检查解码上的三端稳压器（LM317）及其周围电路。若"锁定"指示灯亮，则说明QPSK解调或传输流解复用器有故障，可接上示波器测量QPSK解调输出的数据信号BCLK（字节时钟）、D/P（数据/极性）等控制信号。

2. 电视图像出现停顿或马赛克

电视屏幕图像出现马赛克现象，说明卫星数字电视机顶盒已接收到卫星信号，设置的频道参数与系统控制电路工作正常，造成这种故障的原因可能有以下几点。①信号太弱。查看天线高频头内有无异物（如蜘蛛等）；若卫星天线输出电缆串接的功率分配器太多，应减少串接支路或采用有源功率分配器；检查同轴电缆是否变质老化，增大了电缆传输信号的衰减。②天线或高频头的位置未调整好。重新调整天线或高频头的方位、仰角，使其对准想要接收节目的卫星。③某些机顶盒的22kHz双星接收控制要影响一体化调谐器工作，当处于"开"位置时，对一体化调谐器有干扰，应将其关上。④机顶盒内的一体化调谐器供电电路有故障。若一体化调谐器供电电压偏低或供电电压的稳定性较差，都会使调谐器的接收灵敏度降低，导致接收信号的质量变差。可以万用表测量高频头供电电压，检查供电电路。⑤机内一体化调谐器中部分电路损坏。应更换调谐器。

3. 电视图像正常但无伴音

电视屏幕上图像正常，出现无伴音或广播的故障，说明卫星数字电视机顶盒的信号接收、解复用和解码、视频编码器及其滤波网络都能正常工作，故障发生在音频D/A转换器与后续的运算放大器及其周围元件上。大多数卫星数字电视机顶盒的音频 D/A 转换器都采用 PCM1723E，因此比较容易检修。若声音全无，则可能是音频 D/A 转换器损坏，可接上示波器测量音频 D/A 转换器的左、右声道输出；若无音频信号输出，则说明音频 D/A 转换器损坏。若声音很小，则可能是运算放大器（通常为 JR4558）损坏，或运算放大器周围的电阻、电容损坏。

4. 有电视伴音，无图像或图像异常

出现频道显示正常，有电视伴音，无图像或图像异常的故障，说明卫星数字电视机顶盒的信号接收、解复用、解码均正常，故障发生在视频编辑器及其后续电路上。大部分机顶盒的视频编辑器都只通过视频滤波网络直接输出到 AV 端子，出现这种故障时，视频编辑器损坏的可能性较大，也有可能后续的滤波网络电路短路或开路；少数型号机顶盒的视频信号从视频编辑器输出后，还要经过一个运算放大器（如 MC14577）。因此，应先检查视频编辑器的视频输出端有无图像信号输出，若有图像信号，则说明故障出在后续的视频放大电路上；若出现有图像但图像颜色不正常的故障，则主要由视频滤波网络电路引起。

5. 电源电路异常

据不完全统计，卫星数字电视机顶盒的电源部分故障约占故障总数的 50％ 以上。检修电源部分的故障，可先观察机顶盒面板上的电源指示灯与数码显示管。开机后，如果发现电源的指示灯不亮，数码显示管无显示，则说明电源单元没有 5V 电压输出。机顶盒通常采用开关式稳压电源，主要输出 3.3V、5V、12V、21V、30V 等电压。

出现电源的指示灯不亮，数码显示管无显示故障后，先检查电源电路的 5V 电压是否有输出。用万用表测量电源各输出端，看是否有电压输出。若有电压，则说明电源电路无故障，此时可检查电源电路与解码板之间的连接器是否接触不良，连接电缆有无断线；若无电压输出，则说明故障在电源电路。由于电源电路的几路电压均由一个逆变器产生，若几路电压都没输出，可判断故障发生在脉宽调制器以前，一般情况下，几路电压的输出电路同时发生故障的可能性很小。这时可继续检查熔断器、输入滤波电路、桥式整流器、开关管及脉宽调制器。发现熔丝烧断后，先检查电路中有无短路现象，若有短路故障，应先排除短路故障后再换同样规格的熔丝。

若连续烧断熔丝，则说明电路中有损坏的元器件，如滤波电容漏电、整流管击穿、开关管击穿等。若熔丝未熔断，则检查整流器有无直流电压输出，若无直流电压输出，则检查整流器输入端有无交流电压输入，有交流电压，则说明整流器损坏。若整流器输出的直流电压正常，可判断故障发生在逆变器电路中，逆变器主要由开关管、脉冲变压器和脉宽调制器组成，检查时可接上示波器，在脉冲变压器的次回路中测量有无高频脉冲输出，无高频脉冲，则说明振荡电路未起振。振荡电路中的关键器件是开关管，若开关管损坏，振荡电路就不能起振。若开关稳压电源只有 5V 电压无输出，其余各路电压计、均正常，则说明故障就在 5V 输出电路中，如 5V 整流管损坏或稳压器损坏。

6. 面板控制和遥控器故障

（1）面板控制和遥控器均不起作用

这种故障往往伴随显示屏显示混乱。常见原因是微处理器或其外围电路损坏，可通

过测量微处理器各引脚直流工作电压及其在路电阻值，并与其"标准值"相比较进行判断（可用一台型号相同的机顶盒在正常工作时进行测量比较）。若某一只或几只引脚的值与对应的"标准值"相差悬殊，便说明微处理器本身或其外围电路有故障，这时应对其相应的外围电路进行检查。若外围电路无故障，可断定微处理器损坏。

（2）机顶盒"死机"故障

卫星数字电视机顶盒的所谓"死机"，就是机顶盒内解码电路陷入了死循环，且自己不能复位解除，只有人工关闭电源、再开机进行复位才能解除。而对于参数发生变化而产生的"死机"现象，则还需对其进行修改。目前，机顶盒内部自动复位的方法有软件和硬件两种。软件方法就是在解码程序中设置一个子程序，一旦"死机"，子程序启动让机顶盒自动复位。硬件方法就是用硬件产生一个复位信号，使机顶盒复位。此外，由于芯片过热或外部干扰信号（如信号弱而引起的误码等）干扰了芯片间通信而导致"死机"的情况也不少。

◀ 项目验收

一、职业技能鉴定指导

问答题

1. 数字电视按其传输途径可分为哪几种？

2. 什么是信源编码和信道编码？

3. 数字信号的纠错编码方式有哪几种？

4. 什么是基本码流？

5. 目前数字电视主要有哪几种传播方式？

6. 数字电视传输国际标准有哪三项？

7. 什么是数字电视一体机？

8. 数字电视接收机与模拟电视加机顶盒方式相比有哪些优点？

9. 什么是数字电视机顶盒？

10. 数字电视机顶盒按照信号传输方式的不同可分为哪几类？

11. 数字电视机顶盒由哪些部分组成？

12. 数字电视条件接收的定义是什么？

13. 数字电视条件接收系统由哪几部分组成？

14. 某用户在用九洲 DVC—2018TH$^+$ 有线电视机顶盒收看节目时，当电视屏幕小时，出现马赛克，有时还出现信号中断，试分析其原因。

15. 某台九洲 DVS—398E 型卫星数字电视机顶盒，开机后电源指示管与数码显示屏均不亮，试分析其原因。

二、项目考核评价表

项目名称	数字电视原理与维修				
专业能力（70％）			得分		
训练内容	考核内容	评分标准	自我评价	同学互评	教师寄语
识记数字电视基础知识（10分）	1. 了解数字电视的有关概念及数字电视在我国的应用情况； 2. 熟悉数字电视信源编码和信道编码的有关知识； 3. 熟悉传输码流的组成及其复用	优秀100％； 良好80％； 合格60％； 不合格30％			
了解数字电视传输技术与标准（10分）	1. 熟悉数字电视传输方式； 2. 了解数字电视传输标准	优秀100％； 良好80％； 合格60％； 不合格30％			
认识数字电视接收机（10分）	1. 认识数字电视接收机的相关概念； 2. 了解数字电视接收机的发展概况	优秀100％； 良好80％； 合格60％； 不合格30％			
认识数字电视机顶盒（10分）	1. 了解数字电视机顶盒的分类和发展趋势； 2. 熟悉数字电视机顶盒工作原理、基本组成和基本结构	优秀100％； 良好80％； 合格60％； 不合格30％			
了解数字电视条件接收技术（10分）	1. 学习数字电视条件接收技术定义； 2. 认识数字电视条件接收系统组成； 3. 理解数字电视条件接收关键技术； 4. 了解数字电视条件接收的重要意义	优秀100％； 良好80％； 合格60％； 不合格30％			
数字电视机顶盒电路分析与故障维修（20分）	1. 学习分析有线数字电视机顶盒电路； 2. 对于有线（卫星）数字电视机顶盒常见问题及故障，能够尝试分析出故障点，并能给出解决办法	优秀100％； 良好80％； 合格60％； 不合格30％			

续表

项目名称	数字电视原理与维修			
社会能力（30%）			得分	
团队合作意识（10分）	具有团队合作意识和沟通能力；承担小组分配的任务，并有序完成	优秀100%；良好80%；合格60%；不合格30%		
敬业精神（10分）	热爱本职工作，工作认真负责、任劳任怨，一丝不苟，富有创新精神	优秀100%；良好80%；合格60%；不合格30%		
决策能力（10分）	具有准确的预测能力；准确和迅速地提炼出解决问题的各种方案的能力	优秀100%；良好80%；合格60%；不合格30%		

项目四

摄像机原理与维修

项目描述

　　小李同学是一个电子产品发烧友，特别喜欢摆弄些电子产品，周围的同学碰到一些小毛病都会找他修理，他也是有求必应。随着数码摄像机的快速普及，有时也会有人碰到摄像机的故障请教他，小李犯了难，摄像机是集光学、电子、机械为一体的高科技产品，因此它的维修比电视机更要复杂。如果搞不清楚摄像机的基本原理，则很有可能在修理的过程中引起新的故障。知道视频设备里面有摄像机的维修这个项目，这可解决了小李的燃眉之急。

　　对于摄像机，小李既向往又担心。向往的是奇妙的摄像机功能强大、结构复杂，担心的是难以学好晦涩难懂的理论知识。但是有了之前的电视机维修经验，小李很有信心。老师说，在进行数码摄像机维修时，必须真正掌握摄像机的基本原理，针对故障能结合原理，再依照电路图进行测量分析，推断划分出故障的区域，以逐步缩小故障范围。当然，还必须具备一定的经验，仅凭经验或死记硬背一些维修实例，只能修一些常见故障，遇到特殊故障或电路稍变就无从下手。因此，作为一名数码维修人员，不但要有较强的理论基础，熟练掌握数码摄像机的原理，掌握一定的维修技巧，还必须具备正确的维修思路。

学习目标

1. 知识目标

（1）了解摄像机的分类方法，知道不同种类的摄像机的功能和应用场景。

（2）从摄像机的外观结构、内部功能、主要性能指标进一步了解摄像机。

（3）了解摄像机常用配件，镜头、遥控器、适配器、控制器的作用和选取标准。

（4）掌握数码摄像机结构、工作原理和性能指标。

（5）理解数码摄像机的摄像系统工作原理，掌握数码摄像系统的维修。

（6）理解数码摄像机的录像系统工作原理，掌握数码录像系统的维修。

(7) 理解数码摄像机的电源电路的功能模块，掌握电源电路的维修。

(8) 掌握数码摄像机的一般故障检修办法，以及常见故障的维修。

(9) 了解数码摄像机的保养知识，合理使用和保护数码摄像机，延长使用寿命。

2. 技能目标

(1) 能正确选用摄像机配件。

(2) 正确检测数码摄像机的性能指标。

(3) 能正确维修数码摄像系统。

(4) 能正确维修数码录像系统。

(5) 能正确维修电源电路。

(6) 理解摄像机的工作原理，熟练掌握摄像机的故障维修。

项目讲解

任务 1 摄像机的种类

任务分析

摄像机如何分类，这是一个难题。从厂家的产品介绍，我们基本无法进行判断。无论是几千元的摄像机，还是几万元的，都可胜任拍婚礼到拍电影，其功能好像比十几万的摄像机还要强大……

那么摄像机如何进行分类呢？其实摄像机一直有明确的用途和分类，只不过随着摄像机性能的提高，厂商为了竞争而把这件事儿弄得含糊不清。摄像机的分类方式可以从应用和画幅分辨率两个方向进行分类。

任务准备

要想弄清楚摄像机的家族成员，必须先从了解它的种类开始。

必备知识

摄像机种类繁多，应用广泛，可从如下几个角度对其进行分类。

一、按视频信号的形式分类

按所处理视频信号形式的不同，可将摄像机分为模拟式和数字式两大类。

二、按应用领域分类

按应用领域，可将摄像机分为专业制作摄像机、应用电视摄像机和家用摄像机。

（一）专业制作摄像机

应用于广播/专业电视制作的摄像机称为专业制作摄像机，其特点是图像质量高，价格也较为昂贵。按使用场合不同，又可分为如下几类。

（1）演播室/EFP摄像机。这类摄像机一般限在演播室内或电子现场节目制作（EFP）中使用，以追求图像质量等方面的高性能指标为首要目标，通常通过电缆与摄像机控制器（CCU）连接，以便在控制室或演播室集中控制。这类摄像机通常体积较大、质量重，为了既有稳固的支撑，又能灵活地进行摇、移、升降等运动，一般安装在带有滚轮和云台且高度可调的升降台上，如图4-1（a）所示。

（2）电子新闻采访（ENG）摄像机。这类摄像机主要用于现场新闻采访、外景拍摄、现场直播等台外摄录任务，因此通常是摄录一体机。这类摄像机主要追求携带方便，即体积小、质量轻，也称为便携式摄像机，拍摄时可肩扛或架在三角架上，如图4-1（b）所示，其技术性能则放在第二位。

(a) 演播室/EFP摄像机

(b) ENG摄像机

图 4-1 专业制作电视摄像机

（3）SD摄像机与HD摄像机。按制作系统的图像质量等级不同，目前大体可将摄像机分为标准清晰度（SD）和高清晰度（HD）两大类。SD为625行（PAL制）或525行（NTSC制）隔行扫描，幅型比为4∶3，图像分辨率为720像素×525行/60场（或720像素×625行/50场）。HD摄像机的幅型比均为16∶9，美国ASTV取1050行（相当子525行的2倍），欧洲数字视频带宽（DVB）取1250行（相当于625行的2倍），日本则以使它的综合业务数字广播（ISDB）制式能成为全世界HDTV制式的标准为目的，将扫描行数选为1125行（它是625和525的整数倍），以便于将其HDTV节目变换到626行或525行SD节目。

（二）应用电视摄像机

应用电视摄像机主要应用于工业、交通、医疗、安防等领域。其特点是对图像质量指标要求不如专业制作摄像机严格，但要满足诸如耐高温、防水、防震、对红外线敏感、能遥控、小型化和隐蔽性等各专业应用的特殊要求。

（三）家用摄像机

家用摄像机主要应用于家庭娱乐，追求价格低廉、小巧轻便、操作简易方便，而对性能指标的追求是第二位的。

三、按摄像器件的类型分类

摄像器件是摄像机中完成光电转换的核心部件，按其类型不同，摄像机可分如下几类。
（1）摄像管摄像机，采用阴极射线管式摄像器件，因此体积大、质量重。
（2）固体摄像机，采用半导体器件类摄像器件，因此体积小、质量轻、耗电少。

四、按摄像器件的数量分类

不同的摄像机内部使用的摄像器件数量也不相同，实用摄像机曾有四管、三管、两管和单管等多种形式。目前，常见的只有单管（片）式和三管（片）式两类。

（1）三片（管）摄像机采用三片电荷耦合器件（CCD）（或三支摄像管）分别对三基色图像进行光电转换。其特点是图像质量在清晰度和色彩方面都明显优于单片机，因此是广播/专业电视制作等对图像要求较高的应用领域的主流机种，但它往往较笨重，且需要 R、G、B 信号重合调整。

（2）单片（管）摄像机只用一片 CCD（或一支摄像管）完成三基色图像的光电转换。其结构简单、体积小、质量轻、价格低廉，但图像质量难以与三片机比拟，因此一般应用于家用摄像机或其他对图像要求不高的应用领域。

五、按摄录功能分类

摄像机按其摄录功能可分为以下两类：
（1）普通摄像机：只有摄像功能。
（2）摄录一体机：既有摄像模块，又有录像模块。按两种模块的结合程度，又可分为分离式摄录一体机和完全摄录一体机两类。前者的摄像模块配以摄像机附加器可以单独作为摄像机使用，也可与某些格式的专用录像模块构成摄录一体机。后者的摄像模块和录像模块完全组成一个整体，不可分离。

任务 2　摄像机的基本构成及工作原理

任务分析

了解了摄像机的分类之后，小李才认识到摄像机家族原来有这么多成员，常用的 DV

放在里面真是小巫见大巫了。如果要选购一台摄像机应该知道哪些知识呢？如何鉴别摄像机质量的优劣呢？要想了解这些知识可先从摄像机的外观构成开始，由外及内，慢慢入手。

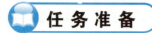

要想掌握摄像机的工作原理，必须先从了解它的外观结构和工作流程入手。

计算机、数据线。

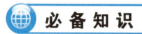

电视摄像机，简称摄像机，是电视系统的主要信号源。其主要功能是将外界景物的光像转换成符合标准的电视信号。其性能优劣直接决定着电视图像的技术质量。

一、摄像机的外观构成

摄像机虽然种类繁多，外观差异也很大，但从外观结构上看，一般都由镜头、机身和寻像器三个基本组件构成。

（一）镜头组件

镜头，也称外光学系统，其主要功能是将外界景物的入射光汇聚，并成像于摄像器件的感光面上。但在电视制作中，变焦距功能也是必不可少的。图 4-2 所示是目前电视摄像机常用的两类变焦距镜头。变焦距镜头一般由 20～30 片不同曲率的透镜和多

(a) 大型变焦距镜头　(b) 便携式变焦距镜头

图 4-2　摄像机的变焦距镜头

个伺服机构组成。伺服机构的主要作用是电动变焦、自动调节光圈和聚焦等。

（二）寻像器组件

寻像器又称取景器，是附属于摄像机的小型电视监视器。其主要功能是将摄像机拍摄到的电视图像信号显示给摄像人员，用于选景构图、调焦、检查摄像机的工作状态和图像质量，以进行正确的调整和操作。图 4-3（a）、（b）所示分别是便携式摄像机寻像器和演播室/EFP摄像机寻像器。前者的屏幕较小，其对角线尺寸大多为 1.5in；后者较大，一般有 3in、5in、7in 等几种。当然，在一些数字磁带录像机（DV）类小型摄录机中，通常采用液晶显示（LCD）寻像器，如见图 4-3（c）所示。

（三）机身组件

机身是摄像机的主体部分，其内部通常包括分色系统、摄像器件、视频处理、编码电路及系统控制电路等。当然，根据机种不同，还会包括同步信号发生电路、各种输入/输出接口电路等。

(a) 便携式摄像机寻像器　　　　(b) 演播室/EFP摄像机寻像器

(c) 小型DV摄录机LCD寻像器

图 4-3　寻像器

二、摄像机的功能构成及工作原理

（一）功能概述

　　图 4-4 是摄像机的典型结构框图，它一般由变焦距镜头、分色系统、摄像器件、视频处理、复合编码、同步发生、寻像器、I/O 接口，以及以微型计算机为核心的自动控制系统等基本功能模块构成。其基本功能过程如下：外界景物的入射光通过变焦镜头聚焦，同时由分色系统将自然光像分解成红、绿、蓝三个基色光像，最后三路光像清晰成像于三个摄像器件的感光面上（或单个摄像器件的不同区域）；三个摄像器件（或区域）同时（或分别）进行光电转换，分别输出相应的红、绿、蓝三个基色电信号 R、G、B，然后分别经过若干处理后，一起送入复合编码器，在该编码器中按图 4-4 所示的编码方法将 R、G、B 三路基色信号编码为复合视频基带信号（Composite Video Baseband Signal，CVBS）（我国习惯称之为彩色全电视信号）、分离视频信号 Y/C、色差分量视频信号 $Y/C_R/C_B$ 等，然后再经过 I/O 接口模块输出。为了形成 CVBS 信号，必须设置同步信号发生器，以形成复合编码所需的各类同步信号。而为了便于摄像取景构图和监视图像信号的技术质量，又必须设置寻像器。

（二）变焦距镜头

　　目前，彩色摄像机都采用焦距能在相当大范围内连续可变的变焦距镜头。根据几何光学，将两块焦距分别为 f_1 和 f_2 的透镜，以距离 d 并行排列，组合成焦距为 f 的复合透镜，则它们之间的关系为 $1/f = 1/f_1 + 1/f_2 - d/(f_1 f_2)$。可见，改变两个透镜间距 d 就能改变合成焦距 f。变焦距镜头正是据此设计成的，如图 4-5 听示。其中包括调焦组、变焦组、补偿组、移像组等多个光学透镜组。每个透镜组又由多片不同曲率、不同材料的透镜组成，其目的是校正镜头系统的像差和色差。

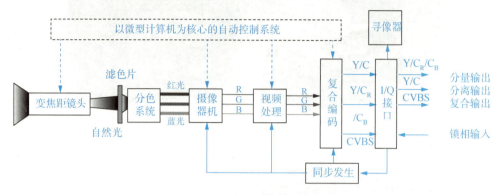

图4-4　摄像机的典型结构框图

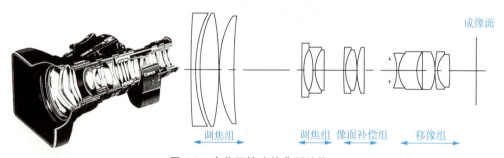

图4-5　变焦距镜头的典型结构

　　光阑就是光圈，其主要作用是控制镜头的有效透光截面积的相对孔径，最终控制摄像靶面的像场照度。而在给定照明条件下，摄像靶面的像场照度是关系到摄像机灵敏度的重要参量。相对孔径与镜头标识的光圈指数（F）成反比，最小F值对应最大的相对孔径，此时在同样的外界照明条件下，摄像靶面的像场照度最大。

（三）滤色片

　　滤色片的主要作用是对入射光线进行特定的频谱校正。一般包括色温校正滤色片、中性滤色片、红外截止滤色片、光学低通滤色片等。

（四）分色系统

　　三片机和单片机的分色系统有很大差异，前者采用分色棱镜（见图4-6（a）），后者采用分色滤色片（见图4-6（b））。

1. 分色棱镜

　　分色棱镜的作用是将镜头入射的光束分解为R、G、B三束基色光，并将它们分别投射到3个不同的摄像器件的感光面上，以便形成R、G、B三路电信号。

2. 分色滤色片

　　以摄像管为摄像器件的单片机采用R、G、B垂直重复间置的栅状滤色片，而单CCD彩色摄像机则采用网格状滤色片，无论哪一类都是通过对连续二维光像进行空间取样而获得 R、G、B 信号的。图 4-7 所示为实用的棋盘格状分色滤色片。

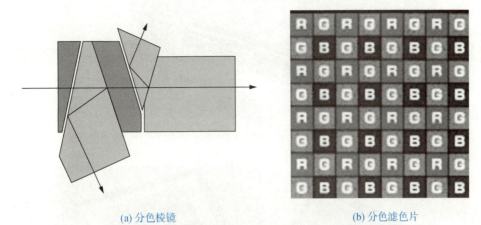

(a) 分色棱镜　　　　　　　　　　　　　　(b) 分色滤色片

图 4-6　分色系统

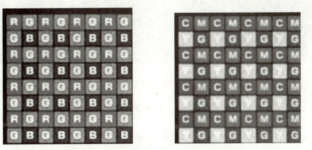

图 4-7　实用的棋盘格状分色滤色片

（五）摄像器件

1. 概述

摄像器件的主要功能是将景物光像转换为电视信号。彩色电视采摄用的摄像管主要是 20 世纪 60 年代中期发展起来的氧化铅摄像管和 20 世纪 70 年代中期发展起来的硒砷碲摄像管。20 世纪 80～90 年代固体摄像器件即电荷耦合器件（Charge Coupled Device，CCD）取代摄像管而成为主流电视摄像器件。新发展起来的互补金属氧化物半导体（Complementary Metal Oxide Semiconductor，CMOS）固体摄像器件也日益得到普及，如图 4-8 所示。

目前，应用于广播电视领域的摄像器件主要有 CCD 和 CMOS 两大类，它们都是采用 MOS 技术的半导体器件。虽然目前 CMOS 的应用还不如 CCD 普遍，但是由于 CMOS 的很多优点，随着其工艺等方面的改进、成像质量的改善、系统集成技术的应用，CMOS 将取代 CCD 成为主流摄像器件。

2. CCD 摄像器件

CCD 的突出特点是以电荷为信号，而不同于其他大多数器件是以电流或者电压为信号。构成 CCD 的基本单元是 MOS 结构，其基本功能是电荷的存储和电荷的转移。工作时，需要在金属栅极上加一定的偏压，形成势阱以容纳电荷，电荷的多少基本与入射光强成正比例关系。电荷读出时，在一定相位关系的移位脉冲作用下，从一个位置移动到下一个位置，

(a) 硒砷碲视像管

(b) CCD　　　　　　　　　　　　(c) CCMOS

图 4-8　各种摄像器件

直到移出 CCD，经过电荷－电压变换，转换为模拟信号。由于 CCD 每个像元的势阱容纳电荷的能力是有一定限制的，如果入射光过强，一旦势阱中被电荷填满，电子将产生"溢出"现象。另外，CCD 的电荷读出时，是从一个势阱到下一个势阱的电荷转移过程，存在电荷的转移效率和转移损失问题。CCD 的这种结构和工作机理，决定了这类摄像器件有以下优点。

（1）高分辨率：这取决于 CCD 光敏面的感光单元的数目，CCD 的感光单元数目一般与其对角线尺寸成正比。CCD 一般有 1/4in（3.2mm×2.4mm）、1/3in（4.8mm×3.6mm）、1/2in（6.4mm×4.8mm）和 2/3in（8.8mm×6.6mm）等规格，其中专业摄像机通常采用 2/3in。

（2）低信噪比、高灵敏度，很低照度时也能获得较强的图像信号。

（3）动态范围广。

（4）良好的线性特性曲线：输出信号大小与入射光强成良好的正比关系。

（5）大面积感光，利用半导体技术已可制造大面积的 CCD 芯片。

（6）光谱响应范围广。

（7）电荷传输效率佳，该效率系数影响信噪比、分辨率。

（8）图像畸变小、几何重现性好。

（9）体积小、质量轻。

（10）低耗电量，不受强电磁场影响。

（11）可大批量生产，品质稳定，坚固，不易老化，使用方便及保养容易。

目前，CCD 在灵敏度方面已超过摄像管摄像机一挡光圈，水平分解力达 700 电视线以上，信噪比达 60dB 以上，重合精度小于 0.05%，几何失真达到测不出的程度，彩色还原赶上氧化铅管摄像机。同时，正在克服 CCD 垂直拖尾、固定图形杂波和网纹干扰等缺点。

3. CMOS 摄像器件

由于 CMOS 采用的是半导体标准工艺制造，一方面成本降低，另一方面还可把摄像器件的其他功能模块与感光单元阵列集成到同一芯片上，以达到提高摄像机集成度、降低整机生产成本的目的。此外，CMOS 还具有体积小、耗电量更低等优点。因此，CMOS 有望取代 CCD 成为主流摄像器件。

CMOS 摄像器件的感光单元的结构目前主要有无源像素传感器（Passive Pixel Sensor，PPS）式和有源像素传感器（Active Pixel Sensor，APS）式两类。由于 PPS 式信噪比低、成像质量差，目前应用中主要采用 APS 结构。

APS 结构的感光单元内部包含一个有源器件，该放大器在感光单元内部具有放大和缓冲功能，以及良好的消噪功能，且电荷不需要像 CCD 器件那样经过远距离移位到达输出放大器，因此避免了所有与电荷转移有关的 CCD 的缺陷。另外，由于每个放大器仅在读出期间被激发，将经光电转换后的信号在感光单元放大，然后用 X－Y 地址方式读出，提高了摄像器件的灵敏度。

CMOS 与摄像 CCD 在结构和工作机理的上述差别，使得它们的功能和性能也有较大差异。CMOS 在信号读取速度、功耗、带宽、灵活性等方面均优于 CCD，是未来的发展趋势。

（六）视频处理

由于变焦距镜头、分色系统及摄像器件的特性都不是很理想，因此，经过光电转换产生的三基色电信号不仅很弱，而且存在很多缺陷，如图像细节信号弱、亮度不均匀、彩色不自然等，因此，摄像机需要设置专门电路对三基色电信号进行放大和必要的校正、补偿。该电路模块通常称为视频处理电路模块。该电路模块的设计、调节及其稳定性对图像质量的影响很大。视频处理电路主要包括预放、增益提升、增益控制、钳位、黑斑校正、白平衡与黑平衡、彩色校正、轮廓校正、γ 校正、黑/白电平控制、杂散光校正、电缆校正等功能模块。较先进的摄像机还有自动拐点、色度孔阑、超高带孔阑、软轮廓、黑扩展、黑压缩、超级彩色电路等。

1. 预放

预放模块设置在整个视频处理的第一级，用来将光电转换器件输出的 nA 或 μA 微弱电信号放大到 0.01A。摄像器件选定后，摄像机输出视频信号的权限频率、亮度变化范围或图像具有的灰度级的数量、图像彩色平衡的稳定性和视频信号的信噪比等方面的质量指标都主要由预放器决定。因此，要求预放器具有低噪声、高增益和宽频带。预放器通常使用跨导大、输入电容小的场效应晶体管放大器。

2. 增益提升

当拍摄场景的照度较低时，视频信号幅度较小，图像显得昏暗。因此，可以通过提升视频通道增益来放大视频信号，使其白电平的峰蜂值达到标准要求的 $0.7\ V_{(P-P)}$。这主要是通过提升视频通道的放大电路的增益来实现的，具体是通过增益开关的 0dB、＋6dB、＋9dB、＋12dB、＋18dB、＋24dB 等不同挡位转换来实现的。

3. 钳位

视频信号的最低频率分量反映了景物亮度的缓慢变化，一般称为直流分量。但在视频放大器中采用的交流放大器将使直流分量丢失，这将导致重现图像看不到亮度的缓慢变化，从而造成图像亮度畸变。因此，应在视频处理通道的适当位置加入钳位电路，以恢复视频信号的直流分量。

4. 黑斑校正

黑斑校正模块的作用是消除图像中的黑斑现象。由于镜头各区域透光率不一致、分色系统存在色渐变和摄像器件靶面各部分灵敏度不均匀等因素，均会引起摄录机输出的图像出现阴影或色斑，这种现象称为黑斑效应。在模拟摄像机中，对于叠加型黑斑主要通过在有畸变的视频信号上叠加一个与黑斑幅度相同、极性相反的校正信号将其消除；而对于调制型黑斑，则主要通过采用与黑斑信号波形相反的校正信号对有畸变的视频信号进行再调制的方式加以校正。

5. 白平衡与黑平衡

白平衡校正的作用是保证摄像机拍摄白色景物时重现图像为纯白而不偏色。其校正原理如下：根据场景光色温选择色温校正滤色片粗略校正色温后，将摄像机对准场景中的白色物体并推到满屏；然后，通过调整 R、G、B 三个通道增益使其信号幅度相等，即 $R：G：B＝1：1：1$，这样场景中的白色物体在图像中就呈现白色影像。

黑平衡校正的作用是保证摄像机拍摄黑色景物时重现图像为纯黑而不偏色。其校正原理如下：将摄像机对准场景中的黑色物体并推到满屏（或盖上镜头盖）；然后，通过调整 R、G、B 三个通道增益使其信号幅度相等，并钳位于 0V 电平处。目前所有摄像机都是通过微型计算机控制实现白平衡调整和黑平衡调整的。

6. 彩色校正

彩色电视是依据三基色原理实现的，因此要求彩色摄像机的分色系统具有如图 4-9 所示的理想分光特性。摄像机的光学模块无法得到理想的分光特性，因而必然带来图像失真的问题。为此，摄像机需设置彩色校正电路，以便用电子方法模拟出理想分光特性的负瓣和正瓣部分，用以弥补分色棱镜分光特性的不足，使摄像机的总分光特性尽可能接近理想。

7. 轮廓校正

轮廓校正的作用是克服孔阑失真的影响，提高重现图像质量，使图像轮廓鲜明、细节清晰。在拍摄时，无论是 CCD 的感光单元还是摄像管中的电子束，都具有一定的截面积，当它们感光和扫描到图像细节或边缘部分时，会使细节变得模糊，或使轮廓边缘的电平跳变趋于平缓。这一现象也称为孔阑失真（或孔阑效应）。为了提高重现图像质量，使图像轮廓鲜明、细节清晰，就需要在摄像机视频处理模块中设置轮廓校正电路，该电路通常又分水平轮廓校正电路和垂直轮廓校正电路。两种校正的基本方法都是采用加重轮廓边沿，使其亮处更亮、暗处更暗，从而提高图像边沿的对比度，因而轮廓显得更加鲜明、清晰。

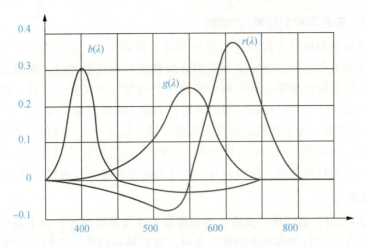

图 4-9 根据配色实验得出的 RGB 表色系的配色函数

8. γ 校正

γ 校正的作用主要有两个方面：一是对显像器件的电光转换特性的非线性进行预校正，即采用图 4-10（b）所示的曲线的转换特性补偿显像器件的非线性，使重现图像的亮度层次和颜色不失真；二是提高信噪比，采用矫正曲线的上突型传输特性，可使输入视频信号中的小幅度部分提升较大，而大幅度部分提升较小，这样就提高了视频信号小幅度部分的信噪比。

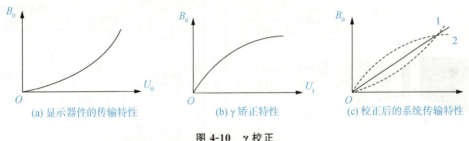

图 4-10 γ 校正

9. 杂散光校正

景物入射光从进入变焦距镜头到摄像靶面需要经过数十个界面，这些界面都存在不同程度的反射，CCD 内也存在散射，所有这些反射与散射显像产生的杂散光都会照到摄像靶面的感光单元上，从而产生一种平均电平，抬高了视频黑电平，使得本来应当为黑色的部分却有一定程度的发白，使图像仿如蒙上了一层雾或薄纱，降低了对比度和清晰度。另一方面，光的反射强度又与其波长有关，R 杂散光最强，G 次之，B 最弱。因此，杂散光又破坏了彩色平衡，尤其是黑平衡。因此，必须对杂散光产生的这些不良影响予以校正，这种校正电路称为杂散光校正电路。其基本原理如下：杂散光强弱随入射光强弱而变化，入射光越强，杂散光越强，由此而产生的平均电平也越高。据此特点，只要将平均电平检测出来，并用原视频信号减去这一平均电平，将其抬高黑电平的量消除掉，便可抑制杂散光所引起的黑电平变化，提高图像的对比度。

10. 混消隐、黑电平控制及黑/白切割

在视频处理通道的最后要将标准消隐脉冲混入视频信号，建立起 2%～5% 的黑电平，即将消隐电平和黑电平分开。当拍摄到直射光或物体的高反射光时，视频信号将会出现过高的信号电平，如不加以切除，会影响后续视频处理模块的工作。为此，需要在视频处理通道中设置一个对白峰信号进行硬切割的白切割电路，其切割电平通常在 115% 左右。大部分便携式 CCD 摄像机，为了在拍摄高反差景物时仍能保留一些过亮的景物的亮度层次，以提高亮部清晰度，一般采用动态对比度控制（DCC）电路来自动对超过一定电平的高亮度电平进行压缩，这一特定的电平称为拐点，故也称这种电路为自动拐点设定电路。

11. 电缆校正

对于演播室或 EFP 摄像机，其输出的视频信号通常要经过较长的电缆传输才送到摄像机控制单元（CCU）进行调整并供切换台切换。而同轴电缆中存在的分布电容和分布电感会使视频信号的高频成分衰减，且电缆越长，衰减越严重。因此，这类摄像机通常都设有电缆校正电路，以便提升高频。便携式摄像机通常不设置电缆校正电路，若需要用电缆进行长距离传输，则需要外接一个电缆校正器。

（七）编码器

编码器的作用是将 R、G、B 三路基色信号编码成一个亮度信号和两个色差信号，并把它们按某种电视标准组合成一路彩色全电视信号输出，如图 4-11 所示。

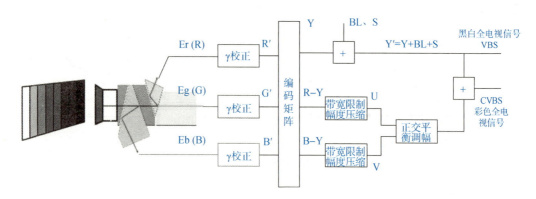

图 4-11　复合视频信号编码方法示意图

（八）同步信号发生器

同步信号发生器的作用是产生行/场推动脉冲，复合消隐脉冲、同步脉冲、K 脉冲、P 脉冲、色副载波等定时和基准信号，以供视频处理放大器、编码器及光电转换器件使用。另外，有些摄像机的同步信号发生器还可以受外来信号的控制，使输出的信号与外来信号同频同相，以便与其他信号一起送往视频切换及混合设备，参与信号的切换、编辑、混合等处理。

（九）寻像器

寻像器的主要功能是实时显示所拍摄的视频信号，提供寻像信息，监视从录像机或

CCU 返送的视频图像、摄像机状态显示、警告指标、视频信号电平指标等。

（十）自动控制系统

摄像机的自动控制系统以单片机微处理器为基础，通过预先固化在微处理器内的控制程序实现对摄像机工作状态的自动控制、调整、显示、告警等功能。

自动控制系统的主要工作有自动白平衡、自动黑平衡、自动黑电平、自动光圈控制、自动聚焦、自动电池告警、自动低亮度指示等。在自动化程度高的摄像机中，视频处理模块中各部分电路的工作状态都可以自动调节，甚至可以全自动拍摄。

三、摄像机的主要性能指标

行业标准 GY/T 109.1—1992 对摄像机的使用性能、电性能、操作功能等方面的各项指标作出了规定，并定为甲、乙两级，并由 GY/T 109.2—1992 规定的方法进行测量。下面是一些主要的性能指标。

（一）灵敏度与最低照度

灵敏度和最低照度都是反映摄像机光电转换效率的指标。

GY/T 109.2—1992 规定：照度为 2000lx±20lx、色温为 3100K±100K 的照明条件下，摄像机增益为 0dB 时拍摄反射率为 89.9% 的灰度卡，当输出视频信号电平为 $0.7V_{(P-P)}$（100%）时，镜头的光圈数（或相对孔径数）定义为摄像机的灵敏度，以"F 数"表示。

甲级摄像机的灵敏度为 F5.6，乙级摄像机的灵敏度为 F4.0。

GY/T 109.2—1992 规定：摄像机的增益为 +18dB 时，最大光圈，摄取反射率为 89.9% 的灰度卡，使视频信号电平达到 $0.7V_{(P-P)}$（100%）时所需的照度称为最低照度。甲级摄像机的最低照度应不大于 30lx（$S/N \geqslant 33dB$），乙级摄像机的最低照度应不大于 60lx（$S/N \geqslant 30dB$）。

（二）信噪比

信噪比反映摄像机输出视频信号中作为有用信息的图像信号与无用信号的噪声或噪声信号的电压之比，对不同类型的噪声，信噪比的计算方法不同。GY/T 109.2—1992 规定：摄像机的信噪比以亮度通道标准增益的不加权信噪比 S/N 表示。甲级摄像机的信噪比不应小于 57dB（5MHz 时），乙级摄像机的信噪比不应小于 54dB（5MHz 时）。

（三）分解力

分解力反映的是摄像机输出图像表现景物细节精细程度方面的能力，通常以亮度通道的中心分解力为代表，以在精密黑白监视器上人眼能够分辨的分解力卡水平方向和垂直方向最高度数（电视线）来表示。甲级摄像机的分解力不应小于 650 线，乙级摄像机的分解力不应小于 600 线。

（四）动态范围

动态范围是指摄像机输出图像所能表现的最高亮度和最低亮度之比。通常，摄像机的动态范围不超过 50：1。GY/T 109.2—1992 规定：在摄像机滤色片设为 3200K、增益置 0dB、γ 开关置 OFF、轮廓校正 DTL 开关置 ON、镜头光圈置 F5.6 时，拍摄灰度卡。调整照度，白电平达到标准值 $0.7V_{（峰-峰值）}$，在黑白图像监视器上显示正确的灰度卡图像。然后，增大光圈两挡半（即 F2.8 和 F2.0 之间，相当于约增大进光量 600%）并将 DCC 开关置 ON，此时，在图像监视器仍能区分灰度卡最亮的两阶亮条，则说明动态范围足够。否则，缩小光圈至能够分清此两条亮条为止，记下此时的光圈数，计算出实际动态范围。GY/T 109.2—1992 规定：甲、乙级摄像机的动态范围均应为 600%。

（五）几何失真

几何失真反映摄像机输出图像与原景物在几何形状方面的一致性，通常以线性卡的各区域标志圆相对锁相测试信号发生器所提供的格子信号交叉点的偏离量来表示。GY/T 109.2—1992 规定：甲、乙级摄像机的几何失真分别应小于 1%（Ⅰ区）、<2%（Ⅱ区）、<4%（Ⅲ区）。

图 4-12 所示是图像区域划分的两种方法：A 型的Ⅰ区圆直径 $D_1 = 0.8H$（H 为像高），Ⅱ区圆直径 $D_Ⅱ = H$，Ⅲ区为Ⅱ区圆外区域；B 型的Ⅰ区圆直径 $D_1 = 0.8H$（H 为像高），Ⅱ区圆直径 $D_Ⅱ = W$（W 为像宽），Ⅲ区为Ⅱ区圆外区域。

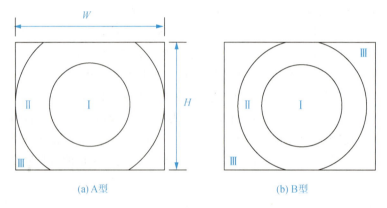

(a) A型　　　　　　　　　　(b) B型

图 4-12　几何失真划分区域示意图

（六）重合精度

重合精度反映的是 R、G、B 三路视频信号光栅重合的一致性。若出现重合误差，则图像景物就无法精确嵌套在一起，边缘出现红、绿、蓝飞边，降低了图像的清晰度和色彩逼真性。重合精度通常用 R 路（或 B 路）相对 G 路偏移量与像高之比的百分数表示，分别表示为小于 0.1%（Ⅰ区）、<0.2%（Ⅱ区）、<0.5%（Ⅲ区）。GY/T 109.2—1992 规定：甲、乙级摄像机的几何失真均应小于 0.05%（不含镜头，全画面）。

（七）其他

除了上述主要指标外，GY/T 109.1—1992 还规定了固定图形噪声、波形响应、色度特性、垂直拖影、疵点等性能指标。

任务3 摄像机配件选用

了解了摄像机的基本知识，有爱好摄像的同学就去采购了一台摄像机，可是买的时候才发现专业的摄像机都是指的裸机，不包含配件。那么摄像机都有哪些配件？该如何选用配件呢？

摄像机的配件包含有镜头、镜头遥控器、摄像机适配器、摄像器控制器等。

摄像机常用的配件。

摄像机常用的配件主要有各类镜头、寻像器、机带传声器、适配器、控制器、电缆、支承器材、电池及充电器等。其中，寻像器和变焦距镜头已在任务2中介绍过了，此处将重点介绍各类附加镜头及变焦距镜头遥控器、各类适配器和控制器、各类支承器材、电池及充电器等。

一、附加镜头

附加镜头主要是指为了满足各类特殊拍摄需要而附加安装在变焦距镜头上的各类光学器材，如附加广角镜头、附加长焦镜头、各类特殊效果镜头等，如图4-13所示。

(a) 广角镜　　　　　　(b) 长焦镜

图4-13　各类摄像机附加镜头

（一）附加广角镜

附加广角镜通常又称鱼眼镜，其主要作用将变焦距镜头的焦距进一步缩短，以扩展其视场角，通常应用于诸如小汽车车厢、小巷等狭小的场景中拍摄全景的场合，如图4-14所示。常见的附加广角镜有索尼VCL－HG0758、VCL－HC0872、VCL－HG0572及松下AG－LW－7208等。通常用诸如0.33X、0.5X、0.7X、0.8X等表示缩短焦距的倍数。

（二）附加长焦镜

在诸如野生动物生活习性、社会现象偷拍等无法靠近拍摄对象的拍摄场合，普通场焦距镜头往往无法远距离拍摄到近景、特写等近景距画面。此时，在普通变焦距镜头上附加长焦镜头，能较好地满足此类远距离吊拍的需要。常见的附加长焦镜有索尼公司的 VCL－HG1758 等。

长焦距镜头也叫增倍镜头，如果加装一个增倍镜头，可以将数码摄像机的变焦倍数提高。例如，一个 10 倍变焦的摄像机，加装 2 倍的增倍镜后，变为 20 倍变焦，如图 4-15 所示。

图 4-14　广角镜头　　　　　　　　　图 4-15　长焦距镜头

（三）特殊效果镜

特殊效果镜通过光学变换可给电视画面添加各类特殊效果。常见的特殊效果镜有色柔焦镜、色镜、色渐变镜、星光镜、多影镜、彩虹镜、近摄镜、远近镜、晕化镜、雾化镜、柔光镜、UV镜、偏振镜、夜景镜等，如图 4-16 所示。常见的品牌有法国的高坚（Cokin）、中国的冀光等。

图 4-16　常见的特殊效果镜的效果

选用特殊效果镜时除了注意效果，还要注意特殊效果镜与摄像机变焦距镜头之间的直径是否匹配。例如，法国高坚的特殊效果镜按其直径不同分 A 和 P 两个系列，其中 A 系列是标准系列，适用于 35mm 相机等直径较小（通常为 $\phi 36\sim62mm$）的镜头；P 系列则适用于各类大型相机或电视摄像机（电影摄影机）等直径较大（$44\sim82mm$）的镜头。而且其中大部分滤色镜可以层叠使用，以便获得多重特殊效果。例如，法国高坚的滤色镜系列就可通过层叠使用实现约 500 种特效。

（四）幅型比变形附加镜

幅型比变形附加镜是指通过光学变形实现画面的幅型比变换，例如通过光学变形将 16：9 的宽屏幕景物变换为 4：3 的画面，此时，景物将发生变形。

二、镜头遥控器

镜头遥控器主要用于对变焦距镜头进行聚焦、变焦、光圈等调整操作的遥控。操作时，遥控器一般安装在三脚架的操作扶手上，方便摄像人员在运动拍摄过程中进行跟焦、变焦等操作。镜头遥控器分为智能变焦遥控器和手动调焦遥控器两种，二者均可与多种常用变焦距镜头配套使用。

(a) 智能变焦遥控器　　　　　　　(b) 手动调焦遥控器

图 4-17　镜头遥控器

三、摄像机适配器

摄像机的适配器主要是指各类接口模块，常见的有电源适配器、各类视频传输接口适配器、传声器适配器、内部通话适配器、录像硬盘适配器、微波发射适配器等，其外形如图 4-18 所示。

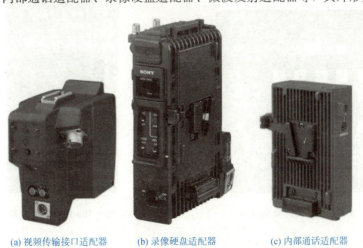

(a) 视频传输接口适配器　　　　(b) 录像硬盘适配器　　　　(c) 内部通话适配器

图 4-18　常见的摄像机适配器

(d) 电源适配器

(e) 传声适配器

(f) 微波发射适配器

图 4-18　常见的摄像机适配器（续）

四、摄像机控制器

摄像机控制器（Camera Control Unit，CCU）是演播室或 EFP 中用来遥控摄像机工作的设备。演播室或 EFP 方式中通常采用多台摄像机拍摄同一场景，这就要求各路摄像机的工作状态一致，因此需要对各路摄像机输出视频信号的零电平、幅度、时间、相位等进行集中统调，这就需要使用 CCU 在控制室或转播电视车中进行集中控制、调整。CCU 通过数百米甚至数千米长的专用多芯电视电缆与摄像单元相连，一方面，摄像单元输出的 RGB 视频信号送到 CCU，进行放大和各种校正补充处理后，按某种制式（PAL/NTSC 制）编码为模拟彩色全电视信号输出，或数字化后编码为 SDI 格式输出；另一方面，CCU 向摄像单元输送诸如同步信号、遥控操作信号、监测信号、通话联络信号等，以及向摄像单元提供各种工作电源。图 4-19 是常见的 CCU 的典型外观。

除了 CCU，还有其他类型的摄像机遥控设备，例如，索尼 MSU－700A/750 摄像机主设（见图 4-20）且在进行运动拍摄时能起到稳定机身的作用。常见的摄像机支承器材有三脚架、升降台、斯坦尼康（Steadicam）缓震器、轨道以及各类升降摇臂等，如图 4-21 所示。

图 4-19　常见的 CCU 的典型外观

图 4-20　MSU－700A/750 摄像机主设置单元

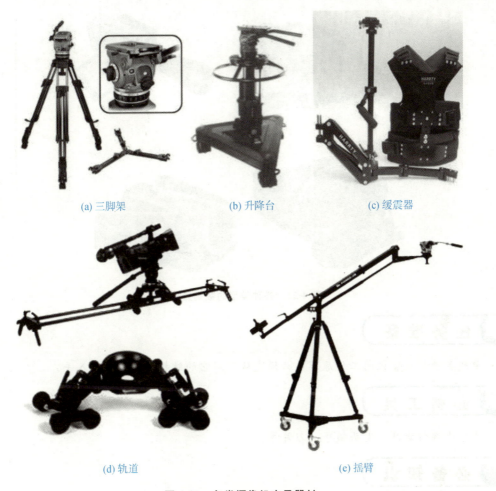

(a) 三脚架   (b) 升降台   (c) 缓震器

(d) 轨道   (e) 摇臂

图 4-21 各类摄像机支承器材

任务 4 数码摄像机的结构及工作流程

任务分析

数码摄像机又称 DV（Digital Video），即数字视频。DV 是由索尼、松下、JVC、夏普、东芝和佳能等多家公司联合制定的一种数码视频格式，然而在绝大多数场合 DV 则代表数码摄像机。与模拟摄像机相比，数码摄像机清晰度高、色彩纯正、影像质量好、体积小、质量轻。数码摄像机已经脱下它华丽的包装逐渐走入普通大众，越来越多的人开始关注它，使用它记录美好生活的点滴。图 4-22 所示为各种类型的数码摄像机。那么摄像机是如何把影像转换为视频文件记录下来的呢？

图 4-22　各种类型的数码摄像机

要想弄清楚摄像机的工作原理，必须先从了解它的结构和工作流程入手。

必备工具

十字小螺钉旋具、尖头镊子、刀片等。

必备知识

一、数码摄像机的结构

数码摄像机主要分为外部结构和内部结构，下面分别从这两个方面进行说明。

（一）数码摄像机的外部结构

数码摄像机是一种非常复杂的电子、光学及机械系统。从外观看，数码摄像机主要包括镜头、LCD 显示屏、取景器、电池、各种按键及功能调节轮（电源开关、录像按钮等）、扬声器、各种接口（1394 接口、麦克风接口等）、麦克风、存储介质（磁带、硬盘、光盘）等。图 4-23 所示为数码摄像机实物图。

其中，镜头、电子取景器、液晶显示屏等组成取景系统。取景器的作用是使拍摄者通过取景系统看到所拍摄的影像。镜头是数码摄像机中摄取景物的关键部件。在拍摄景物时，景物的光学信息必须经过数码摄像机的光学镜头才能成像到感光器件上。

电子取景器实际上是在取景器内部放置了一块微型 LCD，由于有机身和眼罩的遮挡，外界光线照不到这块微型 LCD，所以它的成像不会受到外界的影响。电子取景器的优点是可以节省电量，如果拍摄时关闭液晶显示屏使用电子取景器，则可以节省电量，增长拍摄时间。

镜头 液晶显示屏

取景器

操作面板

电池、存储卡

接头

图 4-23 数码摄像机实物图

液晶显示屏是取景系统的另一种形式，是数码摄像机的一个突出优点。液晶显示屏从图像传感器 CCD 或 CMOS 中直接提取图像信息，它能把所拍摄的图像直接显示出来，不仅能用于取景，还能够查看所拍摄的图像，同时可用于显示数码摄像机的功能菜单。液晶显示屏的缺点是耗电量很大，且易受环境光的影响，在电源电压不足的时候尤为明显。

数码摄像机各部件名称及作用如表 4-1 所示。

表 4-1 数码摄像机各部件名称及作用

名称	作用
LCD 显示屏	用来取景、浏览所拍摄图像和设置菜单
镜头	摄取所需拍摄的景物
取景器	通过取景器观察所摄景物并确认所摄景物范围等
电池	数码摄像机多采用锂电池为其提供电源，保证数码摄像机能够完成摄像工作
操作面板	常用的按键有电源开关键、录像键、变焦杆、菜单键和播放键等，这些按键可用来设置和控制数码摄像机
扬声器	播放所摄音像的声音
接口	数码摄像机的主要接口有电源接口、视频接口、音频接口、USB 接口和 IEEE 1394 接口等，这些接口分别与各种设备相连接
存储介质	数码摄像机的存储介质用来存储所摄视频文件，一般有磁带、光盘、硬盘、闪存和各种存储卡等

（二）数码摄像机的内部结构

数码摄像机的内部结构主要包括摄像系统、录像系统和电源系统三部分。表 4-2 所示为数码摄像机的内部结构及作用。

表 4-2　数码摄像机的内部结构及作用

名称	作用
摄像系统	将景物转换成动态图像，是摄取图像信号的系统。摄像系统主要包括光学系统（镜头组件）、光电系统（CCD 及驱动芯片）、摄像信号处理系统（AGC、A/D、DSP、CPU）、自动控制系统等
录像系统	将摄像系统摄取的图像信号转存到磁带或硬盘或光盘中的系统。录像系统主要包括视频信号处理系统、音频信号处理系统、系统控制系统、伺服系统、LCD 显示与取景系统等
电源系统	通过直流转换电路将电池的电压转换成数码摄像机各个部分需要的工作电压

二、数码摄像机的工作原理

数码摄像机拍摄图像的过程，实际上就是摄像和录像的过程。下面从摄像和录像两个方面分析数码摄像机的工作原理。

（一）摄像系统的工作过程

摄像系统的工作过程如下：

（1）将数码摄像机的镜头对准景物。

（2）景物反射的光线会透过镜头照射到图像传感器（CCD/CMOS）上。

（3）图像传感器将照射到其上的光信号转换成电信号，然后传送给信号放大器（AGC）进行信号放大处理。

（4）被放大后的图像电信号，接下来进入 A/D 模数转换器被转换成数字信号，再进入数字图像处理器（DSP）进行数字处理。

（5）将图像信号变成亮度和色度分离的数字信号，即经过 DSP 处理后，形成符合特定技术要求的亮度信号和色度信号。

（二）录像系统的工作过程

录像系统的工作过程如下：

（1）在摄像系统将景物图像最后处理成亮度信号和色度信号后，将此亮度信号和色度信号送入录像系统的数字视频信号处理器进行标准数字格式的信号处理。

（2）处理完后，将图像信号分成几路分别传输到 LCD/EVF 显示电路、视频信号处理电路。

（3）传输 LCD/EVF 显示电路的部分，经过 LCD 驱动器和 EVF 驱动器处理后变成亮度和色差信号被送到 LCD 显示屏和 EVF 取景器，然后驱动 LCD 显示屏和 EVF 显示屏将图像显示出来。

（4）另一路信号被送到视频数据压缩编码处理器进行压缩编码，然后传输到录放数据处理器。

（5）话筒产生的信号经音频信号处理器处理后变成音频数字信号，音频数字信号也被传输到录放数据处理器。

（6）录放数据处理器将视频信号和音频信号进行记录编码处理。

（7）处理后的信号被送到磁头放大器中进行放大，然后经磁鼓上的旋转变压器送到磁头上；与此同时，伺服系统控制磁头和磁带转动，信号就被磁头交替地以数字信号的形式记录到录像带上。

数码摄像机的录像带上还记录有控制磁极，其作用类似于电影胶片上的齿轮孔。记录时，录下控制磁极；重放时，便可以利用控制磁极来调节录像带的运行和磁鼓的转速。

三、数码摄像机的性能指标

数码摄像机的主要性能指标介绍如下。

（一）像素

数码摄像机的像素主要指数码摄像机 CCD 的像素，CCD 的像素是衡量数码摄像机成像质量的一个重要指标，像素的大小直接决定所拍摄的影像的清晰度、色彩及流畅程度。CCD 的像素基本上决定了数码摄像机的档次，现在中档数码摄相机一般为 80～133 万像素，而中高档数码摄像机一般在 200 万像素以上。

（二）镜头

数码摄像机的镜头是决定数码摄像机成像质量的重要部件，如图 4-24 所示。判断一支镜头的好坏，首先要看光学变焦倍数，这里指的是光学变焦，光学变焦倍数越大，拍摄的场景大小可取舍的程度就越大，对拍摄时的构图会带来很大的便利；其次要看镜头口径，如果口径小，那么即使再大的像素，在光线比较暗的情况下也拍摄不出好的效果来，也就是说，它将成为数码摄像机成像的一个瓶颈。

图 4-24　数码摄像机镜头

（三）光学变焦

光学变焦能力是镜头最主要的性能指标。所谓光学变焦，指的是依靠光学镜头的结构来实现变焦功能。具体来说，就是通过镜片的移动来放大或者缩小所拍摄的物体。光学变焦倍数越高，数码摄像机就能拍摄到越远处的景物。变焦的倍数自然是越高越好，但是，变焦倍数越高，镜头要求的位移空间越大，不可避免导致数码摄像机的大型化。

（四）接口类型

数码摄像机上常用的接口有两种：一种是 IEEE 1394 接口，这是把 DV 带上的内容下载至 PC 或者非编工具上的必要接口；另一种是 USB 接口，主要是为了方便把存储卡上的内容下载到 PC 中，如图 4-25 所示。

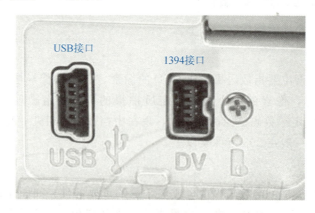

图 4-25　数码摄像机接口

（五）显示屏尺寸

数码摄像机与传统磁带摄像机最大的区别就是它拥有一个可以及时浏览图像的液晶屏。数码摄像机显示屏尺寸即数码摄像机显示屏的大小，一般用英寸（in）来表示，如 1.8in、2.5in 等，目前最大的显示屏为 3.5in。数码摄像机有两个取景器，一个是光学取景器，另一个是液晶取景器，也就是显示屏。对于小型的数码摄像机来说，大部分使用者都会选用液晶屏来取景，因为这样可以更加直观地构图取景。

购买数码摄像机的时候尽量挑选像素高、光学变焦倍数大的摄像机。

任务 5　数码摄像机的摄像系统解析与维修

　任务分析

经过前几个任务的学习，小李已经基本掌握了摄像机的结构及工作原理，他摩拳擦掌，

跃跃欲试，想尽快着手学习摄像机维修，但是，从哪学起呢？老师说，摄像机的摄像系统是摄像机工作流程的最前端，它的好坏至关重要，所以最好先从摄像系统开始学习。

要想掌握数码摄像机的摄像系统维修，首先要掌握摄像机摄像系统的结构及工作原理。

十字小螺钉旋具、尖头镊子、刀片、示波器、万用表、恒温焊台等。

必备知识

数码摄像机的摄像系统主要包括光学系统、光电系统、摄像信号处理系统、自动控制系统等。其中，光学系统的作用是接收外界的光影信息；光电系统的作用是将接收的光影信息转换成电信号；摄像信号处理系统的作用是将光电传感器转换的电信号经过放大、数模转换、图像数字处理后，将图像信号变成亮度和色度分离的数字信号，然后传送到录像系统；自动控制系统的作用是为了适应不同层次的用户使用，自动控制系统主要包括自动聚焦控制系统、自动变焦控制系统、自动白平衡控制系统等。

一、数码摄像机的光学系统

数码摄像机的光学系统主要包括镜头、光圈等。

（一）数码摄像机的镜头

数码摄像机的镜头是相机成像的关键部件。数码摄像机镜头的质量在一定程度上决定了数码摄像机的成像质量。

数码摄像机的镜头种类较多，有标准镜头、短焦距镜头（广角镜头和超广角镜头）、长焦距镜头（远摄镜头和超远摄镜头）、变焦镜头（自动光圈变焦镜头、自动光圈自动聚焦变焦镜头）等，目前数码摄像机应用较为广泛的是自动光圈变焦镜头。

数码摄像机的镜头属于光学器件，其主要由镜头保护玻璃、透镜组件、光圈、快门、低通滤光器、红外线滤光器、CCD 保护玻璃等组成，图 4-26 所示为镜头结构示意图。

镜头保护玻璃的作用是防止灰尘等进入镜头内部，污染镜头。

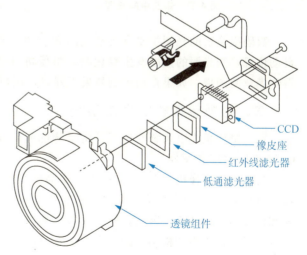

图 4-26 镜头结构示意图

低通滤光器的作用是消除伪色和波纹。低通滤光器由高品质光学用合成石英晶体制成。

低通滤光器会使数码摄像机的分辨率有所下降，所以，有些数码摄像机不采用低通滤光器。

红外线滤光器的作用是过滤光线中的红外线。由于 CCD 图像传感器对红外线较为敏感，因此在光学镜头中安置有红外线滤光器。红外线滤光器一般由高品质光学用合成石英晶体经特殊镀膜处理制成。

CCD 保护玻璃的作用是保护 CCD 感光传感器，以防止其被损坏。

快门、光圈的作用是控制通过镜头的光及光通量的大小，一般位于镜头的后部。

（二）数码摄像机的光圈

数码摄像机的光圈和数码相机的光圈功能类似，都是通过改变光圈的大小来控制光线透过镜头进入机身内 CCD 传感器上的光量。

光圈主要由一组很薄的弧形金属叶片组成，安装在镜头的透镜中间。调节镜头的光圈大小可以改变光孔的直径大小，控制通过镜头的光通量，使 CCD 上获得适宜的照度。图 4-27 所示为镜头中的光圈，图 4-28 所示为不同光圈值示意图。

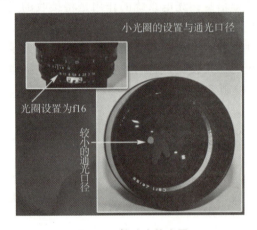

图 4-27　镜头中的光圈

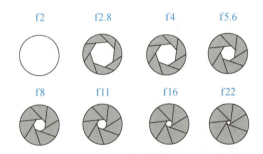

图 4-28　不同光圈值示意图

数码摄像机的光圈主要有自动光圈和手动光圈两种。在实际摄像时，通常把光圈放到自动位置，当光照的强度发生变化时，摄像机自动调节光圈，控制进入镜头的光通量，以得到满意的图像。如果自动光圈效果不好时，用户可以使用手动光圈进行调整。

二、数码摄像机的光电系统

数码摄像机光电系统的作用是将景物的光信号转化成电信号。光电系统的主要器件是 CCD 和 CMOS 传感器。

目前数码摄像机一般采用单 CCD 作为感光元件，即数码摄像机中只有一片 CCD 传感器。单片 CCD 主要负责亮度信号和彩色信号的光电转换。由于单 CCD 同时要完成亮度信号和色度信号的转换，因此，使得拍摄出来的图像在彩色还原上达不到专业水平的要求。

为了使数码摄像机拍摄的图像更加专业，有些数码摄像机采用了 3CCD，即数码摄像机中使用了 3 片 CCD。每一片 CCD 负责接收红、绿、蓝三基色中的一种颜色，并转换为电信号，然后经过电路处理后产生图像信号，这样，就构成了一个 3CCD 系统。图 4-29 所示为数码摄像机的 3CCD。

3CCD 分别用 3 个 CCD 转换红、绿、蓝信号，拍摄出来图像的彩色还原、亮度及清晰度方面比单 CCD 要好。采用 3CCD 的数码摄像机一般具有很高的信噪比、极好的敏感度及很宽的动态范围。

三、数码摄像机的摄像信号处理系统

数码摄像机的摄像信号处理系统主要用来对 CCD/CMOS 图像传感器输出的图像信号进行放大、均衡、校正、亮度及色度提取等处理，再经编码，然后输出视频图像信号。

摄像信号处理系统主要包括 AGC 信号放大器、A/D 模数转换器、DSP 数字信号处理器、摄像 CPU 等。图 4-30 所示为摄像信号处理系统组成框图。

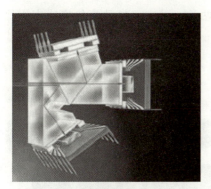

图 4-29 数码摄像机的 3CCD

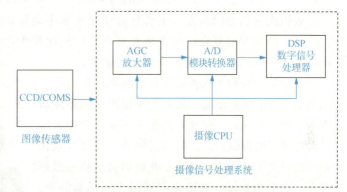

图 4-30 摄像信号处理系统组成框图

其中，AGC 信号放大器的作用是将图像传感器输出的视频信号进行放大处理。从图像传感器输出的模拟视频信号比较微弱，经过信号放大器的放大，才能达到模数转换器的输入电平要求。AGC 信号放大器内部的放大电路的放大增益可以分级控制，以适应外界景物光线强度的变化。

A/D 模数转换器的作用是将经过放大的模拟视频信号进行模数转换，转换成数字视频信号，以便在 DSP 数字信号处理器中进行处理。模数转换器电路将模拟信号转换成数字信号是取样、量化和编码的过程。取样的作用是将连续的模拟量离散化。一般取样点越多，量化层越细，就越能逼真地表示模拟信号。

从模拟信号经过取样得到离散的脉冲信号，其幅值参差不齐，需对其进行分段，把落入某一段内高低不同的幅值以单一的数值来表示，即量化。分段数越少，量化的误差越大；量化误差越大，其分辨率和精度就越低。经过量化后的信号就变成了数字信号。

数字信号处理器（Digital Siglal Processor，DSP）是数码摄像机的重要组成部分，图像信号经过模数转换器转换成数字图像信号后，在 DSP 中进行相关处理才能进入录像部分进行处理。数字信号处理器主要对经过转换后的数字图像信号进行亮度信号和色度信号的分离、黑补偿、γ 校正、白平衡、图像数据编码压缩等处理，还从图像信号中提取曝光量和对焦等信息，通过分析运算后对曝光过程和对焦组件进行控制。

摄像 CPU 是摄像系统的中央处理器，主要负责取景拍摄、调焦对焦、曝光控制等工作。摄像信号处理系统的工作过程如下：当数码摄像机的镜头对准景物时，景物反射的光线会透过镜头照射到图像传感器上，接着图像传感器将照射到其上的光信号转换成电信号，然后传送给信号放大器进行信号放大处理；被放大后的图像电信号，接下来进入 A/D 模数转换器被转换成数字信号，再进入数字图像处理器进行数字处理，将图像信号变成亮度和色度分离的数字信号，为录像系统提供图像信号。

四、数码摄像机的自动控制系统

（一）自动聚焦控制系统

数码摄像机的聚焦是指通过调整镜头的焦距使要拍摄的景物的反射光线聚焦到 CCD 影像传感器上，使景物在 CCD 上形成清晰的图像的过程。聚焦和变焦是两个不同的概念。

数码摄像机的聚焦方式主要有自动聚焦和手动聚焦两种。其中，自动聚焦方式应用比较广泛，结构相对复杂；而手动聚焦方式应用比较少，一般准专业及专业的数码摄像机才配有手动聚焦功能。下面先介绍手动聚集。

手动聚焦是指根据被拍摄景物距离的远近，手动调节镜头的对焦距离，从而使拍摄出来的图像清晰的一种对焦方式。这种方式很大程度上依赖人眼对对焦屏上影像的判别、拍摄者的熟练程度以及拍摄者的视力。目前准专业及专业数码摄像机一般都设有手动聚焦功能，以适应不同用户的拍摄需要。图 4-31 所示为可手动调节聚焦的数码摄像机。

使用手动聚焦的方法如下：先将自动聚焦切换到手动聚焦，对准被拍摄物使其位于画面的中央，并调节到最佳清晰度，利用锁定功能将焦距锁定在固定位置，再重新构图，回到原始位置。

通过手动旋转来实现聚焦

图 4-31　数码摄像机手动聚焦

1. 自动聚焦控制系统的种类

自动聚焦系统又称 AF 系统，它是指由数码摄像机根据被拍摄景物距离的远近，自动地调节镜头的对焦距离。在使用数码摄像机时，只要将聚焦开关置于自动位置，数码摄像机便会自动、准确地聚焦，从而得到清晰的图像。图 4-32 所示为 SONY 数码摄像机的自动聚焦和手动聚焦设置开关。

目前数码摄像机镜头的自动聚焦方式较多，常见的自动聚焦方式主要有两类：一类为主动式聚焦，包括红外线方式和超声波方式；另一类为被动式聚焦，包括 SST 方式和 TTL 方式。

图 4-32　聚焦设置开关

一般家用数码摄像机采用的是主动式聚焦，主动式聚焦多采用红外线方式或超声波方式。主动式聚焦的优点是不受光线条件的影响，能在完全黑暗的情况下工作；但不能透过玻璃进行工作，对吸收红外线或超声波的物体、远距离的物体也不能正常工作。

专业数码摄像机多采用被动式聚焦。被动式聚焦主要包括三角测量方式和对比度检测方式。被动式聚焦方式的优点是远距离聚焦正确，对焦没有视差；但当光线太暗和被摄体反差低时不能正常工作。

2. 自动聚焦控制系统的结构原理

根据自动聚焦的种类，下面分别讲解被动式聚焦控制系统的结构原理和主动式聚焦控制系统的结构原理。被动式自动聚焦方式中三角测量方式的结构原理请参考数码相机中的调焦机构。下面主要讲解对比度检测方式的自动聚焦控制系统。

数码摄像机的对比度检测方式自动聚焦控制系统主要由 CPU、DSP、自动聚焦处理器、A/D 模数转换芯片、聚焦驱动芯片、聚焦电机等组成。图 4-33 所示为数码摄像机自动聚焦系统结构框图。

当景物的反射光线透过镜头照射在 CCD/CMOS 传感器上时，CCD/CMOS 传感器将景物的光线转换成电荷信号，然后经过 AGC 放大处理和 A/D 模数转换器转换后，输送到 DSP 进行数字处理，将图像信号变成亮度

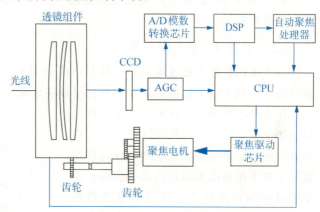

图 4-33　数码摄像机自动聚焦系统结构框图

和色度分离的数字信号，再送到录像系统中处理成为视频图像。与此同时，经过 DSP 分离的亮度信号被送到检测电路进行处理（通过检测亮度信号中的高频分量来判断镜头的聚焦状态），将亮度信号转换成直流电压。再经过 A/D 转换器转换后，输送给聚焦处理器处理，处理完后发送到 CPU 中。同时，镜头中的传感器将聚焦环、变焦、光圈的位置信号反馈给 CPU，CPU 根据聚焦环、变焦、光圈的位置信号将聚焦处理器发送的高频分量的信号变成控制信号，发送给聚焦驱动芯片。聚焦驱动芯片将 CPU 传进来的控制信号转换成聚焦电机的旋转角度及相应的脉冲数，然后驱动聚焦电机转动，带动齿轮组和镜头卡口的聚焦连接轴及镜头内的活动光学元件旋转，从而达到自动聚焦的目的。

3. 主动式自动聚焦控制系统

下面以红外线方式为例讲解主动式自动聚焦控制系统的工作原理。

当按下数码摄像机的自动聚焦按钮时，数码摄像机的聚焦系统中的红外线发射器发出红外线光束，然后红外线光束通过一块非球面聚焦透镜射出；当红外线光束遇到被拍摄景物时，会被反射回来，并由数码摄像机的红外接收器接收；红外线接收器中的感光元件在收到红外光线的照射后，产生电荷信号，该信号通过放大和 A/D 模数转换器转换后，进入CPU；然后 CPU 再结合聚焦环、变焦、光圈的位置信号，将红外线接收器传来的信号转换成聚焦电机的旋转角度及相应的脉冲数；然后驱动聚焦电机转动，带动齿轮组和镜头卡口

的聚焦连接轴及镜头内的活动光学元件旋转，从而达到自动聚焦的目的。

（二）自动变焦控制系统

数码摄像机的变焦结构用来改变镜头的焦距，通过变焦可以摄取远近不同的景物。通过变焦结构，可以调整成像景物在屏幕上的大小，从而获得远景、中景、近景和特写等不同的镜头效果。数码摄像机的变焦方式主要有自动变焦和手动变焦两种，在实际的拍摄过程中，自动变焦应用比较广泛，下面重点讲解自动变焦。

自动变焦是通过用户按动变焦键（"W"键和"T"键），由电路产生相应的控制信号来控制变焦电机的动作，带动变焦镜头组以一定的均匀速度前后移动来实现。

数码摄像机的自动变焦系统主要由镜头、CPU、A/D模数转换芯片、变焦驱动芯片、变焦电机等组成。

（三）自动白平衡控制系统

白平衡调整是指通过对数码摄像机电路的调整，达到对拍摄景物的色彩校正，使数码摄像机在不同光线下拍摄的景物的颜色尽量接近真实的颜色。

在各种不同的光线状况下，景物的色彩会产生变化。在室内钨丝灯光下，白色物体看起来会带有橘黄色色调，在这样的光照条件下拍摄出来的景物就会偏黄；但如果是在蔚蓝天空下，则会带有蓝色色调，在这样的光照条件下拍摄出来的景物会偏蓝。所以调整白平衡就是为了尽可能减少外来光线对景物颜色造成的影响，在不同的色温条件下都能还原出被摄景物本来的色彩。图4-34所示为数码摄像机变焦结构框架图。

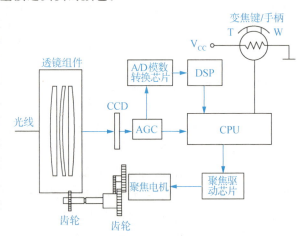

图4-34　数码摄像机变焦结构框架图

目前一般数码摄像机都具有一些白平衡调整功能。数码摄像机白平衡调整的方式主要有两种，一种是手动白平衡调整，一种是自动白平衡调整。另外，很多数码摄像机还增加了白平衡调整模式，如阴天、晴天、灯光、室内、白炽灯、荧光灯等，用户拍摄时，只要根据拍摄的环境选择白平衡模式即可。

1. 手动白平衡设置

由于白色物体反射了全部的可见光谱，所以数码摄像机把白色作为调整的标准。在进行手动白平衡调整时，白平衡机构会试图把一定范围内除了纯白色以外的其他色调调制成纯白色，如果这个部分是黄色，它会加强蓝色来减少画面中的黄色色彩，以求得到更为自然的色彩。

手动调整白平衡的方法如下：在拍摄之前，先将数码摄像机对准白纸进行拍摄，拍摄时按下数码摄像机中的白平衡按键，接着数码摄像机便会自动调整。调整好后，将调整的结果存储在存储器中，在拍摄时，数码摄像机会以预拍摄的白色作为参照，调整所拍摄景物的色彩，这样在拍摄的整个过程中都不会发生色偏的情况。

2. 自动白平衡控制系统

自动白平衡调整是指数码摄像机根据拍摄的环境自动调整白平衡，以达到最佳拍摄效果。自动白平衡调整需要自动白平衡控制系统来实现白平衡的自动调整，即通过对色度通道中的 R 信道和 B 信道的增益调整来达到自然色再现。

自动白平衡控制系统主要包括自动白平衡传感器、传感信号检测与放大电路、电压比较与输出放大电路等。其中，自动白平衡传感器一般位于镜头下面。

自动白平衡电路将 R、G、B 中的亮度分量进行分离，再经 A/D 模数转换器转换后，变成数字分量送入 CPU 中；CPU 根据运算的结果形成 R 信号通道和 B 信号信道电压来控制这两个信号放大电路的增益，通过控制增益来使 R、G、B 相等，实现白平衡调整。

任务6 数码摄像机的录像系统解析与维修

任务分析

从摄像系统出来的视频信号送入后面的录像系统存储起来，如果录像系统出了问题，那么前面的工作就白做了，所以掌握录像系统的维修也是很重要的。

任务准备

要想掌握数码摄像机的录像系统维修，首先要掌握摄像机的录像系统结构及工作原理。

必备工具

十字小螺钉旋具、尖头镊子、刀片、示波器、万用表、恒温焊台等。

必备知识

数码摄像机录像系统的功能是把摄像系统送来的视频信号和话筒送来的音频信号转换成磁信号，记录在磁带上。录像系统主要由视频信号处理系统、音频信号处理系统、系统控制系统、伺服系统、LCD 显示与取景系统等组成。

一、视频信号处理系统解析与检修

数码摄像机在录制录像时，视频信号处理系统对从摄像系统送来的视频信号进行亮度与色度信号分离、亮度信号调频、色度信号降频、预加重等技术处理后，与音频信号一起进行压缩及录放处理，再由磁鼓系统录制到磁带上；在放像时，视频信号处理系统把从磁带上获得的信号进行色度信号升频、亮度解调、加重、视频音频分离等处理而得到标准视频信号。

视频信号处理系统主要包括机械机构和视频信号处理电路两大部分。

（一）机械机构解析与检修

机械机构主要包括磁头系统、带仓机构和磁带传送系统等（硬盘数码摄像机和DVD数码摄像机中没有机械机构）。图4-35所示为录像系统中的机械机构。

其中，磁头系统的作用是把图像电信号变成磁信号；带仓机构的作用是装入和取出磁带盒，带仓是一个精密的机械系统。

磁带传送系统的作用是在磁带盒放入带仓后，将磁带从带仓中拉出缠绕在磁鼓上；同时，录像开始后，走带机构中的主导轴与压带轮负责驱动磁带，使磁带以标准速度匀速运行；录像完成后，则可将磁带从磁鼓上退下并自动收进带盒中。

图 4-35　录像系统中的机械机构

1. 磁头系统

数码摄像机的磁头系统包括磁头鼓组件、音频控制磁头组件和全消磁头组件三部分。图4-36所示为数码摄像机的磁头系统。

磁头鼓组件简称磁鼓，是一个位于带仓中央的可旋转的圆柱体。磁鼓通常分成两部分：下面的部分成为下磁鼓，固定在录像机地板上，表面刻有控制磁带行走位置的凹面导轨；上面的部分称为上磁鼓，在边缘装有两个视频磁头，这两个视频磁头被安装在磁鼓的180°对分线上。在录放过程中，上磁鼓绕中心轴快速旋转，在以一定角度包围上磁鼓柱面的磁带上形成倾斜的扫描磁迹。图4-37所示为磁鼓示意图。

图 4-36　数码摄像机的磁头系统

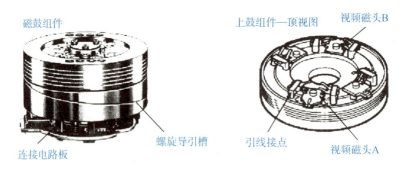

磁鼓组件　　　　　　　上鼓组件—顶视图　　视频磁头B

螺旋导引槽　　引线接点　　视频磁头A

连接电路板

图 4-37　磁鼓示意图

另外，上、下磁鼓上还分别装有旋转变压器的初、次级线圈，以把旋转的视频磁头线圈信号耦合到信号处理电路。

数码摄像机的磁鼓以每秒25转的速度旋转，磁鼓在旋转时，磁头随之旋转，同时，磁带也跟着运动，磁带在运行时包绕于磁鼓表面，相对于磁头呈螺旋状。当磁鼓高速旋转时，两个磁头轮流工作，磁头就将图像信息记录在磁带上，或从磁带上获得重放信息。

音频控制磁头组件由两个音频磁头和一个控制磁头组成，其中音频磁头可记录和重放 1～2 路音频信号，控制磁头可以录放控制信号。

全消磁头的作用是在录像状态磁带通过时，消去上面原有的全部磁迹，以待重新录上新的磁迹。全消磁头是固定式的，其宽度略大于磁带宽度。

2. 带仓机构

带仓机构是装入和取出磁带盒的精密机械系统，通过数码摄像机上的 OPEN/EJECT 开关按钮可以打开带仓。图 4-38 所示为数码摄像机中的带仓。

图 4-38 数码摄像机的带仓

带仓主要由加载电动机、机械传动机构、机械状态检测装置、系统控制电路等组成。其控制系统结构框图如图 4-39 所示。

当按下数码摄像机上的 OPEN/E-JECT 开关按钮时，OPEN/EJECT 开关按钮向带仓系统控制电路发出信号，带仓系统控制电路开始工作；接着系统控制 CPU 向加载电机驱动芯片发出控制信号，加载电机驱动芯片将接收到的控制信号转换成加载电机的旋转角度及相应的脉冲数，驱动加载电机转动，从而带动带仓机械传动机构运

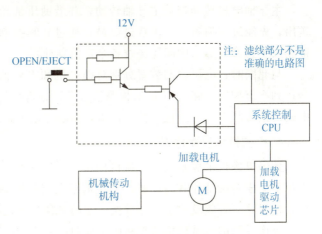

图 4-39 带仓控制系统结构框图

转，驱动带仓内的升降齿轮完成带仓托架的弹开动作。

当磁带推入带仓时，带仓内部的机械状态检测装置检测到磁带，并把检测信号发送至系统控制 CPU，然后系统控制 CPU 向加载电机驱动芯片发出控制信号，加载电机驱动芯片将控制信号转换成加载电机的旋转角度及相应的脉冲数，驱动加载电机转动，从而带动带仓机械传动机构运转，驱动带仓内的升降齿轮完成装盒动作。装盒完成后，加载电机马

上进行磁带加载，即完成录放的准备工作。装盒和加载的动作是连续的。

3. 磁带传送系统

磁带传送系统主要由供带轮、收带轮、压带轮、主导轴、加载导柱、斜导柱等组成。数码摄像机在录放过程中，借助压带轮的压力由主导轴驱动磁带走带，磁带从供带盘送出，先经过全消磁头，再绕过磁鼓，通过音频控制磁头组件以及压带轮、主导轴，最后被卷入到收带盘上，中间还要经过各个定位导柱，使磁带保持一定的走带路径。图 4-40 所示为数码摄像机的磁带传送系统。

数码摄像机磁带传送系统的工作原理如下：

当数码摄像机进入录放操作时，磁

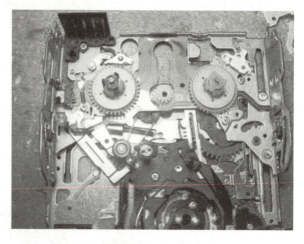

图 4-40　数码摄像机的磁带传送系统

带传动系统自动将磁带从录像带盒中拉出来，并送到规定的位置（绕到磁鼓上），完成穿带过程。接着系统控制电路向鼓电机驱动芯片和主导轴电机驱动芯片发出控制信号，随后鼓电机驱动芯片和主导轴电机驱动芯片分别驱动鼓电机和主导轴电机启动，并处于同步运转状态。

主导轴电机转动带动主导轴转动，并借助压带轮的压力驱动磁带走带；磁带从供带盘送出，先经过全消磁头，再绕过磁鼓，通过音频控制磁头组件以及压带轮、主导轴，最后被卷入到收带盘上（中间还经过各个定位导柱）。

与此同时，电机检测装置分别对鼓电机和主导轴电机的转速和相位进行检测，检测信号送到系统控制电路，CPU 对检测信号进行分析后，输出信号以时刻控制鼓电机和主导轴电机的运行状态。一旦检测信号消失，系统控制电路便下达停机指令。

4. 机械机构故障检修

数码摄像机录像系统的机械机构由于受到系统控制和伺服电路的双控制，在系统控制作用下完成对磁带加载与卸载，又在伺服电路的控制下牵引磁带以恒定速度和正确磁迹运行，使视频、音频及控制信号等按一定的录像格式记录与重放，因此是故障多发机构。

录像系统的机械机构常见故障主要包括磁鼓和磁头故障、带仓故障、磁带加载故障等。数码摄像机录像系统机械机构的主要故障是由机械部件工作不良引起的。录像系统机械机构的常见故障主要有以下几点：

（1）部件磨损，如视频磁头磨损、主轴电机轴套间隙磨损等；

（2）部件老化，如压带轮橡胶老化等；

（3）部件变形，如磁带盒变形等；

（4）机械动作不协调或机械部件装置未能按时准确到位，卡带绞带；

（5）机械部件被污染，运转阻力增大；

（6）磁鼓和磁头脏、被堵或损坏；

（7）主导轴电机、加载电机、磁鼓电机等损坏；

（8）结露传感器、带头带尾传感器等损坏；

（9）磁鼓或磁头损坏，旋转变压器损坏，磁头位置脉冲发生器损坏。

（二）视频信号处理电路解析与检修

1. 视频信号处理电路解析

视频信号处理电路主要完成视频信号的采集与记录和视频信号重放两大功能。图 4-41 为某数码摄像机视频信号处理电路组成原理图。

视频信号处理电路的工作过程如下：

当记录图像时，摄像系统将景物图像处理成亮度信号和色度信号后，将此亮度信号和色度信号送入录像系统的数字视频信号处理器进行标准数字格式的信号处理；处理完后，将图像信号送到视频数据压缩处理器中进行压缩编码，然后传输到录放数据处理器；同时，话筒产生的信号经音频信号处理电路处理后变成音频数字信号，音频数字信号也

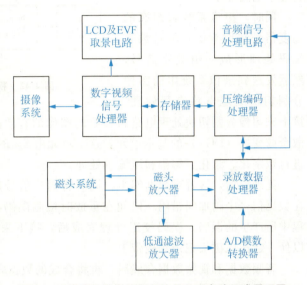

图 4-41 某数码摄像机视频信号处理电路组成原理图

被传输到录放数据处理器；接着录放数据处理器将视频信号和音频信号进行记录编码处理；处理后的信号被送到磁头放大器中进行放大，然后将放大的信号送入磁头系统中进行处理。

当重放图像时，磁头系统将磁带的信号传输到录像系统，接着经过磁头放大器进行处理后，在低通滤波放大器中进行除干扰、放大等处理后发送到 A/D 模数转换器中变成数字信号，然后发送到录放数据处理器中进行误码校正等处理，再发送到压缩编码处理器进行处理，将音频数据和视频数据进行分离，并将分离出来的音频信号发送到音频电路进行处理，然后通过音箱放出声音；同时分离出来的视频数据进入数字视频信号处理器中进行视频数据复原、分离、数模转换、编码、合成、同步处理等处理后输出复合视频信号，然后发送到显示电路进行显示。

2. 视频信号处理电路的功能原理

（1）视频信号采集与记录。

视频信号采集与记录主要是将视频信号进行模数转换、视频数字编码处理、图像分割切块处理、量化处理、数据编组、误码校正处理与 AV 合成、信号编码、记录放大等处理。图 4-42 所示为视频信号采集与记录信号流程框图。

视频信号采集与记录的原理如下：

当景物的反射光线进入摄像系统的 CCD/CMOS 传感器后，经过处理后向录像系统 输

出图像的 8 位亮度信号和色差信号。接着摄像系统将图像的亮度信号和色差信号发送到 A/D 模数转换器转换成数字信号，然后送入视频编码电路进行编码，形成色度信号，之后发送到显示电路显示。

同时，摄像系统将图像的亮度信号和色差信号经过数字编码处理形成一组数字信号，然后发送到录像系统中的图像分割切块处理电路进行处理。

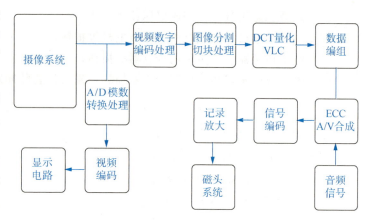

图 4-42　视频信号采集与记录信号流程框图

接下来图像分割切块处理电路将接收的图像的有效面积分割成很多像块，每个像块作为离散余弦变换（DCT）的基本单元，这个单元由 8×8 像素组成。再分别对像块中的每个单元进行数字化、量化、编码和压缩等处理。

处理完后，接着对数据编组，同时将同步信号加到数据的前面。数据编组完成后，再在数据信号中附加纠错码．以便在重放时检测误码，进行纠错和校正处理，消除在录放过程中所产生的误码。误码校正处理完成后，接下来将音频数据和视频数据合成一个信号，以便一起送入磁头记录到磁带上。

音频数据和视频数据合成后，再将合成的数据转换成适合于磁记录和重放的编码信号，以减少信号重放时的失真，并提高信噪比。最后，对经编码后的数据信号进行电流放大，供给磁头进行记录。

（2）视频信号重放。

视频信号重放主要是将磁带的磁信号进行采集、重放均衡放大、数据整形、信号解码、时基校正、纠错解码、AN 信号分离、数据恢复处理、反向 VLC、反向量化、反向 DCT、视频解码处理、数模转换处理及视频编码处理等处理。图 4-43 视频信号重放信号流程框图。

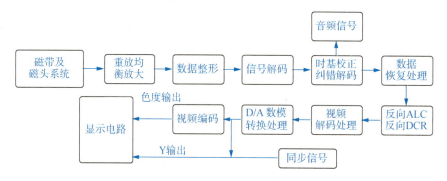

图 4-43　视频信号重放信号流程框图

视频信号重放的原理如下：

当磁带上的信号通过磁头输出到录像系统时，输出的信号首先进入重放均衡放大器进行放大，同时除去干扰和噪波。接着对放大后的信号进行整形，恢复成记录前的数据列；再通过信号解码，将数据列恢复到记录前的数据信号形式。接下来用时基校正电路消除重放数据中所包含的抖动成分；完成后通过误码校正电路对信号进行误码校正（通过对记录时所附加的纠错码信号的检测来校正误码）。误码校正之后信号进入 A/V 分离电路进行分离处理，将音频数据和视频数据进行分离，并将分离出来的音频信号发送到音频电路进行音频解码处理，然后通过音箱放出声音。

同时，分离出来的视频数据进入数据恢复处理电路，由数据恢复处理电路将其恢复成原来的像块；再经过反向 VLC、反向量化、反向 DCT 处理后，将视频 D/A 复原。接着视频解码处理电路将复原的视频数据分离成亮度信号和色差信号，再经过 D/A 数模转换器转换后变成模拟的亮度信号和色差信号；其中，色差信号再经过编码形成色度信号，而色度信号和亮度信号再合成输出复合视频信号。同时，在这个处理过程中，还要加入同步信号，然后发送到显示电路进行显示。

3. 视频信号处理电路故障检修

视频信号处理电路故障主要是由数字视频信号处理器损坏、压缩编码处理器损坏、录放数据处理器损坏、磁头放大器损坏等造成的。视频信号处理电路故障通常会出现数码摄像机记录无图像、重放时无图像、图像异常等故障现象。

二、音频信号处理系统解析与检修

音频信号处理系统在录像时，从送入录像机的声音信号（话筒和线路）中选出一路，经放大处理后，送到声音录/放磁头录制。在重放时，从声音录放磁头拾取微弱信号，经放大处理后输出到扬声器。

（一）音频信号处理系统解析

音频信号处理系统主要由话筒、扬声器、驱动放大电路、音频信号处理电路、音频信号放大器、扬声器放大器等组成。图4-44所示为音频信号处理系统原理图。

音频信号处理系统的工作过程如下：

在记录状态下，话筒信号经放大合成后，被送到音频信号处理电路；接着声音信号在音频信

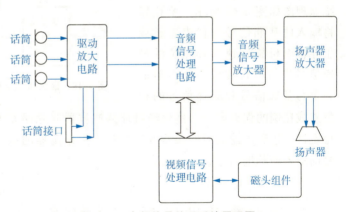

图 4-44 音频信号处理系统原理图

号处理电路中被 A/D 转换模块转换成数字信号，然后被送入音频处理模块进行音频处理，形成 16 位、48kHz 立体声的数字音频信号，再进入视频处理电路与视频数字信号合成，最后记录到磁带上。

在重放状态下，磁头输出的数字音频信号被输送到音频信号处理电路中的音频处理模块中进行音频处理。处理完后，经过 D/A 转换模块转换成模拟信号，然后传输给音频信号

放大器，经过放大后，发送给扬声器放大器，扬声器放大器经过音频控制、消音控制和放大处理后，发送给耳机和扬声器，驱动其发声。

（二）音频信号处理系统故障检修

数码摄像机音频信号处理系统故障通常会造成拍摄的图像没有声音的故障现象，主要涉及记录方面的故障和重放方面的故障。造成音频信号处理系统故障的原因主要有以下几点：

（1）音频信号处理电路故障；

（2）音频信号放大电路故障；

（3）话筒故障；

（4）MIC 接口故障；

（5）音频信号磁头录入电路故障；

（6）音频磁头故障。

三、伺服系统解析与检修

伺服系统是一种自动控制系统，其作用是消除所有干扰影响，使电动机运转精确地靠近输入基准，从而保证记录和重放的图像质量。伺服系统主要包括磁鼓伺服系统、主导轴伺服系统和张力伺服系统 3 种。

（一）磁鼓伺服系统和主导轴伺服系统

磁鼓伺服系统主要用来保证磁鼓具有精确的转速和规定相位，以使得记录在磁带上的磁迹信号符合要求；而主导轴伺服系统主要用来控制磁带的走带速度。

磁鼓伺服系统和主导轴伺服系统的控制原理基本相同，其系统原理图如图 4-45 所示。鉴相器将输入的基准信号与代表磁鼓或主导轴电机旋转速率和相位的测速信号进行相位比较，从而形成一个与基准信号和测速信号的相位差成比例的误差电压。然后经过环路滤波器滤除误差电压中的高频成分，增强系统中的

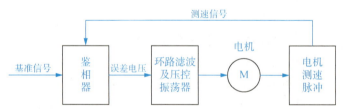

图 4-45　磁鼓伺服系统和主导轴伺服系统的控制原理图

稳定性。接着由滤波后的误差电压控制压控振荡器的振荡频率，使电机的旋转速率和相位趋向输入的基准信号。

（二）张力伺服系统

张力伺服系统主要用来控制从磁鼓出来的磁带到收带盘的张力，使磁带头与磁带尾的磁带张力完全一致，以保证收带盘能够恰到好处地卷绕磁带。由于磁带张力的大小直接影响磁带的运转，张力太大会影响主导轴牵拉磁带，张力太小则会使主导轴出来的磁带余留下来影响磁带运动甚至卡带，所以需要张力伺服系统来控制磁带的张力。

数码摄像机中的张力伺服系统主要由振荡器、发光二极管、光接收器、放大器、整流电路、带盘电机、张力臂等组成。图 4-46 所示为某摄像机张力伺服系统的伺服控制原理图。

磁带挂在张力臂上，张力臂受磁带拉动位置相对不动（张力臂下面有弹簧）。当张力臂

位置移动时，会阻挡光接收器，从而改变光接收器接收光源信号的大小。

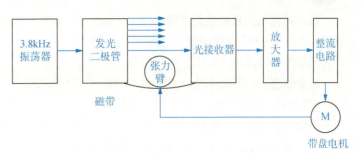

图 4-46　张力伺服系统的伺服控制原理图

（三）伺服系统故障检修

主导轴伺服系统有故障时，图像会出现规律性滚动噪波带（速度伺服故障）或固定不动噪波带（相位伺服故障）。而磁鼓伺服系统有故障时，通常图像会出现垂直方向的抖动（速度伺服故障），或图像的上下部边缘有扭曲（相位伺服故障）。张力伺服系统出现故障时，通常磁带会出现滞留等故障。

伺服系统故障一般是由于机械方面的故障引起的（如带盘电机坏、压带轮坏、穿带电动机坏及传动齿轮不灵活等），电路故障一般很少。机械方面的故障主要是缺乏保养。如果经常给走带系统和伺服系统进行保养，就会很少出现故障。

当出现伺服系统故障时，要先判断是机械方面故障还是电路方面故障。如果是机械方面故障，应大致判断出故障范围，然后仔细检查各个部件的工作情况，再进行调整和维修；如果是电路方面故障，要大致判断出故障范围，再对电路分段、分片地测量其电压和波形，逐步缩小故障范围。

四、系统控制系统解析与检修

系统控制系统的核心是系统控制 CPU，它可通过控制按键的操作确定录像机的工作状态，控制磁带的运行；还可通过自动控制电路进行带头带尾自动检测、结露自动停机、卷带自动停机等自动控制功能的实现。系统控制系统主要包括时钟电路、复位电路、自动控制电路、按键电路等。

（一）数码摄像机的时钟电路解析与检修

数码摄像机的时钟电路负责产生电路部分工作所需的时钟信号，有了时钟信号、复位信号和供电，数码摄像机的各个电路才能开始工作。时钟信号是数码摄像机电路工作的基本条件。

数码摄像机时钟电路主要由晶振、谐振电容、振荡器（一般内置在 CPU、DSP、数字视频信号处理器中）等组成。图 4-47 所示为某数码摄像机 CPU 时钟电路原理图。

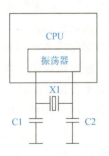

图 4-47　数码摄像机时钟电路原理图

（二）复位电路解析及检修

1. 数码摄像机复位电路解析

数码摄像机的复位电路主要为数码摄像机的电路提供复位信号。由于数码摄像机电路中的处理器较多，因此开机时，需要复位的芯片也较多，一般 CPU、图像处理芯片、视频信号处理芯片等开机时都需要复位信号。

数码摄像机的复位电路主要由复位开关、电阻、电容和CPU或视频处理器等组成。图4-48所示为数码摄像机复位电路原理图。

正常状态下，系统控制CPU的XSYS—RST端口电压为低电平，当按下复位键RESET按键时，+3.3V电压通过RESET按键、电阻 R_3 和 R_4 的分压进入CPU的XSYS—RST端口，XSYS—RST端口的电压由低电平变为高电平，CPU收到由低到高的跳变信号后，开始执行复位程序，实现复位。

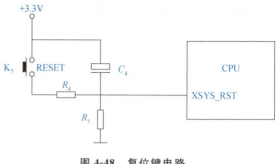

图 4-48　复位键电路

2. 数码摄像机复位电路故障维修

数码摄像机复位电路故障一般会造成无法开机的故障，复位电路故障的原因主要包括RESET按键损坏、复位电路中的电阻损坏、电容损坏、CPU或视频处理器损坏等。

复位电路的维修方法比较简单，当出现由于无复位信号而无法开机的故障时，首先检查复位电路中+3.3V复位电压是否正常，如果不正常，则检查电源电路故障。如果复位电压正常，接着检查复位电路中的电阻或电容是否损坏，如果损坏，更换即可；如果没有损坏，则是CPU或视频处理器损坏，更换即可。

（三）自动控制电路解析与检修

自动控制电路主要包括结露自动停机控制电路、带头带尾自动检测电路、卷带盘旋转自动检测电路等。

机械机构中的自动控制电路故障通常会造成相应机构无法正常工作或损坏，如卷带盘传感器出现故障将造成卷带盘无法正常旋转等故障。

自动控制电路一般比较简单，检测起来也不复杂，检测方法大体类似。自动控制电路故障主要由传感器损坏或传感器连接电缆故障所致，系统控制CPU的故障发生率非常小。

自动控制电路具体检测方法如下：

对于结露传感器，可以边吹气边测量湿敏电阻的阻值。如果湿敏电阻的阻值呈上升或下降变化，则湿敏电阻正常，否则说明湿敏电阻损坏。

对于带头带尾传感器，可采用对该传感器的光敏三极管进行光照后，检测其引脚是否导通来判断。如果光敏三极管能正常导通，说明光敏三极管正常，否则损坏。另外，还要检查一下发光二极管是否能正常发光。

对于卷带盘旋转传感器，若是光电耦合式，则与带头带尾传感器的检测方法相同；若是磁电式，可以一边旋转磁盘，一边用示波器检测霍尔元件有无信号波形输出判断。若没有波形输出，则说明霍尔元件损坏。

此外，还应检查自动控制电路中的连接电缆是否接触良好，检测电路中的电阻、电容等元器件是否损坏。如果连接线缆接触不良，重新连接；如果有损坏的元器件，更换损坏的元器件。

五、LCD 显示与取景系统解析与检修

LCD显示与取景系统主要用来取景和重放时显示拍摄的视频图像。LCD显示与取景系

统主要包括 LCD 显示电路和取景器电路。

（一）LCD 显示电路解析

数码摄像机的 LCD 显示屏主要用来取景、设置功能菜单、浏览照片、播放视频等。数码摄像机的 LCD 显示电路主要由 LCD 显示屏、LCD 驱动芯片、视频处理器、数字视频信号处理器、电容、电阻及场效应管等组成。图 4-49 所示为数码摄像机 LCD 显示电路原理图。

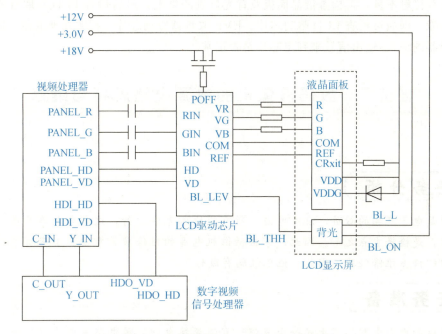

图 4-49 数码摄像机 LCD 显示电路原理图

图 4-49 中，电源管理芯片分别为 LCD 显示屏的液晶面板和背光灯管提供工作电压；数字视频信号处理器为 LCD 显示电路提供亮度信号、色差信号和液晶显示屏驱动信号；视频处理器将数字视频信号处理器传来的亮度信号和色差信号进行编码处理后输出 R、G、B 信号；LCD 驱动芯片为 LCD 显示屏提供驱动信号，同时将 R、G、B 信号解码后提供给液晶面板和背光电路。

（二）取景器电路解析

取景器简称 EVF，主要用于拍摄时取景。取景器显示电路主要由 EVF 液晶显示屏、EVF 驱动芯片、视频处理器、数字视频信号处理器、电容、电阻及场效应管等组成。EVF 取景器显示电路的工作原理与 LCD 显示电路的工作原理相同，这里不再赘述。

（三）LCD 显示与取景器电路故障检修

数码摄像机 LCD 与 EVF 取景器显示电路故障会造成无法显示、显示暗淡、显示不全、显示模糊等故障。造成数码摄像机 LCD 显示屏故障的原因主要有以下几点：

（1）LCD 显示屏或 EVF 取景器电缆接触不良。

（2）LCD 显示屏或 EVF 取景器供电问题。

（3）LCD 显示屏或 EVF 取景器背光灯损坏。

（4）液晶面板损坏。

（5）LCD 显示屏或 EVF 取景器驱动芯片损坏。

（6）视频处理电路损坏。

（7）数字视频信号处理器损坏。

对于数码摄像机 LCD 与 EVF 取景器显示电路故障，一般先检查 LCD 显示屏和取景器的电缆是否接触不良，再检查液晶面板及背光灯管的供电，最后检查 LCD 与取景器显示驱动信号故障，即通过检查 LCD 驱动芯片、EVF 取景器驱动芯片、视频处理电路、数字视频信号处理器的输入/输出信号来判定芯片是否正常。

任务 7　数码摄像机的电源电路解析与维修

任务分析

电源是电子产品的心脏，没有电源，所有模块都无法运行，这部分电路是摄像机故障易发部位，是检修重点之一。因此，掌握摄像机电源的维修非常重要。小李有了之前视频设备电源的许多维修经验，因此，他已经胸有成竹了。

任务准备

摄像机的电源电路实质上是一个直流—直流变换电源。该电路将电池或交流适配器提供的 12V 直流电压变换为各种脉冲电压，再经脉冲放大、整流或滤波后，变成多组稳定或非稳定的直流电压供机内使用。

必备工具

数码摄像机、十字小螺钉旋具、尖头镊子、刀片、示波器、万用表、恒温焊台等。

必备知识

数码摄像机的电源电路主要为光电成像元件（CCD 或 CMOS 传感器）及其驱动电路，LCD 显示屏及取景器电路，镜头变焦、聚焦、光圈、快门电机驱动控制电路，鼓电机，带盘电机，加载电机，系统控制电路，视频信号处理电路，音频信号处理电路等提供工作电压，这些部件的供电要求各不相同，往往需要很多组各不相同的供电电压及偏置电压。表4-3 所示为数码摄像机中主要单元模块需要的电压值。

表 4-3　数码摄像机各个单元模块需要的电压

单元模块名称		所需电压/V
摄像系统	CCD	+15
		−7.5~8
	快门、光圈及调焦机构	+5.0 或 +3.3
	LCD 显示屏及取景器	+5~+7
		+15~+18
	背光电路	+5~+12
	CPU	1.5~2.5 及 3.3
	A/D、DSP、存储器、接口、音频	+5.0 或 +3.3
	闪光灯	300
录像系统	视频信号处理电路及音频信号处理电路	1.5、3.3 及 5.0
	鼓电机、加载电机、带盘电机等	+5.0 或 +3.3
	传感器	+3.3

　　为数码摄像机提供电力的一般是一个简单的电池组。因为电池组的输出电压单一，而且会在一定范围内变动，所以无法直接为系统内各单元电路提供工作电压。

　　与数码相机相同，数码摄像机的电源电路也采用集成度很高的电源管理芯片来进行功率变换，通常是通过转换得到各个单元电路所需的各种工作电压。数码摄像机的电源管理芯片与其他电源管理芯片的工作原理基本相同，所以这里不再重复讲解。

　　故障现象 1：不开机，所有控制键不起作用。

　　故障分析：该故障是摄像机最为常见的故障之一。发生这类故障的原因如下：①电源电路本身有故障，而使电源各路输出电压均为零；②系统控制电路有故障，而使电源电路不能正常开启工作。

　　故障检修：检修时，首先应测量主电路板电源部分插座或测试点电压是否为 12V 左右。该点电压是电池或适配器送往机内的供电电压，若该点无电压，应检查摄像机右下角电源插座小电路板上元件是否开焊，接插件是否接触不良，适配器直流输入插座内是否接触不良等。

　　如果上述测试点电压正常时，则应继续测量 12V 电压输出脚，若无断线或脱焊，若有，则可边拨动电源开关至开机端，应着重检查系统控制电路中有关线路或元件。

　　当 12V 电压能正常，但各路电压仍无输出时，则应重点检查振荡电路是否正常。另外，要检测是否有系统控制电路送来的 4.8V 左右高电平。若一切都正常，但电路仍不工作时，可基本断定振荡电路损坏，可更换器件解决。

　　故障现象 2：开机后，电源指示灯闪亮一下即熄灭。

　　故障分析：这种故障现象表明电源电路能正常启动并产生 +5V 电压使系统控制电路瞬间工作。也说明电源电路除 +5V 电压外，其他某一路或几路电源因自身故障或负载严重短路使输出不正常，从而导致保护性停机。

故障检修：检修时，应先检查各路输出电压是否正常。由于瞬间保护无法测量，可先找准待测点再迅速拨动电源开关，利用电源打开到保护关机这一短暂的间隙，依次测量各路电压。根据检修经验，无故障的各路电压，在开机瞬间有一个短暂的升高—回落过程；而有故障的回路，电压将始终为零或升高—回落幅度极小。当通过测量查出某一路输出电路不正常时，可由输出端向前逆向检查（逐点测量瞬间电压或在路电阻），一般就可迅速找到故障点或故障元件，最常见的是相关电路电感元件断线、电容漏电、电压调整管或控制晶体管损坏等。除上述外，若发现某一路或几路输出电压偏离正常值时，可通过调节各自的反馈取样微调电阻来加以校正。

故障现象3：电池不耐用。

故障分析：电池不耐用是指在电池完好的情况下，由于摄像机电路有故障而造成电池使用时间过短的故障。这种故障一般有两种现象：一是故障机使用交流适配器正常，用电池十几分钟便自动告警电量不足而关机；二是将充满电的电池放入故障机，只有两格的电源指示，而在正常机中能指示四格。引起这一故障的原因主要有两点：①电源电路本身有故障；②系统控制电路中的电池电压检测电路有故障。另外，当电池本身因使用不当具有记忆效应或过度放电等原因损坏时，也会出现上述现象。

故障检修：检修时，应首先确认电池本身是否良好。当电池良好时，应该用万用表检测各输出电路电压。

任务8 数码摄像机的常见故障与维修

任务分析

经过前面任务的学习，小李觉得摄像机的检修是一项精细、复杂而又需要耐心的工作，不仅要求熟练掌握机器基本原理，还要不断学习，查阅资料积累大量数据，熟练、准确地应用工具仪表，具备一定的实践能力和丰富想象力。老师认为他总结得很好，但是还有一个很重要的地方，那就是摄像机维修的思路，掌握基本的维修思路往往会带来事半功倍的效果。

任务准备

掌握基本的维修思路，还必须注意维修的常规要领，即先调查、后动手，先机外、后机内，先机械、后电气，先清洗、后检修，先电源、后机器，先机头、后机身，先静态、后动态，先通病、后特殊，先外围、后内部，好心情，出成果。

必备工具

十字小螺钉旋具、尖头镊子、刀片、示波器、万用表、恒温焊台等。

摄像机是集光学、电子、机械为一体的高技术产品，因此它的维修工作非常复杂。维修时，必须真正弄懂摄像机的基本原理，碰到故障应从理论上进行分析，针对故障现象能结合原理依照电路图（或维修手册）测量分析、推断划分出故障大区域、小区域。当然，还应具有一定经验，仅凭经验或死记硬背一些维修实例，只能维修一些常规故障，遇到特殊故障或电路稍变就无从下手。因此，作为一名维修者，不但要有较强的理论基础，熟练掌握摄像机原理，掌握一定的维修技巧，还必须具有正确的维修思路。

一、初步检查

（一）故障原因

尽可能地向用户详细询问机器故障出现的全过程，如出现故障的时间、过程、现象；又如无彩色或彩色失真，那就要询问机器使用环境怎样，比如温度、湿度、照度和色温等；还要弄清机器新旧程度，是否摔过，是否修过、因何故障而修、修了哪些部位等。

（二）外观检查

检查机器是否摔过，功能开关是否松动等，造成什么影响。例如，镜头部分聚焦环、变焦环、光圈环、后焦环可能发生变形，如果是，定会影响拍摄清晰度；严重摔伤可能使电路板断裂，造成信号中断，电源开路。

（三）通电检查

通电检查是初步检查的第一步，是查明确定故障大致范围的前提条件，可避免人为故障或盲目维修。故而，开机后应细致观察拍摄与放像状态下的图像情况，如彩条以及测试卡图像，因为任何故障现象最终都要表现为图像有无或好坏。通电检查时，还应查看各种功能开关是否到位、正确。例如镜头增益开关常态下处于 0dB，否则在正常光线下拍摄画面噪波大；光圈控制开关应置于自动（A）的位置，快门开关应处于 OFF 位置等。还应依照说明书对摄像机功能菜单进行标准值恢复，菜单中的每项功能都以代码指数显示在寻像器屏幕上，便于对其功能技术指标进行量的调整，使之在不同环境场合下都能拍出最佳画面。拍摄场合不同，调整数量级则不同，否则就会影响其画质。例如，影响信噪比的有以下因素：①增益开关（GAIN）；②对比度（CONTRAST）；③轮廓信号（DTC）；④电子快门（SHUTTER）；⑤伽玛校正（Y）。影响图像清晰度的有以下因素：①总黑电平（M，BLK）；②轮廓信号；③电子快门；④帧存储（FRM）方式；⑤自动拐点。影响视频信号幅度的有以下因素：①光圈；②增益；③电子快门；④对比度。影响彩色的有以下因素：①Y 校正；②彩色矩阵。检查相关因素多一些，维修思路就宽一些。专业摄影像机还设有自诊断功能，能显示出常见故障代码，帮助维修人员查找故障范围。

二、"641" 检修法

什么是 "641" 检修法呢？"6" 指将摄像机分成视频信号部分、系统控制部分、同步发生器、电源部分、机械部分、伺服电路六大部分（区域）。"4" 是指机头的视频信号部分再分割成四小段，即光学系统、CCD 光电转换及预视放器、视频处理放大器、编码器。所谓"1"就是比较法，即充分利用每个区域、每个小段的特点，围绕故障现象的蛛丝马迹，巧妙地进行比较，通过仪器的测量、分析、比较，将故障从大区域化成小段，又由小段查到某一元件。

（一）视频信号部分检修（即机头部分）

按照上述方法将视频信号部分分割成四段进行检修，该部分原理如下：将摄入镜头的光图像进行变焦、聚焦、滤色分光处理，再将光信号转换成电信号，再对红、绿、蓝三基色电信号进行一系列处理，最后编码成全电视信号。红、绿、蓝信号在光学系统和编码器中是三路合一处理，但在 CCD 预放器和视频处理放大器中却又分开三路独自处理。假如出现缺少某一种色或单色拉道故障时，就要着重在预放器和视频处理器中查找。若是出现无图像拉黑道，就要在视频信号部分四段内查找。首先检查预视放器和视频处理器，还要查找与此相关的公共部分——电源、时钟脉冲发生器电路以及系统控制电路。查找光学系统和编码器电路，还要检查它的电源及同步发生器电路。在三基色独立处理电路中，除绿色信号经过轮廓校正对它进行延迟外，它们三路信号的电路对应相同，三路电路中每一小段输出分别设有测试点，一旦一路信号的波形有异常，可以借用其他两路测试数据进行比较，可怀疑元件用其他两路对应元件来替代确认。

（二）系统控制部分检修

系统控制电路的因果关系比较直观，在确定 CPU 工作正常后，应用比较法对各功能有关电路进行比较，查找入口、出口发生故障的原因。

（1）确认 PCU 工作状态：最直观的方法就是把快门开关置于 ON，寻像器就能直接显示出结果，因为它的输入信号仅是一个开关信号，不经任何处理直接送入 CPU。最容易的办法是将视频输出开关置于彩条位置，如光圈能自动闭合，图像又能变为彩条图像，则说明 CPU 自身正常。

（2）CPU 入口出口电路的检查：确认 CPU 工作正常后，才能对其入口出口电路进行检查。有的出、入口电路直接与 CPU 相连，电路简单，有的输入电路只是一些操作开关。比较复杂的是黑白平衡调整出入口电路，但它们之间有其特点，入口电路是共用的，且都采用差分相减、取样保持放大、A/D 转换电路。如果黑白平衡调整不好，就要找其入口电路，如果其中一个调整是好的，而另一个调整不行，那就要找各自的出口电路。出入口电路的另一特点是 CPU 输出控制视频处理器，视频处理器的输出又返送给 CPU 输入作为取样信号。例如，当白平衡开关置于预置位置，光圈不能自动闭合或打开，此故障范围定在出口和视频处理器之间。如何确定或缩小故障区域，最快的办法是换板来试，因为它们之间存在着相互影响的信号环路。

（三）同步发生器部分

同步发生器用来产生行推动脉冲、场推动脉冲、复合同步脉冲、复合消隐脉冲、副载波振荡、色同步旗脉冲、色成帧脉冲。该电路占用体积小，精度高，性能稳定可靠，它的自身电路故障很少见，不要盲目检查维修，一般只检查它的供电回路。同步发生器内的压控振荡器、行相位、副载波相位和比较电路工作稳定性是至关重要的，一旦有问题，将直接影响同步信号的稳定。

（四）电源部分检修

电源检修比较直观，只要有电路图，再掌握其电路的四个特点，就能做到快速维修。

（五）伺服电路的检修

摄像机伺服电路中的主轴伺服、鼓伺服同样受系统控制电路的控制，其电路的输出分别控制了各自的主轴电机、鼓电机、使用磁头与磁带以恒定的速度和正确的相位运行，确保视频磁头对磁迹的严格跟踪。主轴速度伺服有故障时，图像出现规律性滚动噪波带；相位伺服有故障时，图像出现固定不动噪波带。如果鼓速度伺服有故障，图像出现垂直方向抖动；相位伺服有问题，则图像的上部或下部边缘有扭曲。另外，主轴、鼓伺服输出电路功耗大、易损坏，如主轴驱动集成块损坏短路时，会造成电源自动保护；同样，由于某种原因使得电机卡死不转或机械负荷过重时也是如此。因此，判断伺服电路的故障时，还必须和机械故障联系起来，先机械后电路，必要时还要与系统控制和电源联系起来。有了宽阔的维修思路，分析故障才能有理有据。伺服电路维修与录像机伺服维修相同，还是根据故障现象大致判断出故障范围，再对电路分段、分片地测量其电压和波形，逐步缩小故障范围。

（六）机械部分检修

摄像机的机械受到系统控制和伺服电路的双控制，在系统控制作用下完成对磁带的加载与卸载，又在伺服电路的控制下牵引磁带以恒定速度和正确磁迹运行，使视频、音频及控制信号等按一定的录像格式记录与重放。其机械故障高于电路故障（故障率约占70％）。维修时，必须了解机芯的机构组成与功能，正确、熟练地按照程序进行拆卸与安装，否则安装有误或乱调会自造故障。机械部件拆卸与安装就是一个"照猫画虎"的过程。无论机械出现何种故障，首先应对它清洗再加油保养，保养过程就对机械每个部件进行详细检查的过程。

机械维修没有更多经验可谈，靠死记硬背维修实例是不能解决问题的。只有靠自己应用大量力学原理去分析、观察和想象，头脑中始终存在着每个部件在各种机械状态下受力的三维感。分析故障时，还必须注意与系统控制和伺服电路三者间相互关联的逻辑关系。

三、故障检修

故障现象1：数码摄像机电源接通后又很快断开故障是指按下数码摄像机电源开关后，电源指示灯亮数秒钟或闪动几秒钟后自动熄灭。

故障分析：由于按动电源开关按钮后指示灯亮，说明电源已有输出，因此不是电源本身故障，而是数码摄像机电源自动保护。此故障通常是数码摄像机内部电路或机械部分存在较严重故障所致。

造成数码摄像机电源接通后又很快断开故障的原因主要有以下几点：

（1）电池没电。

（2）数码摄像机结露保护。

（3）数码摄像机机械故障引起保护。

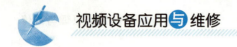

故障检修：

数码摄像机电源接通后又很快断开故障检修流程图如图 4-50 所示。

在维修数码摄像机电源接通后又很快断开故障时，首先要判断是由电池造成的故障，还是由结露保护造成的故障，或是机械故障造成的保护，再有针对性地进行维修。

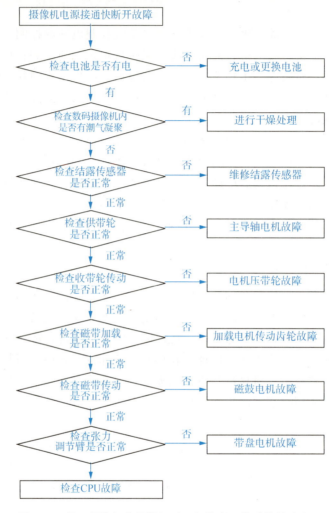

图 4-50　数码摄像机电源接通后又很快断开故障检修流程图

故障现象 2：开机后取景器中无图像故障是指打开数码摄像机电源开关，数码摄像机正常开机，并且在电子取景器上有正常的光栅显示，只是不出现图像的故障。

故障分析：取景器无图像故障主要涉及设置方面故障、光学器件方面故障、取景器本身故障、电路方面故障等。

故障检修：

数码摄像机开机后取景器中无图像故障检修流程图如图 4-51 所示。

数码摄像机开机后取景器中无图像故障维修时，首先要检查镜头盖是否取下、LCD 显示屏是否开启及数码摄像机设置问题等，然后通过检查摄录的磁带在监视器上播放是否有图像来进一步检查。

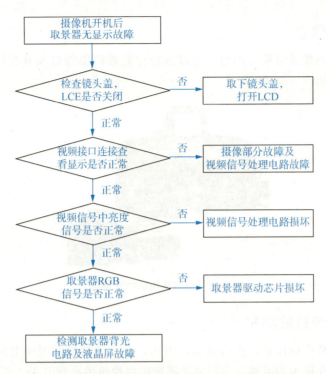

图 4-51 数码摄像机开机后取景器中无图像故障检修流程图

任务 9 数码摄像机的维护与保养

任务分析

经过前面任务的学习，小李已经完全掌握了数码摄像机的维修方法，但是东西坏了能修好固然很好，但最好的维修师是教会用户如何防止故障，避免损坏。因此，如何对摄像机进行日常保养，合理使用，尽量延长使用寿命才是根本。

任务准备

要想正确保养、使用摄像机，就需要知道摄像机有关的维护和保养知识。

必备知识

重视保养与维护数码摄像机对于今后的长期使用是非常有帮助的。

一、购买摄像包

购置一款装数码摄像机的专用包，可以方便存放数码摄像机及其配件，还可有效防止磕碰及阻挡灰尘，如图 4-52 所示。

图 4-52 数码摄像机的专用包

二、数码摄像机的防护

数码摄像机是精密的仪器，操作精细，因此，必须严格按照说明书的操作步骤进行操作。在更换电池和存储卡的时候，一定要关闭数码摄像机的电源开关，否则极易出现故障。在将数码摄像机中的视频下载到计算机上时，需要将数码摄像机与计算机用导线连接起来，在连接之前，一定要关闭数码摄像机，以免带电操作而损坏设备。

在掌握数码摄像机正确操作规程的基础上，一般来讲，使用中还要尽量避免高温高湿的环境、灰尘颗粒的侵蚀及冲击震动的损伤。

三、镜头的正确保养与维护

普通数码摄像机的镜头直径一般为 30～37 mm，大部分镜头是外露式的，所以很容易沾染上灰尘。灰尘的增加，会影响拍摄影像的质量，出现斑点或减弱图像的对比度等。

图 4-53 镜头盖

（1）在拍摄完成后，要及时关上镜头盖，镜头盖是防尘最实用的工具，可以有效地保护摄像镜头，如图 4-53 所示。

（2）在镜头上加装 UV 镜（见图 4-54），可以有效保护镜头不受污染或损伤。而且 UV 镜使用十分方便，即便脏了擦拭起来也很方便，实在受损严重时可以随时更换，价格比镜头便宜很多。

图 4-54 UV 镜

（3）避免雨点和雪花等飘落在镜头上。如果镜头不慎被雨点打湿，建议擦干后置于防潮箱（见图4-55）中。

（4）如果镜头上堆积的灰尘太多，严重影响拍摄的效果，可以用专用镜头纸（见图4-56）或专用工具擦拭，切不可用手帕、纸巾或衣角之类的东西擦试镜头。

（5）平时尽量少擦拭镜头，因为数码摄像机的镜头一般都镀有一层保护膜，经常擦拭容易造成镜头外部的保护层永久性脱落。

（6）清洁镜头的方法是先用吹气球（见图4-57）吹掉镜头表面的灰尘，但要避免灰尘吹到镜头缝隙中，否则更难处理。

图 4-55　防潮箱

图 4-56　专用镜头纸

图 4-57　吹气球

（7）如果镜头太脏，也可以用软刷来清洁。对于顽固污渍，就要使用麂皮或专用镜头布（见图4-58、图4-59）来擦拭，切忌使用毛巾、纸巾和酒精等。

图 4-58　纯天然麂皮

图 4-59　镜头布

另外，也可使用镜头笔（见图4-60）清理镜头。镜头笔的工作原理是利用碳粉的研磨效果进行清洁，因为碳粉的硬度远远低于镜头镀膜，所以不会对镜头造成损害，它是目前最好用的镜头清洁工具。

不要用镜头水直接清洗镜头，一定要用镜头纸沾水清洗，否则可能会损伤镜头的保护膜，也可能会造成镜头水沿镜头边缘渗入镜头内使镜片起雾，甚至脱胶。

图 4-60　镜头笔

注：清洁镜头的工具有镜头纸、镜头刷、镜头布、镜头清洁液、镜头笔、洗耳球、吹球和脱脂棉等。

四、液晶屏的正确保养与维护

液晶显示屏是数码摄像机上十分重要的配件，价格昂贵，极易受到损伤，因此正确的保养与维护工作是必不可少的。

（1）给液晶屏贴上一层保护膜，可保护其不被划伤、玷污。

（2）避免长时间使用液晶屏。

（3）不摄像时关掉液晶屏。

（4）经常以不同的时间间隔改变屏幕上的显示内容。

（5）将显示屏的亮度调低。

（6）显示一种全白的屏幕内容。

（7）避免剧烈的震动和重压。

（8）不要用手对着显示屏指指点点。

数码摄像机液晶屏沾上了灰尘或污渍，要用专用的清洁工具进行清洁。

五、存储卡的维护

数码摄像机使用的存储卡都很小，而且很薄，极易折断，存储卡片基上的金属触点极易被污染和划伤，所以最安全的方法就是将存储卡放入专用包装盒内或摄像机内。平时一定要将存储卡保存在干燥环境中，已存有图像文件的存储卡还要尽量避磁、避高温存放。

在数码摄像机内拔插存储卡时，必须关闭数码摄像机的电源，而且在拔插时要保持卡与插槽的平行状态，否则容易损坏数码摄像机与存储卡连接的针脚。

存储卡中影像的删除最好在数码摄像机上进行，尽量不要通过计算机对存储卡中的影像进行删除处理，因为有的数码摄像机在这种情况下会对存储卡难以识别造成无法使用，这时必须将这张存储卡拿到能够识别的其他数码摄像机上进行格式化后才可以继续使用。

六、磁头的维护

视频磁头无疑是数码摄像机的核心器件,它关系到录像、放像的图像回放质量。保护视频磁头主要从两方面入手:①应该正确选择录像带,不要使用那些劣质带,也不要使用录像质量明显有问题的录像带,因为这两种带的磁粉容易脱落,从而使磁头变脏,甚至损坏磁头。②视频磁头要定期进行清洗,将平常积累的污垢、磁带脱落下来的磁粉清洗掉。一般来说,当看到图像的颜色变浅、无色,或是图像的雪花点明显增多时,就该清洗磁头。清洁磁头主要有用专用清洗带自动清洗和用清洗液手工清洗两种方式。

(一)专用清洗带清洗

清洁带其实是一种非磁性的带子,它在磁带上涂了一层非磁性、很细、很均匀的颗粒状物质,其性质类似于非常细的砂纸。在使用清洗带时,首先将它和普通摄像带一样放置到数码摄像机中。需要注意的是,使用清洗带要遵照"即装即用"的原则,清洗带一经使用就要连续播放到带尾,中间不要停止,也不要"快进"和"快倒",让它按正常时间运转。通常清洗一次需要10s,如果录像质量还是有问题,可以再次清洗,但是清洗次数不能超过4次,如果还有问题,那就要将摄像机拿到专业维修点去维修,而不要再使用清洗带,因为清洗带属于精细研磨带,本身会对磁头造成损坏。此外,数码摄像机正处于准备状态的时候,不要将清洗带放到数码摄像机里面去,因为这时数码摄像机虽然不工作但处于"全穿带"状态,此时磁带、磁头和磁鼓紧密接触,随着机器的震动,有可能对磁头造成不必要的磨损。

(二)清洗液清洗

手动清洗这种办法也是不错的选择。在清洗前,切断电源,用蘸有无水酒精、石油醚或专用清洗液的麂皮、不起毛的布靠在磁头鼓的圆柱面上,轻轻地擦试磁头。清洗时需要注意,只能沿水平方向轻擦,不能沿垂直方向擦动;只能用手慢慢转动磁头,而不能打开电源,让磁头电机转动。此外,在擦拭时,不要将清洗液滴在橡胶元件上,否则很容易引起老化或龟裂。在清洗之后,必须等到清洗液完全蒸发后再开机使用。

七、电池的维护

现在,数码摄像机主要是靠电池提供电源。使用电池也有很多要注意的地方,这样才能使电池"延年益寿"。

(一)电池的清洁

为了避免发生电量流失的问题,需保持电池两端的接触点和电池盖子的内部干净。如果表面很脏,应使用柔软、清洁的干布轻轻地拂拭,绝不能使用清洁性或是化学性等具有溶解性的清洁剂,如稀释剂或含有酒精成分的溶剂。

(二)电池的充电

对于充电时间,则取决于所用充电器和电池,以及使用电压是否稳定等因素。通常情况下给第一次使用的电池(或很久没有用过的电池)充电,锂电池一定要超过6h,镍氢电池则一定要超过14h,否则日后电池寿命会较短。而且电池还有残余电量时,尽量不要重复充电，以确保电池寿命。

（三）电池的使用

使用过程中要避免出现过放电情况。过放电就是一次消耗电能超过限度，否则即使再充电，其容量也不能完全恢复，这是对电池的一种损伤。由于过放电会导致电池充电效率变低，容量降低，所以在出现此类情况时，应及时更换电池。

（四）电池的保存

如果打算长时间不使用数码摄像机，必须将电池从数码摄像机或是充电器内取出，并将其完全放电，然后存放在干燥、阴凉的环境，而且尽量避免将电池与一般的金属物品存放在一起。为了避免电池发生短路问题，在不用电池时，应用保护盖将其保存。此外，新电池一定要按照说明书要求，前两次充电达到一定时间，这样才能使电池使用得更加长久。

项目验收

一、职业技能鉴定指导

（一）填空题

1. 从外观结构上看，摄像机一般都由_____、_____和_____等三个基本组件构成。

2. 按应用领域分摄像机可分为_____、_____和_____。

3. 附加镜头有_____、_____、_____和_____。

4. 摄像机配件有_____、_____、_____和_____。

5. 数码摄像机的摄像系统由_____、_____、_____和_____构成。

（二）问答题

1. 摄像机有哪些分类方法？

2. 简述摄像机的性能指标。

3. 什么是电子取景器？有什么作用？

4. 简述数码摄像机的性能指标。

5. 简述数码摄像机的工作原理。

6. 数码摄像机的光圈作用是什么？

7. 数码摄像机的摄像信号处理系统有什么作用？

8. 数码摄像机电源有什么作用？

9. 简述数码摄像机的常规维修思路。

10. 什么是"641"检修法？

11. 应怎样防护数码摄像机？

12. 应如何保养和维护镜头？

13. 怎样保养和维护存储卡？

二、项目考核评价表

项目名称	摄像机原理与维修				
专业能力（70％）			得分		
训练内容	考核内容	评分标准	自我评价	同学互评	教师寄语
摄像机的种类（5分）	1. 了解摄像机的分类方法； 2. 了解不同种类的摄像机的功能及应用场景	优秀 100％； 良好 80％； 合格 60％； 不合格 30％			
摄像机的基本构成及工作原理（10分）	1. 掌握摄像机的外观构成； 2. 理解摄像机的功能构成及工作原理； 3. 掌握摄像机的主要性能指标	优秀 100％； 良好 80％； 合格 60％； 不合格 30％			
摄像机配件选用（5分）	了解摄像机常用的配件及使用方法	优秀 100％； 良好 80％； 合格 60％； 不合格 30％			
数码摄像机结构及工作流程（10分）	1. 掌握数码摄像机的内部结构； 2. 理解数码摄像机工作原理； 3. 掌握数码摄像机的性能指标	优秀 100％； 良好 80％； 合格 60％； 不合格 30％			
数码摄像机的摄像系统解析与维修（10分）	1. 掌握数码摄像机摄像系统的组成； 2. 掌握数码摄像机的摄像信号处理系统的工作原理； 3. 掌握数码摄像机的摄像自动控制系统的工作原理	优秀 100％； 良好 80％； 合格 60％； 不合格 30％			

续表

项目名称	摄像机原理与维修			
数码摄像机的录像系统解析与维修（10分）	1. 掌握数码摄像机录像系统的组成； 2. 掌握数码摄像机的视频、音频信号处理系统的工作原理与检修； 3. 掌握数码摄像机的伺服系统的工作原理与检修； 4. 掌握数码摄像机的自动控制系统的工作原理与检修； 5. 掌握 LCD 显示与取景系统原理与检修	优秀100％； 良好80％； 合格60％； 不合格30％		
数码摄像机的电源电路解析与维修（5分）	掌握数码摄像机的电源电路原理与维修	优秀100％； 良好80％； 合格60％； 不合格30％		
数码摄像机的常见故障与维修（10分）	1. 掌握基本的维修思路，还必须注意维修的常规要领； 2. 掌握"641"检修法	优秀100％； 良好80％； 合格60％； 不合格30％		
数码摄像机的维护与保养（5分）	1. 掌握正确保养使用摄像机专业知识； 2. 掌握摄像机维护和保方法	优秀100％； 良好80％； 合格60％； 不合格30％		
社会能力（30％）		得分		
团队合作意识（10分）	具有团队合作意识和沟通能力；承担小组分配的任务，并有序完成	优秀100％； 良好80％； 合格60％； 不合格30％		
敬业精神（10分）	热爱本职工作，工作认真负责、任劳任怨、一丝不苟，富有创新精神	优秀100％； 良好80％； 合格60％； 不合格30％		
决策能力（10）	具有准确的预测能力；准确和迅速地提炼出解决问题的各种方案的能力	优秀100％； 良好80％； 合格60％； 不合格30％		

项目五

录像机原理与维修

录像设备为视频监控和广播领域做出了巨大的贡献，为人们保留了珍贵的数据信息及重要的视频资料，其能否正常运行直接影响着人们的生活。

某小区近日发生了偷盗事件，可是物业安保却没有收到报警信号，业主前去物业查询 DVR 录像时，回放有马赛克及不清晰的现象，有个别线路直接没有图像，没有起到监控和调查证据的作用。你能分析是什么原因导致这些问题发生的吗？

◀ 学习目标 ▸

1. 知识目标

（1）了解录像设备的分类及主流录像技术。

（2）了解磁带录像技术及数字磁带录像机的组成，认识常用数字磁带录像机。

（3）了解硬盘录像技术，认识 DVR，理解网络存储技术。

（4）了解光盘录像机的发展、特点及常用光盘录像机。

（5）认识松下公司的 P2 卡及常见的 P2 产品。

2. 技能目标

（1）熟悉常用数字录像设备的操作与使用。

（2）掌握数字磁带录像机和 DVR 常见故障及其维修。

（3）掌握数字磁带录像机和 DVR 日常维护及保养。

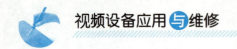

任务 1 录像技术概况

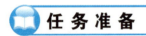

你还记得自己看过的电影播放方式和影片存储形式吗？20世纪90年代以前看的电影基本都是通过放映机投放的电影胶片，20世纪90年代以后想看电影就常去租VCD或DVD的碟片，而现在网络普及以后，想看某个电影的话就更方便了，在计算机或移动电话上观看即可。这个看电影的过程也从侧面反映了录像技术的发展。

任务准备

大部分人都亲身体会了录像制品的发展过程，录像技术也经历了模拟到数字，磁带到磁盘、光盘的过程，下面就具体叙述录像技术的知识。

必备知识

一、电视录像设备的种类

录像设备是以磁记录、光盘记录、半导体记录技术为基础的视频信号记录和重放系统。它是闭路电视监视系统中的记录和重放装置，也是电视制作与播出的重要设备。电视录像设备种类很多，可从以下不同角度对其进行分类。

（一）按性能等级分类

按记录图像的质量高低不同，可将电视录像设备分为三类。

（1）广播级录像设备：主要用于电视节目制作与播出，属于最高档的录像机，其录放质量及其他各方面性能指标都很高。

（2）业务级录像设备：主要用于非广播领域，如电化教学、工业生产、医疗卫生等，这类录像机的质量及性能指标都要低于广播级录像机，价格也较为便宜。

（3）家用录像设备：主要用于家庭娱乐，其质量比前两种录像机都低。但家用录像机具有体积小、质量轻、操作方便、价格低廉的特点，适合家庭使用。

（二）按存储介质分类

按存储介质不同，可将电视录像设备分为3类。

（1）磁介质录像设备：主要以磁带、磁盘等为存储介质的录像系统。目前，广播/专业级录像设备主要使用磁带和硬磁盘。

（2）光盘介质录像设备：主要以光盘为存储介质的录像系统。目前，光盘广泛用于非广播领域，如电化教学、工业生产、医疗卫生等，这类摄像机的质量及性能指标都要低于广播级录像机，价格也较为便宜。在广播/专业级录像机中应用的只有日本索尼公司的所谓"专业光盘"（即蓝光盘 BD）。

（3）半导体介质录像设备：主要以半导体记录卡等为存储介质的录像系统。目前，半导体记录介质主要应用于家用级低端摄/录像机。在广播/专业级录像机中应用的只有日本松下公司在其 SD 存储卡技术的基础上发展起来的所谓 P2 卡。

（三）按磁带宽度分类

按磁带宽度不同，可将磁带录像机分为 2in 录像机、1in 录像机、3/4in 录像机、1/2in 录像机、8mm 录像机、1/4 录像机六类。

其中，2in、1in 录像机已成为历史，目前在电视节目制作及播出中使用较多的是 1/2in 的模拟或数字录像机。

（四）按记录视频信号的形式分类

按记录视频信号的形式不同，可将磁带录像机分为模拟复合录像机、模拟分量录像机、数字分量录像机、数字复合录像机四类。分量录像机与复合录像机的区别是，分量录像机中亮、色度信号分别在各自的通道中进行处理，并分别用各自的磁头进行录放；而复合录像机中，亮、色度信号最终要复合在一起，用同一个或同一组磁头进行录放。

（五）按记录信号的形式分类

按记录信号的形式不同，可将磁带录像机分为模拟录像机和数字录像机两大类。

二、主流电视录像技术

（一）磁记录技术

所谓磁记录技术是指利用电磁感应原理，把声音、图像转换成电信号，以电信号形成的磁场去磁化磁性介质，使信息记录在介质上并能重放的技术。具体是在记录信息时，运用电磁效应原理将携带信息的电信号转换成具有相同变化规律的磁场，然后将磁性记录介质层磁化，并以介质层的剩磁的形式形成表示信息的物理标志长期保持下来；而在读出信息时，利用相反的电磁转换规律将磁性记录介质层上的信息物理标志转换成重放端输入的电信号。

磁记录是当代信息存储的主流技术。无论是作为计算机的外存设备，还是在录音和录像等广播电视专业或消费类电子产品领域，虽然有半导体和光存储等技术的激烈竞争，但磁记录仍保持主导地位。这不仅因为磁记录具有优异的记录性能、应用灵活、价格便宜，在技术上仍具有相当大的发展潜力。在可以预见的将来，磁记录技术仍是信息存储领域中的主流存储技术，仍然具有不可取代的主导地位。

根据所记录的信号类型、记录介质的物理形式或信号编码方式等区别，磁记录应用可采用不同的方法进行分类。目前，通常将磁记录应用分为数字磁记录和模拟磁记录两大类。模拟磁记录是将信息转换为连续的电信号，再将电信号对应为磁信号，存入记录介质中。主要要求磁记录材料的剩余磁化强度和输入信号成正比，以保证被记录信号和输入信号之间有较好的线性关系。数字磁记录将信息数字化，转换为二进制数字信号而被存入介质中。

目前，数字磁记录方式已经广泛应用于各应用领域的视、音频记录，如广播电视制作的数字磁带录像机、数字磁带录音机、家用娱乐的数字录像机等。

由于电视信号的频带宽、最高频率高等特点，人们熟悉的盒式录音机所采用的涂敷磁带、环形磁头及纵向（水平）记录方式，除了对进带的要求特别高，还要求很高的走带速度，从而所要求的磁带量是惊人的，因此无法用于录像。1956年，Ampex公司提出了采用进头沿进带横向扫描的方法，使破带录像机取得突破，这时所用的磁带宽度为5.0cm，进头横向扫描速度高达40cm/s，进带纵向走带速度也有38cm/s。到1976年，随着技术的进一步改进，日本

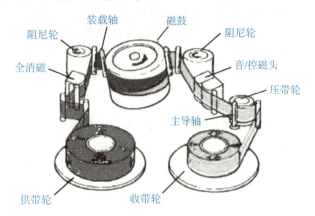

图 5-1　螺旋扫描式磁带磁头系统

的公司提出了采用磁头螺线扫描的方法（图5-1所示是螺旋扫描式磁带磁头系统的结构），使系统的结构坚固紧凑，成本下降，从而引进到消费电子产品，成为现在已十分普遍的家用录像机。

磁记录在另一方面的重要发明是IBM公司于1957年提出的用于数字数据存储的旋转式硬磁盘装置，如图5-2所示。其主体是固定在旋转轴上的若干片刚性磁盘（在铝片上涂上磁性记录材料而形成）组成的磁盘堆，磁盘两面均可记录数据，多个读/写磁头沿垂直于磁盘方向排成一列，分别从盘片两面读/写信息。由于磁盘堆的旋转轴是空气轴承，旋转时可使读/写磁头相对于盘片呈悬浮状，二者不接触，因而可大大提高头—盘相对速度。这不仅证明该设备具有高度的可靠性和数据传输率，而且有利于

图 5-2　旋转式硬磁盘

随机存取时磁头沿盘片径向快速运动，因而使这种硬磁盘数字记录装置成为计算机普遍采用的在线外存储器。

磁盘阵列（Redundant Arrays of Independent Disks，RAID）是由许多台磁盘机或光盘机按一定规则，如分条、分块、交叉存取等，来备份数据、提高系统性能。通过阵列控制器的控制和管理，盘阵列系统能够将几个、几十个甚至几百个盘连接成一个磁盘，使其容量高达几百至上千GB。RAID技术有多种实现方式，通常将其分为RAID 0、RAID 1、RAID 2、RAID 3、RAID4、RAID 5、RAID 6、RAID 7等不同等级。图5-3所示为DELL MD3600i iSCSI SAN存储阵列系列。

图 5-3 MD3600i iSCSI SAN 存储阵列系列

（二）光盘记录技术

1. 光盘存储技术发展概况

光盘存储技术是指用光学方式在一个称为光盘的存储介质圆盘上读/写信息的一种信息存储技术。早在 20 世纪 60 年代，激光发明后不久，人们便注意到激光的一个主要特点，就是可将其聚焦成能量高度集中的极小光点。这一特点为超高密度的光存储系统提供了可能，于是人们开始了高密度光存储系统的研究开发。到 20 世纪 70 年代后期，利用光读/写信息技术的存储设备终于走出了实验室，成为商品推向市场。先是激光视盘（LVD）系统（其中最为大家熟识的是 LD），接着是激光唱片（CD－DA）系统，后来又是应用于计算机存储的 CD－ROM 等光盘技术产品纷纷推向市场。20 世纪 90 年代以来，光盘存储技术取得长足进展，先是有 DVD 在计算机存储、家用影音等领域取得成功。后来，又有 HD-DVD、蓝光盘（Blue－ray Disc）等高新格式光盘纷纷进入市场竞争。目前，直径为 120mm 的单面单层光盘的存储容量，从 CD 的 680MB 提升到 BD 的 27GB。2008 年 2 月 19 日，随着 HD DVD 领导者东芝宣布在 3 月底退出所有 HD-DVD 相关业务，持续多年的下一代光盘格式之争正画划上句号，最终由 SONY 主导的 HD 胜出，成为下一代光盘的标准。

2. 光盘

对光盘的分类主要可从以下两个角度进行。

一是按光盘物理结构和信号记录的物理格式不同，可将光盘分为 LD（Laser Disc）类（盘面直径 300mm）、CD（Compact Disc）类、DVD（Digital Versatile Disc）类、HD-DVD（High Density DVD）类和 BD（Blue－my Disc）类等。其中，HD-DVD 是由东芝、NEC 和三洋等公司提出的新一代光盘标准，得到了华纳等 4 家著名电影公司的支持；而 BD 是由索尼提出的新一代光盘标准。各类光盘的外观如图 5-4 所示。

二是按光盘存储介质读/写机理的不同，可将光盘可分为只读型、只写一次型和可擦写型等。只读型光盘的特征是用户只能读取光盘上的信息，而不能修改或重写其内容。只写一次型光盘的特征是可以读、写，但不能擦除。这类光盘可以是磁光型（MO），也可以是相变型（PC）。通常可擦写（Rewritable 或 Erasable，即 RW 或 RAM）类驱动器可对只写一次型（WORM）光盘进行读/写操作。可擦写型光盘类似于磁盘，用户可对记录在其上的信息进行反复读、擦、写。

目前，CD 类光盘有 CD－ROM、CD－R 和 CD－RW 三大类；DVD 类光盘则有 DVD－ROM、DVD－R（类似于 CD－RW，容量为 4.7GB）、DVD＋R（类似于 DVD－R，容量为 4.7GB，支持 16 倍速写入数据）、DVD－RW（类似于 CD－RW，容量为 4.7GB）、DVD＋RW

LD光盘　　　　　　　　CD/DVD光盘　　　　　　　BD光盘

图 5-4　各类光盘的外观

（支持 4 倍速写入数据，无须预刻引导槽，容量为 4.7GB）和 DVD－RAM（光盘带保护封套，DVD－RAM 1.0 版单面单层的容量为 2.58GB，双面单层为 5.16GB；DVD－RAM 2.0 版单面单层的容量为 4.7GB，双面单层为 9.4GB）等六大类。

（三）半导体记录技术

半导体存储器可以说是微电容器的集成体，通过各种电容器有无电荷写入信号 1 和 0。半导体存储器无论在记录数据传输速率、存取速度、重写次数、使用寿命、操作环境温度、抗震动、功耗、扩展性等方面均比磁带、硬磁盘、光盘等存储技术有明显优势，而其明显的不足是存储容量。半导体的存储容量取决于集成度，大约以每 3 年增加 4 倍的速度提高，已从原来每个芯片 4MB 提高到现在的 GB 级和 TB 级。

根据写入特性，可粗略地将半导体存储器划分为随机存取存储器（Random Access Memory，RAM）和只读存储器（Read Only Memory，ROM）两类。更进一步则可以细分为 Flash、ROM、SRAM、EPROM、EEPROM 和 DRAM 等。表 5-1 所示是各类半导体存储器及其特点。

表 5-1　半导体存储器的基本类型及其特点

存储器类型	随机存取存储器/只读存储器	特点
ROM 类	ROM（Read－Only Memory）	成熟，高密度，可靠，低价格，需要耗时的掩膜，适合有固定代码的大量产品
	EPROM（Electrically Programmable Read－Only Memory）	高密度，必须暴露在紫外线下才能擦除
	EEPROM 或 E²PROM（Electrically Erasable Programmable Read－Only Memory）	可电擦除，低可靠性，高价格，密度最低
	FLASH（闪速存储器）	低价格，高密度，高速体系结构，低功耗，高可靠性

存储器类型	随机存取存储器只读存储器	特点
RAM 类	DRAM（Dynamic Random Access Memory）	低价格，高密度，高速，高功耗
	SRAM（Static Random Access Memory）	速度最快，高功耗，低密度，价格较高

　　在图像、视频应用领域，半导体存储器的早期应用主要有作为图像显示帧缓冲用的存储器、数字视频信号处理用的帧存储器，后来发展成作为数字图像记录介质，并广泛应用于数字相机和数字摄/录像机中。半导体存储器作为数字图像记录介质，必须满足不挥发性（即断电后能保持记忆）和单位码位的成本较低两方面的条件，写入和读出速度并非重要指标。若从这个角度（尤其是成本因素）看，半导体存储器并不十分理想，因此，可以认为半导体存储器还不适用于数字图像记录，于是提出了闪速存储器的概念。闪速存储器是以牺牲半导体存储器的特点——高速性和每码位的改写代价，而只追求低成本的半导体存储器。正是由于闪速存储器（Flash Memory，第一块闪速存储器是 1987 年推出的 256KB 闪速 E^2ROM）的出现，使得半导体存储器得以在数字相机、家用甚至专业数字摄/录像机中广泛应用。目前，应用于数字图像记录领域作为数字相机存储卡的闪速存储器主要有 SanDisk 公司于 1994 年推出的 CF（Compact Flash）卡，东芝公司（TAEC）于 1995 年推出的 SM（Smart Media）卡，西门子（现称 Infineon）半导体公司和 SanDisk 公司于 1997 年联合推出的 MMC（MultiMediaCard）卡，松下、东芝和 SanDisk 等公司于 1999 年联合推出的 SD（Secure Digital）卡，索尼公司于 1997 年推出的 MS（Memory Stick）卡等。其中，松下公司还把 SD 卡用作专业录像介质。

任务 2　数字磁带录像机

任务分析

　　大家经常会看到报社的工作人员扛着摄像机进行采访录像的场景，而日常生活中也经常会有录像的需求，这些都离不开录像机，大家试想一下常用的都有哪些录像设备呢？

任务准备

　　报社用的摄像机大多是专业的数字录像机，而日常家用比较多的就是 DV 和手机。下面共同学习数字磁带录像机的构成和发展，以及常用的数字磁带录像机。

必 备 知 识

一、磁带录像技术基础

（一）磁带录像机

磁带录像机（VTR）一般由以下模块构成。

1. 视频录放系统

视频录放系统主要由视频记录与重放电路、旋转变压器及视频录放磁头等模块构成。记录时，视频记录电路按照面板输入选择键的指令，从线路、复制等几路输入中选出一路信号进行处理，然后形成标准的记录信号经旋转变压器送给视频录放磁头进行记录；重放时，视频录放磁头从磁带上拾取的微弱信号经旋转变压器送到视频重放电路，由视频重放电路进行放大处理，恢复成原始的视频信号后输出。

2. 声音录放系统

VTR 中有三种声音信号记录方式，即纵向录音、调频录音（AFM）及脉码调制（PCM）录音。对于只有纵向录音功能的录像机来说，其声音录放系统与盒式录音机相似，由声音录放电路、消磁电路、声音录放磁头及消磁头组成，高档录像机还包括杜比降噪电路。记录时，消磁电路产生消滋信号送给总消磁头和声音消磁头，消去磁带上原有的图像、声音等所有剩磁信号。与此同时，声音记录电路按照输入选择键的指令，从线路、传声器等输入信号中选出一路信号进行放大和记录均衡，并加入偏磁信号，然后送给声音录放磁头进行记录。重放时，声音重放电路将声音录放磁头拾取的微弱信号进行放大，经重放均衡处理后输出。

对于具有 AFM 和 PCM 录音功能的录像机来说，有专门的电路完成对声音信号的处理，处理之后的声音信号由专用的旋转磁头录放，或者通过频分、时分方式与视频待录信号相加后由视频录放磁头录放。

3. 机械与控制系统

（1）机械系统由穿带机构、带盘机构、磁鼓组件、走带系统等主要部分构成。穿带机构的作用是从带盒中勾出磁带，建立走带路径。带盘机构完成快进、倒带和录放时的收带及停止时的刹车等任务。另外，它还负责控制磁带运行过程中的张力，使其不致过大和过小。磁鼓组件的主要作用是驱动视频磁头高速旋转。走带系统负责为磁带运行提供牵引力。

（2）控制系统通常由微机或几个单片机构成，其主要作用是根据录像机面板或遥控器的指令以及机械系统的检测信息，对机械系统的执行元件（电动机、电磁铁等）和录放电路进行控制，完成机械动作和电路状态的转换。

4. 伺服系统

伺服系统主要由磁鼓伺服、主导伺股和带盘伺服三个模块构成。磁鼓伺服的作用是控制录放状态下磁鼓的旋转速度和相位；主导伺服的作用是控制走带速度以及重放时进带的纵向位置；带盘伺服用来控制录放状态下磁带所受的张力。

VTR 的磁性录放原理与磁带录音机完全相同，都是利用磁头和磁带之间的相对运动完成电信号与磁信号的相互转换，即在记录时将电信号通过磁头缝隙以剩磁的形式记录在磁带上，重放时将磁带上的剩磁信号通过磁头缝隙转换成电信号。不过，由于视频信号不同于音频信号，在录放过程中应采取一定的措施。

(二) 数字磁带录像机

1. 数字磁带录像机的特点

数字磁带录像机（DYTR）是指记录到磁带上的视频、音频信号均为数字信号的磁带录像机。与模拟磁带录像机（AVTR）相比，数字磁带录像机（DVTR）具有如下优点。

（1）具有远高于 AVTR 的 S/N（信号平均功率与噪声平均功率的比值），且不随翻录次数 M 的增大而变坏。VTR 是电视节目制作的基本工具，除用于现场录像外，更多的是用于后期制作，包括对素材进行编辑、加字幕、引入特技等多次录制处理，才成为成品带。AVTR 由于调频/解调三角形噪声等的影响，每翻录一次，其 S/N 都有所下降，当翻录超过一定次数时，其 S/N 值将已不符合广播质量要求。而 DVTR 再复制几十次后，其 S/N 也不变坏，因此，节目制作再也不用担心为引入特技或加字幕重新录制会丢失图像质量。

（2）伺服精度高，性能稳定。采用数字伺服来进行相位比较和速度检出时，只要提高时钟频率就容易提高控制精度；且数字信号只有 0、1 两种状态，不易受环境温度、电源电压、管子增益、磁头磁带特性变化的影响，稳定性好，走带机构性能波动小，互换性提高。

（3）容易实现静画、慢放、多画面等特技重放，扩展 VTR 功能。

（4）小型化、质量轻、使用维修方便。由于采用数字处理，容易通过采用大规模集成电路（LSI）实现小型化、低功耗，其外围调节点也可大幅度减少，可减至 AVTR 的 $1/6\sim1/3$。容易实现自适应控侧，实现"无调整化"。

2. 数字磁带录像机的基本组成

图 5-5 所示是数字磁带录像机（DVTR）的系统结构框图，可见，DVTR 在记录/重放视频信号时，一般将视频 PCM 基带信号进行如下处理。

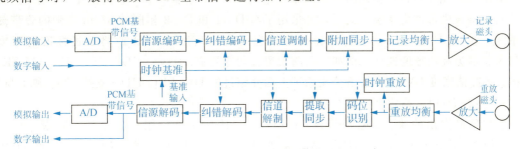

图 5-5　DVTR 的典型结构

（1）信源编码。信源编码模块的主要功能是利用高效编码技术降低视频 PCM 基带信号的码率。

（2）纠错编码（或信道编码）。数字视频信号在录放过程中，因磁带本底噪声过大，磁粉脱落，头带传输带宽相对于数字视频的码率过窄，引起的码间干扰、时钟脉冲抖晃等因素的影响都会出现误码。纠错编码的主要作用是降低因上述因素导致重放信号在恢复数据序列时出现的误码，从而提高重放信号的信噪比。

（3）调制（或信道调制）。调制的主要作用是针对盛记录介质的特性，进一步通过对基带 PCM 信号进行码间变换，以适应头带系统传输特性。

（4）记录均衡和重放均衡。该模块的主要作用是用来精确地形成所需要的脉冲波形，使在重放端判决时刻不产生码间干扰，减少系统的误码率。

二、常用数字磁带录像机

（一）数字磁带录像设备发展概况

VTR 的数字化是从广播级 VTR 开始的。世界上首例 DVTR 是固定磁头式，由英国 BBC 于 1974 年开发。1979 年，美国 Ampex 公司研制成旋转磁头、2in 磁带、码率为 86Nb/s 的 DVTR。但真正市场化的 DVTR 是日本索尼公司于 1987 年投放市场的 3/4in 磁带记录符合 CCIR 601（即 ITU－R BT. 601）规范数字分量视频信号的 D－1 格式。继 D－1 格式后，美国安倍和索尼公司又于 1986 年制定了 3/4in 磁带记录符合 4fSCNISC 规范数字复合视频信号的 D－2 格式。其后相继出现了日本松下公司的 1/2in 磁带记录数字复合视频信号的 D－3 格式（1989 年）和 1/2in 磁带记录数字分量视频信号的 D－5 格式（1993 年），索尼公司的记录压缩数字分量视频信号的数字 Betacam 格式（1993 年），BTS 和东芝公司推出的 1/2in 磁带记录数字分量视频信号的 D－6 格式（1993 年），索尼等几十家不同国家的公司组成的国际集团联合推出的 1/4in 磁带记录压缩数字分量信号的统一家用 DVC 格式（即 DV 格式，1993 年），日本 JVC 公司推出的 1/2in 磁带记录压缩数字分量视频信号的 Digital－S 格式（又称 D－9，1995 年），松下公司推出的在 DV 格式基础上发展起来的 1/4in 磁带记录压缩数字视频分量信号的 DVCPRO 格式，索尼公司推出的 1/2in 磁带记录符合修正的 MPEG－2 视频标准的数字视频信号的 Betacam SX 格式（1995 年），1/4in 磁带记录压缩的数字分量视频信号的 DVCAM 格式（1996 年），1/2in 磁带记录 MPEG－2 的 I 帧压缩数字分量视频信号的 MPEG IMX 格式（2001 年）。

早在 1987 年，NHK 就提出了高清晰度电视 DVTR 标准，由于数据量庞大，采用 1in 磁带的 C 格式磁带磁头系统，此后，又采用了与 D－1 和 D－2 相同的 3/4in 磁带的磁带磁头系统。进入 21 世纪，世界各厂家纷纷推出了高清晰度 DVTR 或将上述标准清晰度 DVTR 扩展为高清晰度选件。例如，目前索尼公司主要有 HDV、HDCAM、HDCAM SR3 种格式的高清晰度 DVTR。松下公司除了上面介绍过的 DVCPRO HD（支持 720P 和 1080I 格式），还有 HD D5 格式。

索尼公司推出的 1/2in 磁带记录 MPEG－2 HDV 格式，用一盒小型 DV 带可记录 63min 的高清晰度电视节目，HDV 格式包括 HDV 1080I 标准（即 1440×1080）和 HDV 720P 标准（即 1280×720）。

HDCAM 格式是索尼公司于 1997 年推出的高清晰度数字 Betacam，是目前世界上最流行的高清晰度 DVTR，主要有 1080I 和 24P 不同系列的产品。其中，HDCAM 1080I 系列主要面向广播电视、体育直播、商业广告和电视剧等制作领域，而 HDCAM 24P（即 Sony CineAlta）系列则主要面向数字电影应用。

HDCAM SR 格式是索尼公司于 2003 年推出的，该格式是在 HDCAM 的基础上发展起来的，仍然沿用索尼 1/2in 磁头磁带系统技术，以 MPEG－4 SP（Studio Profile）技术压缩 1920×1080 分辨率、4:4:4 取样、10 位量化的 RGB 分量视频信号，将其码率降为 440Mb/s。

（二）索尼的数字磁带录像机

1. 数字 Betacam 格式

数字 Betacam（Digital Betacam）是索尼公司于 1993 年推出的压缩类 DVTR。其主要特点是沿用 Betacam 磁带磁头系统技术，采用 ITU－R BT. 601 标准数字分量视频输入，并采用场基 DCT 压编编码技术以降低记录的总数码率，采用 SDI 接口。

目前，常见的数字 Betacam 录像机（见图 5-6）主要有数字 Betacam 录/放像机系列（如 DVW－500 系列、DVW－510 系列，其中 A 字头机型可兼容播放模拟 Betacam 和 Betacam SP，不带 A 字头机型则不兼容）、数字 Betacam 摄录一体机系列（如 DVW－709 系列、DVW－790 系列和 DVW－970 系列）和数字 Betacam 编辑录像机系列（如 DVW－2000 系列，其中带 M 字头机型兼容模拟 Betacam、Betacam SP、Betacam SX、MPEG IMX 等多格式，还可扩展为高清格式）。

(a) 数字Betacam摄录一体机　　(b) 数字Betacam录/放像机　　(c) 数字Betacam编辑录像机

图 5-6　常见数字 Betacam 产品

2. Betacam SX

Betacam SX 格式是索尼公司于 1995 年推出的压缩类 DVTR。其主要特点是沿用 Betacam 磁带磁头系统技术，采用 ITU－R BT.601 标准数字分量视频输入，并采用 MPEG－2 以降低记录的总数码率（压缩后视频码率为 18Mbit/s），采用 SDI 和 SDTI－CP 接口。

目前，Betacam SX 产品主要包括前期摄录系列（如 DNV－5 录像机单元、DNW－7P/9WSP/90P/90WSP 系列摄录一体机，如图 5-7（a）所示）、放像机系列（如 DNW－A65P/65P 台式放像机、J 系列小型放像机等，如图 5-7（b）所示）、编辑录放像机系列（如 DNW－A75P 台式编辑录/放像机，DNW－A220P、DNW－225P/A225WSP、DNW－A25P/A25WSP、DNW－A28P 等便携式编辑录放像机，以及 DNW－A100P 盘带结合编辑录像机等，如图 5-7（c）所示）3 个系列的产品。

3. MPEG IMX 格式

MPEG IMX 格式是索尼公司于 2001 年推出的压缩类 DVTR。其主要特点是沿用 Betacam 磁带磁头系统技术；采用 ITU－R BT. 601 标准数字分量视频输入并采用 MPEG－2 视频压缩技术以降低记录的总数码率（且与 Beucam SX 不同的是，MPEG IMX 格式采用全 I 帧的 GOP 结构，因此压编后视频码率为 50Mb/s）；采用 SDI 和 SDTI－CP 接口，通过 BK-MW－E3000 型网络卡选件可扩展成 e－VTR。

目前，MPEG IMX 产品主要包括 MSW－900P 型摄录一体机（见图 5-8（a））、MSW-

DNW—7P/9WSP/90P/90WSP
(a) 前期摄录系列

DNW—A65P

J—3
(b) 放像机系列

DNW—A75P

DNW—A225P

DNW—A28P

DNW—A100P

(c) 编辑录/放像机系列

图 5-7　常见的 Betacam SX 产品

2000 系列编辑录像机（其中 MSW－A2000P 是全兼容 Betacam 家族磁带的机型，MSW－M2000P 兼容除数字 Betacam 外的其他所有 Betacam 家族成员，而 MSW－2000P 则只兼容 Betacam SX 磁带）、全兼容的 MSW－2100P 编辑录像机、全兼容的 J 系列小型放像机（如带分量接口的 J－10、J－30 和带 SDI 接口的 J10SDI、J－30SDI 等）等，如图 5-8（b）所示。

MS—9W00P
(a) 摄录一体机
J—10SDI　　J—30SDI
MSW—M2000P
(b) 台式机

图 5-8　常见的 MPEG IMX 产品

（三）DV 家族

1. DV 格式概况

DV 又称 DVC（Digital Video Cassette，数字视频盒带）格式，是指 1993 年由荷兰飞利浦、日本索尼、松下电器和法国汤姆逊倡导，由日立、东芝（Toshiba）、夏普、三菱电机、三洋、JVC 等多家世界著名视频厂商联合提出，并已有 56 家以上厂商广为接受的家用数字盒式磁带录像机的统一规格。

统一的 DV 标准还规定了标准清晰度（SD）和高清晰度（HD）两种规格。在图像质量方面，虽然二者都采用在每帧电视画面 JPEG 压缩类似的压缩算法（主要是 DCT），但 HD 所采用的压缩较低，约为 3∶3∶1（而 SD 则为 5∶1）；另一方面，HD 要求输入的未压缩数字图像的质量更高。

无论是 HD 还是 SD 规格都采用长×宽×高为 125mm×78mm×14.6mm 的标准带盒和/或 66mm×48mm×12.2mm 的小型带盒。

在 DV 的基础上，日本索尼公司、松下公司将其扩展为准广播级和专业级应用，分别命名为 DVCAM 和 DVC PRO。这些格式虽然都保持了 DV 格式的编码方式，但为了增加系统的可靠性，都分别作出了一些改进。由于其性能价格比高、体积小、质量轻、便于携带，在我国 ENG 领域和电教领域已经得到广泛应用。因此，目前实用的 DV 录像设备主要有 Mini DV、DVCAM、DVC PRO 三种形式。

2. Mini DV 格式

Mini DV 摄/录像机是一种目前普遍流行的数字式摄像、录像一体化视频设备。

"Mini DV" 中的 "DV" 是指一种数字磁带录像机格式，而 "Mini" 则是指采用小型盒带（66mm×48mm×12.2mm）的 SD 标准。

3. DVCAM 格式

DVCAM 格式是索尼公司推出的，该格式也采用 DV 格式，SD 标准大致相同，即无论是信号编码格式还是磁迹格式都大致相同。而且，DVCAM 采用的带盒也是标准和小型 DV 带盒。但是，DVCAM 无论是性能还是功能上都较 DV 有很大的提高，如将走带速度提高了 50%，而为提高录像机构的可靠性，又将磁迹宽度增加到 $15\mu m$（而 DV 只有 $10\mu m$），为了便于编辑而增加了 ClipLink 功能等。另外，在摄像模块方面，DVCAM 摄/录像机一般也比 Mini DV 摄/录像机的性能要高。

目前，DVCAM 的主要产品包括以下类型：便携式摄录一体机系列，如 DSR－PD100AP（手持式）、DSR－PD150P（手持式）、DSR－PD190P（手持式）、DSR－PDX10P（手持式）、DSR－135P、DSR－250P、DSR－370P、DSR－390P、DSR－570WSP/2 等，如图 5-9（a）所示；编辑录像机系列，如 DSR－2000P、DSR－25、DSR－30P、DSR－45P、DSR－50P、DSR－85P、DSR－V10P（便携式）等，如图 5-9（b）所示；兼容播放 DV、DVCPRO 带的 Master 系列编辑录像机，如 DSR－1500P/AP 型录像机、DSR－60P/1600P、DSR－1800P、便携式 DSR－70AP 等，图 5-9（c）所示；DSR－11 DVCAM 便携式录像机，如图 5-9（d）所示；DSR－DR1000P 硬盘网络录像机，如图 5-9（e）所示；DSR－DU1 硬盘录像单元，如图 5-9（f）所示等。DVCAM 录像机一般都带 iL-ink（即 IEEE 1394）接口，有的还带 SDI 和 SDTI 接口。

4. DVCPRO 格式

DVCPRO 格式是松下公司于 1995 年推出的，该格式又分 DVCPRO 25、DVCPRO 50 和 DVCPRO HD 录像编码方案。DVCPRO 格式主要是针对 ENG 应用而设计的。不同颜色的 DVCPRO 带盒用于不同的格式，DVCPRO 用黄色带盒，DVCPRO 50 用蓝色带盒，

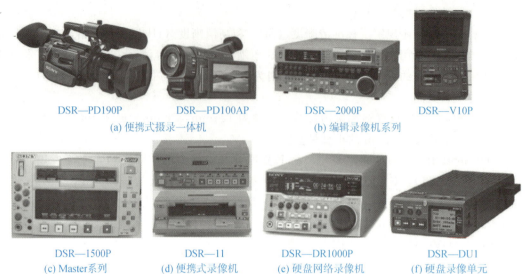

DSR—PD190P　　　　　DSR—PD100AP　　　　　DSR—2000P　　　　　DSR—V10P

(a) 便携式摄录一体机　　　　　　　　　(b) 编辑录像机系列

DSR—1500P　　　　　DSR—11　　　　　DSR—DR1000P　　　　　DSR—DU1

(c) Master系列　　　(d) 便携式录像机　　　(e) 硬盘网络录像机　　　(f) 硬盘录像单元

图 5-9　常见 DVCAM 产品

DVCPRO HD 则用红色带盒。DVCPRO 兼容播放 DV 及 DVCAM 带，但在播放 Mini DV 带时需用带盒适配器。

5. DV 家族的性能和兼容性比较

上述仅仅是 DV 家族摄/录像机的录像模块的信源编码格式性能参数。若仅从录像模块看，当然是采用 DV 格式 HD 规格的 DVCPRO 50 和 DVCPRO HD 比采用 SD 规格的 DV-CAM 和 Mini DV 质量好。但应注意，数字摄/录像机的整体质量并非单纯由录像部分决定，摄/录像机的其他模块，如光学镜头、分色系统、CCD 和视频信号处理等的性能参数也是决定整机最终输出的图像和声音质量的重要因素。

在兼容性上，DVCPRO HD 兼容播放 DVCPRO 50/25 及 Mini DV；DVCPRO 50 兼容播放 DVCPRO 25 及 Mini DV，但不兼容 DVCPRO HD；DVCPRO 25 兼容播放 Mini DV 及索尼的 DVCAM，但不兼容 DVCPRO 50 及 DVCPRO HD。另外，DVCPRO 采用规格为 97.5mm×64.5mm×14.6mm 的带盒，因此，需要通过一个带盒适配器才能播放 Mini DV 磁带。而 DVCAM 采用标准和小型带盒，无须带盒适配器即能兼容播放 Mini DV。

（四）JVC 的 Digital－S（或 D－9）

Digital－S 格式是日本 JVC 公司于 1995 年推出（1999 年被 SMPTE 认定为 D－9 格式）的。其主要技术特点如下：沿用 S－VHS 磁带磁头系统技术，因此，一般能兼容播放 S－VHS 磁带；在 1/2in 磁带上记录以帧内 DCT 技术压缩的 ITU－R BT.601 数字分量视频信号，压缩后的视频码率降为 50Mb/s；一般带 SDI 接口。

目前，Digital－S 产品主要包括 DY－98WEC、DY－700EC、DY 70EC、DY－90EC、KY－D29EC、KY－D29WEC 摄录一体机（见图 5-10（a））、BR－D40U 录像单元（见图 5-10（b））、BR－D750EC/D350EC 系列、BR－D85EC/D51EC/D50EC 系列和 BR－D860EC 系列编辑录像机/放像机（见图 5-10（c））、BR－D95E/BR－D92EC/D52EC 演播

室录像机/放像机（见图 5-10（d））。

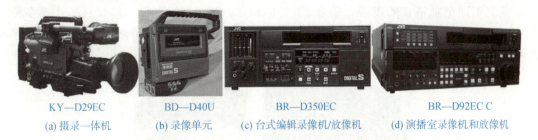

KY—D29EC	BD—D40U	BR—D350EC	BR—D92EC C
(a) 摄录一体机	(b) 录像单元	(c) 台式编辑录像机/放像机	(d) 演播室录像机和放像机

图 5-10　常见 Digital－S 产品

（五）高清晰度数字磁带录像机

1. 索尼的高清晰度数字磁带录像机

目前索尼公司主要有 HDV、HDCAM、HDCAMSR3 种格式的高清晰度 DVTR。

（1）HDV 格式

索尼的 HDV 格式是在统一的 DV 标准的基础上发展起来的高清晰度 DVTR，它能兼容播放 DV、DVCAM 等格式的磁带。一盒小型 DV 带可记录 63 min 的高清晰度电视节目。HDV 格式包括 HDV 1080I 标准（即 1440×1080）和 HDV 720P 标准（即 1280×720）。

目前，常见的 HDV 产品主要有 HVR－Z1C 型摄录一体机和 HVR－M10C 型台式DVTR，如图 5-11 所示。这些录像机主要配置了 iLink（IEEE1394）数字接口。

HVR—Z1C　　　　　HVR—M10C

图 5-11　常见 HDV 产品

（2）HDCAM 格式

HDCAM 格式是索尼公司于 1997 年推出的高清晰度数字 Betacam，是目前世界上最流行的高清晰度 DVTR。

目前，HDCAM 主要有 1080I 和 24P 不同系列的产品，其中 HDCAM 1080I 系列主要面向广播电视、体育直播、商业广告和电视剧等制作领域，而 HDCAM 24P（即 Sony CineAlta）系列则主要面向数字电影应用，这些产品都可以从 24P 转换到 1080/50I，也可以转接到 1080/59.941，甚至可以转接到 25P 或者 50I。常见的 HDCAM 产品有面向数字电影创作的 CineAlta 系列，如 HDW－F500 24P 多格式演播室录像机、HDW－F900H 24P 多格式摄录一体机，如图 5-12（a）所示，以及面向广播电视制作的摄录一体机系列（如 HDW－730S、HDW－750P）、演播室录像机系列（如 HDW－2000、HDW－M2000P、HDW－2100P、HDW－S280P 等）和 J 系列小型放像机（如 J－H1、J－H3 等），如图 5-

12（b）所示。这些录像机的一个重要特点是强调兼容性，即一般都兼容多种 1/2in Beta-cam 系列不同记录格式的磁带，兼容 23.976/24/25/29.97/30P 和 50/59.94/60I 等多种不同扫描格式、1440×1080/1080× 720/720 ×576/720×480 等多种清晰度格式和 4∶3/16∶9 幅型比格式，一般都同时带有 SDI 和 HDSDI 接口。

HDW—F500　　　　　HDW—F900H
(a) 面向数字电影领域的产品

HDW—730S　　　　　HDW—M2000P　　　　　J—H3
(b) 面向广播电视领域的产品

图 5-12　常见的 HDCAM 系列产品

（3）HDCAM SR 格式

HDCAM SR 格式是索尼公司于 2003 年推出的，该格式是在 HDCAM 的基础上发展起来的，仍然沿用索尼 1/2in 磁头磁带系统技术，但比 HDCAM 设备具备更大的记录容量、更高的码率、更多的音频通道，支持所有的 HDCAM 扫描格式。与 HDCAM 一样，HDCAM SR 录像机可兼容播放所有 Betacam 家族的磁带。

目前，常见的 HDCAM SR 产品主要有 HDC－F950 型数字电影摄像机、SRW－1 型便携式录像单元、SRW－5000 型超高码流高清演播室录像机等，如图 5-13 所示。

HDC-F950　　　　　SRW-1型　　　　　SRW-5000

图 5-13　常见的 HDCAM SR 产品

2. 松下的高清晰度数字磁带录像机

目前，松下公司推出的高清晰度 DVTR 除了上面介绍过的 DVCPRO HD（支持 720P 和 1080I 格式）外，还有 HD D5 格式。这种格式是一种采用 D5 格式记录压缩高清晰度视频信号和无压缩标准清晰度信号的 DVTR。

HD D5 产品主要是 AJ－HD3700B 型数字母版演播室多格式高清晰度录像机，如图 5-14所示。

图 5-14　AJ－HD3700B 型数字母版演播室多格式 HD VTR

任务 3　硬盘录像设备

任 务 分 析

路口、银行、商场、小区等有各种各样的摄像头将监视现场的画面实时、真实地记录下来，最直接的作用就是便于事后检索查证，为案件侦破提供重要的线索与证据。那么你知道它用的是什么录像设备吗？摄像头拍摄的画面又存储在哪里呢？

任 务 准 备

上述场合的监控系统中常用的就是硬盘录像设备，它把采集到的视频信息存储于大容量的磁盘阵列当中，供相关机构检索、查询。下面主要讲解硬盘录像设备。

必 备 知 识

一、硬盘录像技术基础

图 5-15 所示是硬盘的主体结构。记录数据时，磁盘在转轴的带动下作匀速旋转，磁头在磁盘上留下一圈一圈的同心圆状的磁道，其密度一般超过 2000 磁道/in。为便于获取数据，每个磁道又被分成独立可寻址的单元，称为扇区。这些磁道和扇区结构信息就组成了格式化信息。对于一般 PC 和 Macintosh，每扇区包含的数据和地址共 512B，其中的地址为下一个扇区

位置的信息。磁盘控制器正是参照格式化信息使得数据能在磁盘上的特定区域进行存取。若无格式化信息，无论是控制器还是操作系统，都无法得知在何处存储或读/写数据。

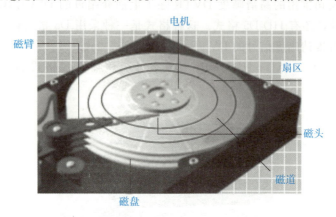

图 5-15　硬盘的主体结构

那么数据是如何读/写的呢？当操作系统发出一个读指令后，会从指定的扇区读出诸如磁头号、柱面、扇区等有关文件位置信息的参数；而后，操作系统把这些信息送给磁盘控制器（采用磁头定位伺服技术），由磁头转臂电机驱动磁头到正确的磁道上找到目标扇区，磁头把数据全部送到高速缓存 Cache 中；最后，由接口芯片把必要的信息送到主机内存中。读出的地址又把磁头送到存有数据的下一个扇区上去，这样便能串行读出整个文件。写入过程与此类似，操作系统记录下每个文件的地址和可用的扇区。

二、硬盘录像机

以硬盘作为存储介质专用于视频信号的记录/重放（或读/写）的系统都称为硬盘录像机，硬盘录像机大都采用数字记录技术，它是将数字化图像存储在硬盘上的一种高速图像记录设备。凭借其高速大容量的数字记录及可随机寻址等卓越性能，硬盘录像机在广播电视、家用影音、视频监控等领域广泛应用。

根据视频信息在硬盘上存储的格式不同，硬盘录像系统有两种：模拟式硬盘录像和数字式硬盘录像，这里主要介绍数字式硬盘录像在视频监控领域中的应用。

（一）数字式硬盘录像

数字式硬盘录像（Digital Video Recorder，DVR）是一套进行图像存储处理的计算机系统，目前应用得非常广泛。与模拟式硬盘录像相比，这种技术需要多用 5～10 倍的存储空间，图像的读/写时间也相应地增加 5～10 倍。一般而言，磁盘可以存储几十万幅高清晰度的黑白图像，其容量越大，存储数量越多。

数字式硬盘录像系统的组成如图 5-16 所示。数字式硬盘录像系统采用了数字记录技术以后，能大大增强已录制的图像的抗衰弱、抗干扰的能力，因此无论进行多少次的检索或录像回放，都不会影响播放图像的清晰度。如果需要对已存储的图像进行复制，数字方式记录的图像也不存在复制劣化的问题，而模拟方式记录的图像则每经过一次复制就劣化一次。因此，数字式硬盘录像系统最适合用作视频监控系统的图像记录设备。

图 5-16　数字式硬盘录像系统的组成及原理

目前，DVR 采用的压缩技术有 MPEG－4、H.264；从压缩卡上，分有软压缩和硬压缩两种，软压缩受到 CPU 的影响较大，多半做不到全实时显示和录像，故逐渐被硬压缩淘汰；从摄像机输入路数上分为 1 路、2 路、4 路、6 路、9 路、12 路、16 路、32 路，甚至更多路数。DVR 不仅革命性地扩展了视频监控系统的功能，并且所增加的功能使其远远优于以前使用的模拟录像机。首先，DVR 把高质量的图像资料记录在硬盘中，避免了不停地更换录像带的麻烦；其次，DVR 内置的多路复用器可以多路同时记录录像机的视频资料，减少了视频监控系统中所需的设备，显示出了强大的功能。这样，通过把安防摄像机的视频信息数字化并进行压缩，DVR 可以高效率地记录多路高质量的视频流。DVR 也可用其他方式备份视频信息，如 CD－RW/DVD－RW、USB 驱动器、记忆卡或者其他存储卡等。

我国杭州海康威视（Hikvision）公司采用德州仪器（TI）以 DaVinci 技术为基础的数字媒体处理器（DSP），推出了 DS－9000 混合式数字录像机（DVR），如图 5-17 所示。DS－9000 系列混合式 DVR 是一款嵌入式产品，具体采用 TI 以 C64x＋核心为基础的 TMS320DM647 与 TMS32ODM648 数字媒体处理器，可将模拟及 IP 视讯与强大的网络效能及人工智能进行无缝整合。此款新型架构可实现多信道视讯输入编码、智能型视讯分析，并支持包括 H.264、MPEG－4、MJPEG 及 AVS 在内的 4 种编译码器功能。透过 IP 视讯解决方案与模拟系统整合，客户可获得更高的视讯品质，并节省成本，还可将模拟系统升级至 IP 系统。

图 5-17　海康威视 DS－9000 混合式 DVR

（二）DVR 的类型（PC 式、嵌入式与标准式）

1. PC－DVR

如图 5-18（a）所示，以传统的 PC 为基本硬件，以 Windows 98、Windows 2000、Windows XP、Windows Vista、Linux 为基本软件，配备图像采集或图像采集压缩卡，编制软件成为一套完整的系统。PC 是一种通用的平台，PC 的硬件更新换代速度快，因而 PC－DVR 的产品性能提升较容易，同时软件修正、升级也比较方便。PC－DVR 各种功能的实现均依靠各种板卡来完成，比如音、视频压缩卡、网卡、声卡、显卡等。视频采集卡包含音、视频信号的采集、数字音、视频压缩处理、音、视频缓存等，其中数字音、视频压缩处理芯片有通用 DSP 或专用 ASIC 等多种不同的类型。随着微型计算机技术的发展，其 CPU 与内存等核心芯片不断升级，计算机的主频及综合处理能力也不断提高，因而单台 PC—DVR 可达到 64 路音、视频同时采集。由于音/视频信号的采集压缩是由板卡的硬件实现的，因而 PC—DVR 的高路数的实时性也能基本得到保证。

PC—DVR 的优点如下：①便于开发系统软件，普通的软件人员均能根据采集板卡厂商提供的 SDK 包进行软件开发；②便于扩展，因工控机可提供相当多的 PCI 插槽，给其扩展带来了方便，很容易做到 32 路以上；③界面友好，均为图形界面，且主要是基于 Windows 和 Linux 操作系统，用户操作直观方便，对操作使用人员要求较低。

其缺点如下：系统的稳定性差一些。因为大多使用 Windows 操作系统，同 PC 相同，易受病毒系统文件、操作时误删除等因素影响，而使其稳定性欠佳；就是采用 Linux 操作系统，若遇突然断电等，也易使系统崩溃；由于是插卡式系统，因而在系统装配、维修、运输中很容出现不可靠的问题，只适用于对可靠性要求不高的商用办公环境。

(a) PC—DVR   (b) 嵌入式DVR

图 5-18　常用 DVR

2. 嵌入式 DVR

如图 5-18（b）所示，嵌入式 DVR 指非 PC 系统，有计算机功能但又不称为计算机的设备或器材。它实际上是以应用为中心，软/硬件可裁减的，对功能、可靠性、成本、体积、功耗等有严格要求的微型专用计算机系统，即基于嵌入式处理器和嵌入式实时操作系统的嵌入式系统，它采用专用芯片对图像进行压缩及解压回放，嵌入式操作系统主要完成整机的控制及管理。图 5-19 所示为 4 路视频输入的嵌入式 DVR 的组成框图。此类产品没有 PC—DVR 那么多的模块和多余的软件功能，在设计制造时对软/硬件的稳定性进行了针对性的规划，因此，此类产品性能稳定，不会有死机的问题产生，而且在音、视频压缩码流的存储速度、分辨率及画质上都有较大的改善，其功能丝毫不比 PC—DVR 逊色。嵌入式 DVR 系统建立在以 DSP 为核心的一体化的硬件结构上，整个音、视频的压缩、显示、网络等功能全部可以通过一块单板来实现，大大提高了整个系统硬件的可靠性和稳定性。

嵌入式 DVR 的优点如下：①稳定可靠性好，主要表现在硬件的嵌入性及操作系统与应用程序的嵌入型设计上，从而使得操作系统与应用程序的衔接更为高效，即便是死机后重新启动也很快；②硬件成本低，是以 DSP 为核心的整体结构，其功能模块均集成在一个单一的电路板上，其硬件成本比 PC—DVR 低得多；③无须专人管理，可适用于无人值守的环境，因此目前应用较多。

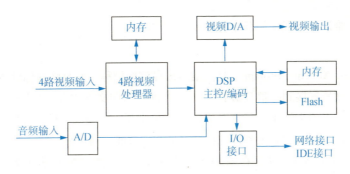

图 5-19　4 路嵌入式 DVR 的组成框图

其缺点如下：没有 PC—DVR 的扩展性能与软件定制化的灵活性。

由于这两类产品各自具有一些根本性的优点，决定了它们各自向适合自己的领域发展。PC—DVR 趋向管理型应用，可代替一些大路数矩阵设备或一些中心存储设备；嵌入式 DVR 趋向于低路数的应用。

3. 标准式 DVR

由上述可知，无论是 PC—DVR 还是嵌入式 DVR，它们都有相互无法取代的优点及相互无法抹杀的缺点。因此，只有将二者的优势结合于一体，并保证产品的技术功能、网络功能、扩展功能、稳定可靠性及提升分辨率与帧率等，才是"标准式"的 DVR。

实际上，这两类产品的发展也是趋向于结合。例如，PC—DVR 已吸收嵌入式 DVR 将应用软件植入硬件运行的结构优势，开发出一种内嵌型的操作系统与应用程序软件，实现嵌入式软件的硬件固化，并达到快速读/写的目的。因此，大大降低了PC—DVR的故障率，使产品的稳定可靠性大大提高。又如嵌入式 DVR，在完善其功能的情况下，效仿 PC—DVR 的操作方式，在使用遥控器的基础上增加了鼠标与键盘。因为年轻一代的使用者更习惯计算机的操作模式，而传统的遥控器模式已变得不合时宜。

显然，这种结合是市场需求的体现。因此，PC—DVR 与嵌入式 DVR 走向全面的统一，其硬件的标准化与应用软件的个性化，是 DVR 发展的一种必然趋势。所以，这一发展的结合产品，就称为"标准式"DVR，以区别于 PC—DVR 和嵌入式 DVR。

三、网络存储技术

（一）网络存储结构

网络存储结构大致分为 3 种。

1. DAS 存储

DAS（Direct Attached Storage）是直接连接存储的简称，它是指将存储设备通过 SCSI 接口或光纤通道直接连接到服务器上的方式。这种连接方式主要应用于单机或两台主机的集群环境中。其主要优点是，存储容量扩展的实施简单，投入成本少、见效快。当服务器在地理上比较分散，很难通过远程连接进行互连时，或传输速率并不很高的网络系统，直接连接存储是比较好的解决方案，甚至可能是唯一的解决方案。但是由于 DAS 存储没有网络结构，还存在许多缺点：一方面，该技术不具备共享性，每种客户机类型都需要一台服务器，从而增加了存储管理和维护的难度；另一方面，当存储容量增加时，扩容变得十分困难，而且当服务器发生故障时，也难以获取数据。因此，难以满足现今的存储要求。

2. NAS 存储

NAS（Network Attached Storage）是网络附加存储的简称，它是将存储设备通过标准的网络拓扑结构（如以太网）连接到一群计算机上，以提供数据和文件服务。NAS 服务器一般由存储硬件、操作系统及其上的文件系统等部分组成。简单来说，NAS 是通过与网络直接连接的磁盘阵列，它具备了磁盘阵列的所有主要特征：高容量、高效能、高可靠。

但在实际应用中，NAS 也存在着以下不足：①不适合对访问速度要求较高的应用场合；②需要占用 LAN 的带宽，浪费宝贵的网络资源，严重时甚至影响客户应用的顺利进行；③只能对单个存储设备之中的磁盘进行资源的整合，难以对多个 NAS 设备进行统一的集中管理，只能进行单独管理。

3. SAN 存储

SAN（Storage Area Network）是存储区域网络的简称，它是指存储设备相互连接且与一台服务器或一个服务器群相连的网络，其中的服务器用 SAN 的接入点。SAN 是一种特殊的高速网络，是连接网络服务器和诸如大磁盘阵列或备份磁带库的存储设备，SAN 置于 LAN 之下并不涉及 LAN。利用 SAN，不仅可以提供大容量的数据存储，而且地域上可以分散，能缓解大量数据传输对于局域网的影响。SAN 的结构允许任何服务器连接到任何存储阵列，不管数据放置在哪里，服务器都可直接存取所需的数据。

在实际应用中，SAN 也存在着一些不足：设备的互操作性较差；大大增加了构建和维护费用；存储资源的共享是不同平台下的存储空间的共享，而非数据文件的共享；连接距离限制在 10 km 左右等。更为重要的是，目前的存储区域网采用的光纤通道的网络互连设备都非常昂贵，这些都阻碍了 SAN 技术的普及应用和推广。

（二）视频监控中应用的网络存储技术

在视频监控中，目前应用的网络存储设备主要有 NAS、IP SAN、NVR 等。

1. NAS

NAS 有以下引人注意的优点：①NAS 是真正即插即用的产品，NAS 设备一般支持多计算机平台用户通过网络协议进入相同的文档，因而 NAS 设备无须改造即可用于混合 UNIX/Windows 局域网内；②NAS 设备的物理位置同样是灵活的，它们可放置在工作组内，靠近数据中心的应用服务器，也可以放在其他地点，通过物理链路与网络连接起来；③无须应用服务器的干预，NAS 设备允许用户在网络上存取数据，这样既可减小 CPU 的开销，也能显著改善网络的性能。但 NAS 没有解决与文件服务器相关的一个关键性问题，即对业务应用以太网络的带宽消耗问题。

2. IP SAN

IP SAN 技术是以 IP 为基础的 SAN 存储方案，是一种可共同使用 SAN 与 NAS 并遵循各项标准的纯软件解决方案。IP SAN 采用的 ISCSI 通信协议是 Internet Small Computer System Interface 的缩写，是一个互连协议，通过将 SCSI 协议封装在 IP 包中，使得 SCSI 协议能够在 LAN/WAN 中进行传输。IP SAN 主要有以下特点：①支持数据库应用所需的基于块的存储；②基于 TCP/IP，所以它具有 TCP/IP 的所有优点；③可以建立和管理基于 EP 的存储设备；④提供高级的 EP 路由管理和安全工具。

iSCSI 是 IETF 制定的一种基于互联网 TCP/IP 的网络存储协议，是目前应用最广、最成熟的 SCSI 和 TCP/IP 两种技术的结合与发展。因此，这两种技术让 iSCSI 存储系统成为一个开放式架构的存储平台，系统组成非常灵活。

3. NVR（Network Video Recorder，网络硬盘录像机）

NVR 可在网络的任何位置接收视频并存储。与传统的 DVR 相比，NVR 主要有以下几个特点：①可以实现视频采集与存储分开，从而有效地提高数据的可靠性和可用性；②具有一定的容灾能力；③可以有效避免由于视频采集器损坏而对存储系统中的文件产生任何影响；④可以轻松实现高并发的在线播放；⑤可靠性更高，组建成本更低；⑥可以轻松实现在线扩容、在线管理。NVR 在实际应用中，配合 IP Camera 及 DVS 等前端产品，可全面取代 DVR 而提供纯 IP 视频监控解决方案。NVR 也将逐步占据视频监控行业的主导地位。图 5-20 所示是海康威视公司研发的 DS－9104HF－ST 型号的 NVR，图 5-21 所示是 NVR 的典型应用。

图 5-20　海康 DS－9104HF－ST 型 NVR

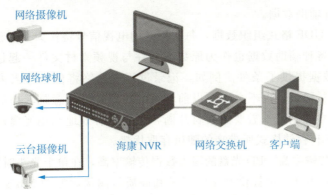

图 5-21　NVR 在视频监控中的应用

任务 4　光盘录像机

大家在日常生活中应该都播放或刻录过光盘，那么你使用过哪种类型的光盘？CD，

DVD，还是 BD？

本任务所讲的录像机就是使用光盘作为记录媒体，既能录像又能播放的一种数字视听产品，在功能上与过去使用的磁带录像机基本相同，不同之处在于光盘录像机是使用光盘记录影音信息的数字产品。

光盘录像机所用光盘发展至今，大致可以分成三代：第一代光盘存储的光源用 GaAlAs 半导体激光器，波长为 $0.78\mu m$（近红外），5 寸光盘的存储容量为 0.76GB，即 CD 系列光盘；第二代光盘存储的光源用 GaAlInP 激光器，波长为 $0.65\mu m$（红光），存储容量为 4.7GB，即数字多功能光盘（DVD）系列；第三代光盘存储已经兴起，用 GaN 半导体激光器，波长为 $0.405\mu m$（蓝光），单面存储容量可达 27 GB，有 BD 蓝光光盘和 HD-DVD 光盘。2008 年 2 月 19 日，随着 HD DVD 领导者东芝宣布将在 3 月底退出所有 HD DVD 相关业务，持续多年的下一代光盘格式之争正式画上句号，最终由 SONY 主导的蓝光光盘胜出。

作为一种常用的存储介质，BD 盘具有以下特点。

（1）可同时记录多种格式的数据。不仅可记录视音频数据，也可记录诸如摄像机 ID、光盘号、场景号、日期/时间/位置信息、脚本、代理视/音频数据（视频约 1.5Mb/s、音频约 64Kb/s）等各种辅助数据。

（2）由于采用 UDF 格式组织数据，每次摄录的电视信号将作为一个独立的素材片断文件记录下来，其他各种辅助数据也作为原数据文件与视频素材文件一起记录。这就为可灵活、快速地读/写数据提供了条件。例如，记录过程中始终将信号写入未使用的区域，因此，拍摄过程中进行播放，也不会覆盖以前记录的内容；可任意跳转播放所记录的任意素材片断；记录后可立即删除不需要的素材片断，以便更有效地利用光盘的存储空间。这些都是 BD 采用的 UDF 存储格式所带来的随机存取优势。

（3）写入数据传输率高。BD 光盘的写入数据传输率高，在单个光头时为 72 Mb/s，而双光头时为 144Mb/s，因此，可提供稳定的记录和高质量图像，如 50Mb/s MPEG IMX 流的重放。

（4）高可靠性、耐用性和可再利用。由于光盘在记录或重放中具有无机械接触的特点，因此，可连续使用和再利用。BD 盘装在耐用和阻尘的盘盒中，可以防尘、抗震和防刮。此外，光盘还具有磁带无法比拟的对保存和使用环境的温度、湿度、电磁场、X 射线等条件的低要求，使用寿命和存储周期都非常长。

目前，SONY 的 XDCAM HD 高清系列产品主要包括以下类型：PDW 系列摄录一体机，如 PDW－F530、PDW－F330、PDW－700，如图 5-22（a）所示；PDW 系列录像机，如 PDW－F70、PDW－F75，如图 5-22（b）所示；XPRI 系列非线性编辑放像机，如 PDW－F30，如图 5-22（c）所示。这些设备都采用 iLink（IEEE 1394）接口，支持网络应用。

PDW—530
(a) PDW系列摄录一体机
PDW—700

PDW—F75
(b) PDW系列录像机

PDW—F30
(c) XPRT系列放像机

图 5-22　常见的 XDCAM HD 系列产品

任务 5　半导体记录卡

任务分析

前几个任务中介绍了磁带录像机、硬盘录像机和光盘录像机，它们的记录媒体分别是磁带、硬盘和光盘，体积都不小，在外奔波拍摄时，使用起来都不太方便。那么，大家试想一下，在日常生活中，有没有一种个头轻巧、携带方便、存取快捷的记录媒体呢？

任务准备

它就是 P2 卡，由几块 SD 卡组合而成，就像日常生活中常用的手机内存 TF 卡，小巧玲珑，使用方便，存储快捷。本任务主要介绍 P2 卡及使用 P2 卡的录像机。

必备知识

日本松下公司在其 SD 存储卡技术的基础上，推出了称为 P2 卡的半导体记录卡，它是一种数码存储卡，是为专业音、视频而设计的小型固态存储卡。半导体存储介质与硬盘及光盘不同，它完全摒弃了机械结构，采用电荷擦写的方式进行记录。所以它能抗冲击和震动，并且对于外界环境的温度、湿度都不敏感。考虑到专业广播电视对可靠性的追求，P2卡更是采用了强化设计。

P2卡符合PC卡标准（2型），可以直接插入到笔记本电脑的卡槽中。P2源于Professional Plug in，意为"专业内插式存储卡"。其基本结构是采用4块SD存储卡组合到一块PCMCIA（Personal Computer Memory Card International Association，个人计算机存储卡国际协会）卡中，经过专业方面的设计和全金属封装，成为P2卡。目前，P2卡主要有AJ－P2C064FMC、AJ－P2C064RMC等型号。其中后者是采用4块SD卡构成的，如图5-23（a）所示，其容量是标准16GB卡的4倍，即64GB，可存储256min或128min的DVCPRO或DVCPRO 50格式数字电视信号，如用来存储DVCPRO HD信号，可存储64min。其记录数据传输率也是单个SD卡数据传输率（160Mb/s）的4倍，即为640Mb/s，这样的码率已满足记录松下的DVCPRO HD和HD D5格式的HDTV视频信号的要求。

而且P2卡采用IT业界标准的PC Card（即前面提到的PCMCIA）接口，这是一种所有笔记本电脑都标准配置的接口。所以说P2卡具有对IT非常友好的界面。有了这一特性，用户无须任何的外接设备，可直接将现场拍摄的素材P2卡插入笔记本电脑中进行编辑及传输，真正实现了理想中的IT化高效率工作流程。

目前，常见的P2产品主要有以下几种：HD摄录一体机系列，如AG－HPX173MC、AG－HPX260MC，如图5-23（b）所示；座机系列，如图5-23（c）所示；驱动器系列，如AJ－PCD2G读卡器，如图5-23（d）所示。

(a) P2卡

(b) P2摄录一体机

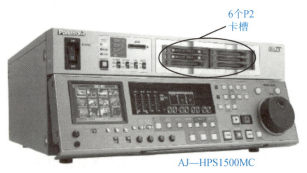

(c) 座机系列

(d) P2驱动器

图5-23 常见的P2产品

任务6　常用数字录像设备的操作使用

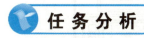

任务分析

某小区物业安装了一套数字硬盘录像机系统，安装完毕发现实时监视的图像不清晰，在排除硬件故障的前提下，在DVR的系统设置里通过选择"高清晰度摄像机"选项，达到了清晰的效果。

任务准备

上述实时监视图像不清晰的原因是系统设置与摄像机清晰度不匹配，属于操作使用问题。本任务主要讲解常用数字录像设备的操作使用。

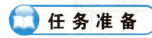

一、常用数字磁带录像机的操作使用

下面以索尼DSR—1800P型DVCAM数字磁带录像机为例，来介绍数字磁带录像机的基本操作方法。

（一）索尼DSR—1800P数字磁带录像机的特点

1. 基本特点

DSR—1800P是1/4in的数字磁带录像机，使用DVCAM数字记录格式。它将视频信号分离为色差信号和亮度信号，并进行数字式处理，从而实现稳定、高质量的图像。本机型装有各种不同的功能，可以满足专业数字视频编辑系统中使用的磁带录像机和放像机的需要。另外，它配备有技术上完全成熟的模拟接口，支持混合系统将常规的模拟设备同数字设备结合在一起。

2. 面板结构特点

图5-24所示是DSR—1800P的面板结构。

（1）输入选择/音频模式区：图5-25所示是输入选择/音频模式区，它主要包括如下部分。

INPUT：指示输入选择中的SDTI、i.LINK按键选择的输入信号的接口类型。

VIDEO：指示输入选择中的视频输入按键所选择的输入视频信号格式。

AUDIO：通过CH1 1/2和CH2 3/4两行分别指示这两类声道在输入选择中所选择的输入音频信号的格式。

REC MODE：指示重放音频的取样频率。

PB FS：指示录像状态下，音频记录的模式是双声道或四声道。

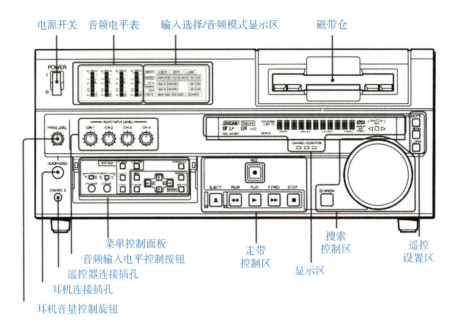

图 5-24 DSR－1800P 的面板结构

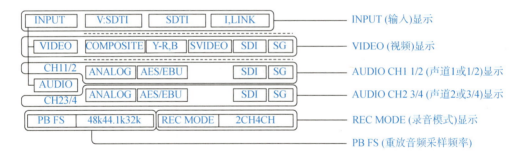

图 5-25 输入选择/音频模式区

（2）菜单控制面板：图 5-26 所示是菜单控制面板，它位于设备正面下方的小门内，拉动小门的上部可以将它打开。它主要由左、右两个选择开关组成，通过设置这两个开关的位置，可选择背面板上的音频监听输出端口和面板上的耳机插孔输出的监听音频信号。

（3）走带控制区：图 5-27 所示是走带控制区，它主要包括走带控制按键，如磁带弹出键、快退键、快进键、停止键、重放键、录像键等，这些按键的功能与其他播放机中相同符号的按键相同，在此不再赘述。

（4）显示区：图 5-28 所示是显示区，它主要包括图上所示功能。

（5）搜索控制区：主要包括搜索按键和搜索转盘，如图 5-29 所示。

（6）遥控区：图 5-30 所示是遥控区，主要包括遥控按键、9 芯电缆按键和 i.LINK 电缆按键。

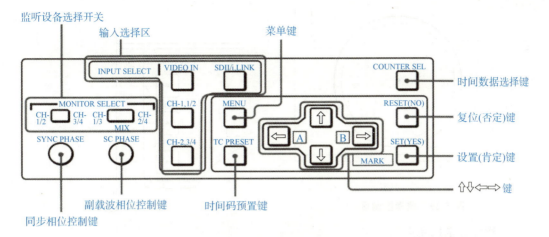

图 5-26　菜单控制面板

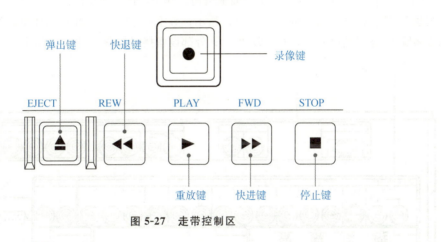

图 5-27　走带控制区

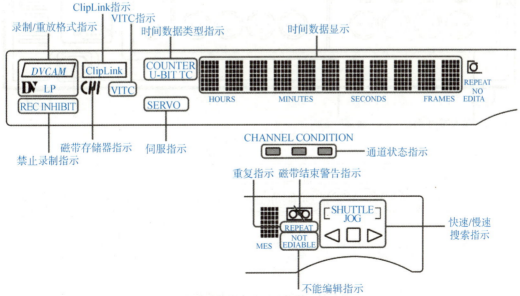

图 5-28　显示区

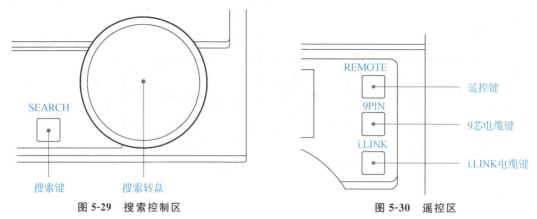

图 5-29　搜索控制区

图 5-30　遥控区

3. 背面板结构特点

图 5-31 所示是 DSR－1800P 的背面板结构。其中，背面板整体结构如图 5-31（a）所示；模拟视频信号输入/输出端口如图 5-31（b）所示；数字信号输入/输出端口如图 5-31（c）所示；模拟音频输入/输出端口如图 5-31（d）所示；外部设备接口如图 5-31（e）所示。

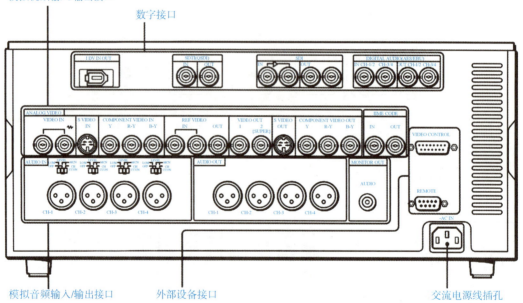

(a) 背面板整体结构

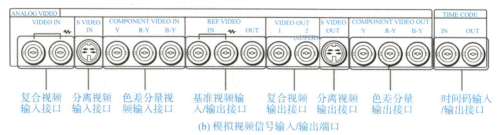

(b) 模拟视频信号输入/输出端口

图 5-31　DSR－1800P 的背面板结构

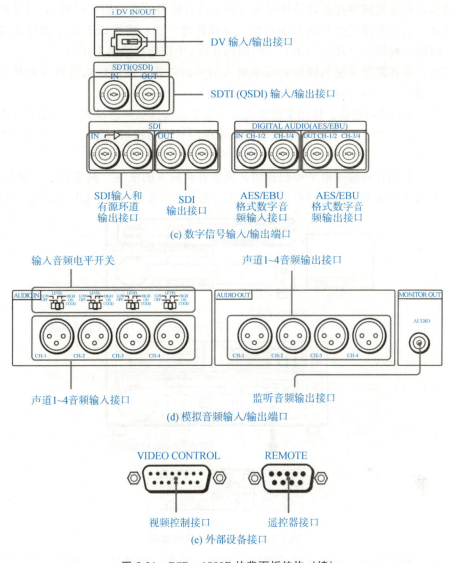

图 5-31　DSR－1800P 的背面板结构（续）

（二）索尼 DSR－1800P 数字磁带录像机的操作使用

1. 录像操作

本型号录像机不论作为编辑系统的录机，还是单独作为录像机，都具有相同的设置和操作。这里介绍利用本机对外接视频源进行录像的基本操作。

（1）录像设置：进行录像前，必须先对本机进行录像设置，其具体操作步骤如下（见图 5-32）。

第一步，打开监视器电源开关，然后根据从本机输入的信号，对其输入开关进行设置。

第二步，设置放像机进行磁带的重放。

第三步，按本机的电源开关，打开本机。

247

第四步，在遥控键没有亮灯的情况下（此时没有使用外接编辑控制器），请使用时间计数器选择键，选择要使用的时间数据类型。每按此键一次，将按以下顺序循环出现各种数据类型：时间计数器（COUNTER）—时间码 TC—用户比特数据 U-BIT。

第五步，选择需要录制的视频和音频输入信号的格式。使用输入选择区的按键，选择所需的信号格式。一旦录像开始，即不能改变格式。

第六步，选择音频模式。使用录像模式菜单选项，选择双声道模式（2CHANNEL）或四声道模式（4CHANNEL）。此时，录像模式显示中所对应的指示灯亮。一旦开始录像，即不能改变音频模式。

第七步，使用音频输入电平控制旋钮，调整音频输入的电平。调整时，应利用电平表，使得电平表的指针在最大音量时不要超过 0dB。若超过 0dB，过载（OVER）指示灯亮。

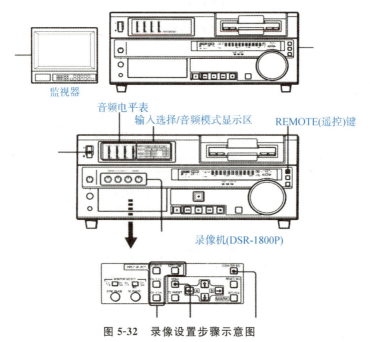

图 5-32　录像设置步骤示意图

（2）录像操作步骤：完成录像设置后，利用本机进行录像时，请按以下步骤操作（见图 5-33）。

第一步，检查如下项目：确定录像/保存（REC/SAVE）开关设置在"录像（REC）"位置；检查磁带松弛情况；确定时间数据显示区中没有出现"HUMID！（潮湿）"报警。确保上述三项检查后，请将磁带插入带仓。此时，磁带将被自动吞入机内，并自动上带，绕上磁鼓。在磁鼓转动时，磁带保持静止状态，同时停止键灯亮。如果禁止录像指示灯亮，则表明装载磁带的录像/保存开关设置在"保存"位置，此时请按走带控制区的弹出键，取出磁带，然后将录像/保存开关设置在"录像"位置，再重新装入磁带。

第二步，按住录像键，然后按重放键。此时，本机将进入录像状态，磁带开始运行。

第三步，按方向机上的重放键。此时，放像机将进入重放状态。

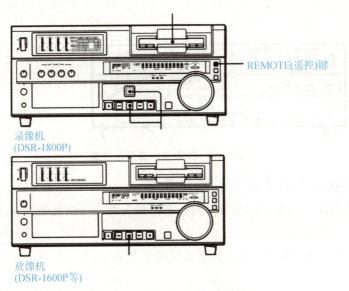

REMOTE(遥控)键

录像机
(DSR-1800P)

放像机
(DSR-1600P等)

图 5-33　录像基本操作示意图

2. 重放操作

这里介绍利用本机对磁带进行放像的基本操作方法。

（1）放像设置：进行放像前，必须先对本机进行放录像设置，其具体操作步骤如下（见图 5-34）。

第一步，打开本机电源开关。

第二步，接通监视器的电源，对其进行如下设置：75Ω 终接开关设置在 ON（或加装一个 75Ω 终接器）。

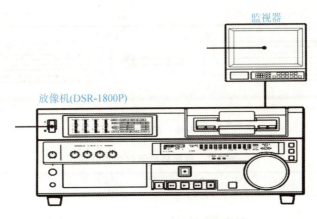

监视器

放像机(DSR-1800P)

图 5-34　放像设置步骤示意图

（2）放像操作步骤：完成放像设置后，利用本机进行放像时，请按以下步骤操作（见图 5-35）。

第一步，插入磁带。将磁带插入带仓口，此时磁带将自动被吞入带仓并被自动上带，绕到磁鼓上。此时，停止键指示灯亮，几秒后，监视器上将出现一幅静止图像。

第二步，按播放键，重放开始。当磁带重放全部结束时，机器自动将磁带收回，然后停止。

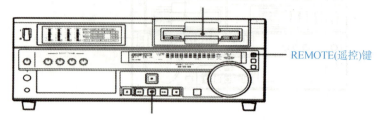

REMOTE(遥控)键

图 5-35　放像基本操作示意图

二、常用数字硬盘录像机的操作使用

这里以大华 DH－DVR3104 型数字硬盘录像机为例，介绍数字硬盘录像机的基本操作方法。

（一）大华 DH－DVR3104 数字硬盘录像机的特点

1. 基本特点

DH－DVR3104 是专为安防领域设计的一款优秀的数字监控产品。采用嵌入式 Linux 操作系统，系统运行稳定；通用的 H.264 的视频压缩与 G.711 音频压缩技术实现了高画质、低码率、特有的单帧播放功能，可重现细节回放，利于细节分析，具有多种功能，可同时录像、回放，监视，实现音、视频的同步，具有先进的控制技术和强大的网络数据传输能力。

2. 面板结构特点

前面板外形图如图 5-36 所示，前面板指示灯功能介绍如表 5-2 所示，后面板接口如图 5-37 所示。

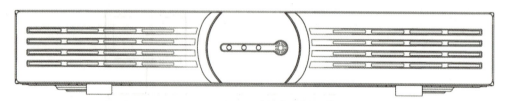

图 5-36　前面板外形

表 5-2　前面板指示灯功能介绍

标识	名称	功能
	网络状态指示灯	网络连接异常时，红灯常亮
	电源状态指示灯	电源连接正常时，红灯常亮
	硬盘状态指示灯	硬盘异常时，红灯常亮

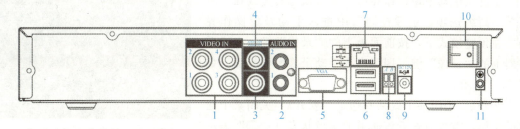

1—视频输入；2—音频输入；3—视频 CVBS 输出；

4—音频输出；5—视频 VGA 输出；6—USB 接口；7—网络接口；

8—RS－485 接口；9—电源输入孔；10—电源开关；11—接地孔

图 5-37　大华 DH－DVR3104 后面板接口

（二）大华 DH－DVR3104 数字硬盘录像机的操作使用

1. 开机与关机

（1）开机。插上电源线，按下后面板的电源开关，电源指示灯亮，录像机开机，开机后视频输出默认为多画面输出模式。若开机启动时间在录像设定时间内，系统将自动启动定时录像功能，相应通道录像指示灯亮。

正常开机后，按 Enter（或单击）弹出登录对话框，用户在输入框中输入用户名和密码，如图 5-38 所示。

（2）关机。

①进入"主菜单—关闭系统"中选择"关闭机器"（关机时建议使用此方法，以避免意外断电时对 DVR 造成的损害）。

②关机时，按下后面板的电源开关即可关闭电源。

图 5-38　登录界面

2. 录像操作

（1）预览。设备正常登录后，直接进入预览画面。在每个预览画面上有叠加的日期、时间、通道名称，屏幕下方有一行表示每个通道的录像及报警状态图标，如表 5-3 所示。

表 5-3　通道录像及报警状态图标

编号	图标	含义	编号	图标	含义
1		监控通道录像时，通道画面上显示此标志	3	？	通道发生视频丢失时，通道画面上显示此标志
2		通道发生动态检测时，通道画面上显示此标志	4		通道处于监视锁定状态时，通道画面上显示此标志

（2）手动录像。手动录像要求用户具有"录像操作权"，在进行这项操作前，请确认硬盘录像机内已经安装且已经正确格式化硬盘。

①进入手动录像操作界面。单击鼠标右键或在"主菜单—高级选项—录像控制"中进入手动录像操作界面。在预览模式下，按前面板上的"录像"键，或按遥控器上的"录像"键，即可进入手动录像操作界面，如图5-39所示。

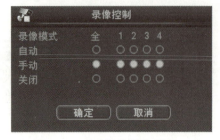

图5-39　手动录像操作界面

②开启/关闭某个或某些通道。要开启/关闭某个通道的录像，首先应查看该通道的录像状态（"○"表示关闭，"●"表示开启）。使用左、右方向键移动活动框到该通道，使用上、下方向键或相应数字键切换开启/关闭状态。

③启动/关闭全通道录像。将录像模式中自动/手动"全"切换到"●"状态，即可开启全通道录像；将录像模式中关闭"全"切换到"●"状态，即可关闭全通道录像，如图5-40所示。

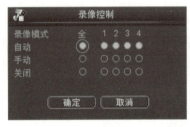

图5-40　启动/关闭全通道录像界面

（3）录像查询。

录像查询界面如图5-41所示。

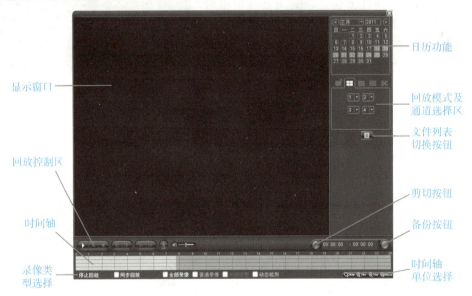

图5-41　录像查询界面

（4）录像设置。

硬盘录像机在第一次启动后的默认录像模式是24h连续录像。进入菜单"主菜单—系

统设置—录像设置",可进行定时时间内的连续录像,即对录像在定时的时间段内录像,包括对普通录像(R)、动态监测录像(M)、报警录像(A)的时间设置,如图5-42所示。

图 5-42 录像定时设置

录像数据的双存储(冗余备份):选择冗余备份,可实现录像文件双备份的功能,即将某通道的录像同时记录到两个硬盘内。当其中一个硬盘损坏时,在另一个盘上仍有备份文件,从而保证了数据的可靠性。

(5)视频检测。

具体设置在"主菜单—系统设置—视频检测"中;通道发生动态监测时,通道画面上显示动态监测图标;用鼠标直接进行拖放区域选择动态监测区域时,不用 Fn 键配合,单击鼠标右键退出当前设置区,用户退出动态监测菜单时,单击"保存"按钮进行确认。

①动态监测。通过分析视频图像,当系统检测到有达到预设灵敏度的移动信号出现时,即开启移动报警。"灵敏度"可设置为 1~6 挡,其中第 6 挡灵敏度最高,如图5-43所示。

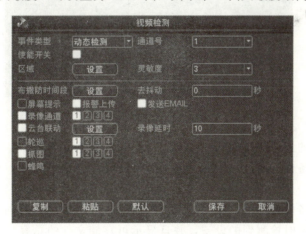

图 5-43 动态监测设置界面

②视频丢失。通道发生视频丢失情况时,可选择"报警输出"及"屏幕提示",即在本地主机屏幕上提示视频丢失信息,如图5-44 所示。

图 5-44　视频丢失的提示设置

③遮挡检测。当有人恶意遮挡镜头时，就无法对现场视频进行监看。通过设置遮挡报警，可以有效防止这种现象的发生。或由于光线等原因导致视频输出为单一颜色屏幕时，可选择"报警上传"及"屏幕提示"，如图 5-45 所示。

图 5-45　遮挡检测设置

（6）录像文件的备份操作。

硬盘录像机的备份可通过 USB 存储设备、网络下载等方式实现。具体操作在"主菜单—文件备份"中。

①设备检测。备份设备可以是 USB 刻录机、U 盘、SD 卡、移动硬盘等设备，文件备份列表中显示的是及时检测到的设备，并且显示可存储文件的总容量和状态，部分程序界面如图 5-46 所示。

在图 5-46 中勾选一个备份设备，如果用户是对所选设备进行文件清除，则选择"擦除"按钮可以对选择的设备进行文件删除。

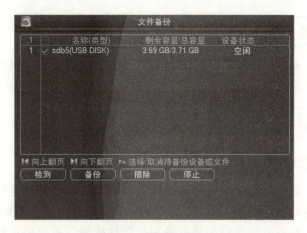

图 5-46　备份文件选取

②备份操作。选择好备份设备后，就可以进行备份操作了，如图 5-47 所示。备份过程中页面有进度条提示，备份成功后，系统将有相应成功提示。

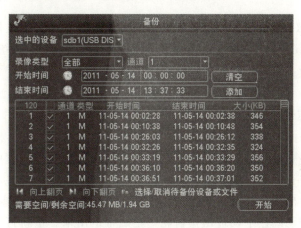

图 5-47　备份操作

任务 7　常用数字录像设备的常见故障及维修

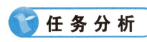　任 务 分 析

某小区近日发生了偷盗事件，可是物业安保却没有收到报警信号，业主前去物业查询 DVR 录像时，回放有马赛克及不清晰的现象，有个别线路直接没有图像，没有起到监控和调查证据的作用。

视频设备应用与维修

任务准备

你知道上述数字硬盘录像机（DVR）监控系统出现了什么问题吗？本任务就来讲解数字录像设备的常见故障及维修方法。

必备知识

一、数字磁带录像机常见故障及维修

在现实工作中，数字磁带录像机常见故障有以下几类：一是调整性故障；二是操作性故障；三是不可恢复故障。其中，不可恢复故障必须送维修站更换新的零件才能正常使用，但多数情况下，录像机的故障是调整性故障和操作性故障，通过简单的操作即可排除。下面以索尼 DSR－1800P 型 DVCAM 数字磁带录像机为例，介绍数字磁带录像机的常见故障及解决方法。

（一）卡带故障

卡带故障是 DSR－1800P 录像机较为常见的机械故障。当带仓老化，遇到带盒变形或磁带左右不平衡的情况时，DVCAM 机器经常卡带。故障出现时，系统进入自动保护状态，并提示错误信号代码，磁带被滞留在带仓中。以其磁带在带仓内的状态不同，处理方法也各不相同。

1. 磁带卡在进退带途中

此类故障表现为两种：一种是磁带卡在出入盒进程中；另一种是带盒在带仓中的位置不正确，此时带已经到位，但磁带仍然在带盒内，没有被加载导柱推出。此种现象较为简单，一般可判定为带仓机械出错，此时应关掉电源，打开录像机上盖，观察磁带盒在带仓中的位置。如果带盒出现左、右不平衡，用镊子等工具调整带盒及其前端挡板，使磁带左、右平衡，再向内侧拨动红色手动进出盒齿轮，把磁带退出来。重新打开电源，错误代码消失，机器恢复正常。

2. 加载过程中出现卡带故障

这类故障与第一种卡带故障的区别在于，此时带仓已经下落到位，磁带已被加载导柱从仓内拖出，压带轮、活动导柱等加载机械装置已将磁带加载到位或停留在加载途中，磁带严重松弛并散落在磁带通路中。当出现这类故障时，控制面板上的退带键（EJECT）失效。排除此类故障相比第一种情况复杂，其解决方法如下。

（1）若磁带包着磁鼓和导柱，则首先以十字螺钉旋具压下并逆时针转动退载齿轮，将其穿带机械卸载。

（2）在按下控制面板左箭头时，按 MENU 键，进入维修菜单。

（3）利用"↑↓"将光标移至 SERVO CHECK：按"→"进入此项，移至 MOTOR CHECK/S－RELL 或 T－RELL 选项，按 YES 键，进入送带或收带电机检测中。

（4）持续按住下箭头或上箭头方向键，使磁带慢慢卷入带盒中，同时用塑料笔等非金属物引导磁带到正确的通路位置上，直到将磁带完全卷入带盒内。此时若按 MENU 键取消

256

检测功能，机器将执行自动卸载和自动出仓动作。

在取带过程中应该注意，如果在磁带还没有完全卷带入盒的情况下，带盒挡板已落下，带仓开始执行出带动作，这势必会损伤磁带，并且可能使机器出现更大故障。这时按照第一种卡带排除方法手动取出磁带即可。

3. 伺服系统故障造成卡带

除以上两种因素外，伺服系统错误也会引起卡带故障，其故障现象与第二种卡带现象相同。如果经常发生卡带故障，就应当检查录像机伺服系统的工作状况，并及时送维修站请专业工程师检查。

（二）图像出现马赛克现象

误码率是录像机很重要的客观评价参数指标之一，其高低直接反映了数字录像机的不同工作状态，因为它直接影响着图像质量。误码率过高会使图像出现马赛克现象，使录像机不能正常工作。那么该如何判断误码率高低，误码又是如何产生的呢？DSR－1800P 录像机前置面板上设计了 Channel Condition（通路状态）三色指示灯，可以借助这些灯了解录像机此时的状态。

（1）绿色灯：表示视频误码率低，重放信号状态良好，图像重放正常。

（2）黄色灯：表示视频误码率较高，重放信号轻微恶化，但仍然可以进行图像重放。

（3）红色灯：表示视频误码率高，重放信号恶化。

指示灯只在重放状态下才会显示，记录或编辑时没有显示。当黄色灯亮时，一般伴随着图像的马赛克出现，此时应即刻停止工作，对产生马赛克的原因进行检查和处理。

引起严重误码的因素很多，最常遇到的是由磁带的质量不良，以及磁头磨损、走带机构故障、数字视频电路的失调和噪声造成的。

从维修经验看，机械故障远多于电路故障。机械故障中很大比例与灰尘、脏物有关，这是因为数字录像机属于精密的电子电路机械设备，比模拟录像机对使用环境的要求更高。因此，当出现故障时，录像机内部的清洁情况往往是应考虑的首要因素。

二、DVR 常见故障及维修

目前，数字硬盘录像机（DVR）在安防监控领域占有重要的地位，现将 PC－DVR 与嵌入式 DVR 在使用过程中所出现的常见故障及其解决方法简介如下。

（一）日志被损坏的原因及解决方法

产生的原因：①用户主机经常突然断电；②多次在一台硬件配置极不稳定的机器上运行视频软件。

解决的方法：①系统配置信息损坏，运行初始化可执行 .exe 程序，或手工删除注册表中的"HKEY－LOCAL－MACHINE/software/FlyDragonWorkshopClient"分支；②如工作日志损坏，删除或更名应用程序文件夹下的 Worklog 文件夹。

（二）客户端预览画面及录像文件回放时有马赛克现象的原因及解决方法

产生的原因及其解决方法：①由于主机信号不好，网络畅通性不好，从而使有些音、视频信号丢失所致；②客户机在产生马赛克这段录像期间，是否有其他原因而导致资源严重匮乏，如客户机在预览主机传过来的数据时，又在进行超过系统能力的多通道回放操作，从而将 CPU 资源消耗殆尽。因此，一旦主机资源消耗殆尽，录像数据就不能正常写入硬盘，就可能产生马赛克。

（三）客户端预览有动画感的原因及解决方法

产生的原因及其解决方法：①在服务器主机对应通道的录像设置中，将帧率调得太低；②网络通信的带宽不够，这时应适当调低主机端的录像质量；③由于服务器主机将此通道设为局域网传输模式，且与一级客户端、扩展客户端在同一个局域网内，因而此时扩展客户端可能预览不正常。通常，当系统出现问题时，即将随机带的系统恢复盘放入软驱中重新启动系统，这时系统将会自动恢复，即恢复到出厂前的设置。系统恢复完成后，就取出软盘，然后重新启动机器。当系统启动后，再根据自己的需要，重新设置。

（四）开机监视一段时间后，显示器出现屏幕保护或者黑屏的原因及解决方法

产生的原因：没有取消屏幕保护，或电源管理设置不当。

解决的方法：从监控系统退出到 Windows 操作系统界面后，在界面上单击鼠标右键，选择"属性"命令后，在出现的标签里选择屏幕保护，选择"无"项解除屏保。然后单击右下角的"设置"按钮，在电源使用方案里选择"始终打开"，系统等待选择"从不"，关闭监视器处选择"从不"，"关闭硬盘"处选择"从不"，最后单击"确定"按钮即可。

（五）显示器显示画面有抖动感的原因及解决方法

产生的原因：显示刷新率设置过低所致。

解决的方法：进入"显示属性"，单击"设置"，选"高级"，再选"监视器"，把刷新频率调整到 75Hz，确定退出后就可解决此问题。

（六）无图像显示的原因及解决方法

产生的原因及其解决方法：①显卡不兼容，可以通过 Direct Draw 测试，如果测试能通过，则不是此原因；②PCI 接口接触不良，可以换一个 PCI 槽位测试；③板卡可能有损坏，可以考虑换一张板卡测试。

（七）程序不能启动或初始化失败的原因及解决方法

产生的原因及其解决方法：①快捷方式错误，无法勾挂应用程序，快捷方式不能启动，删除快捷方式并重新创建或重新安装程序；②没有安装 Direct X8.0 以上版本的加速软件；③卡型号没有被正确识别，运行 Config.exe 程序，识别卡以后方可进行；④电源不是 ATX 电源或者电源功率不够，换用大功率 ATX 电源；⑤板卡接触不良，重新安装板卡；⑥软件和卡不配套，即不兼容，与产品供应商联系；⑦有坏卡，须对每一张卡进行可用性确认；⑧PCI 插槽有损坏，换插槽使用。

（八）没有检测到报警的原因及解决方法

产生的原因及其解决方法：①没有打开报警检测时间开关；②未打开报警控制器电源；③未设定移动报警区域，或者灵敏度过低；④报警控制器与计算机串口连接错误，报警控制器只能与计算机串口 1 连接；如果使用多台报警控制器，必须通过 RS232/RS485 转换器

连接，因为 RS232 只能点对点连接，不能并联多个设备；当只有一台且通信距离不太远（12m 以内）时可以直接与计算机连接，注意 TX、RX 及 GND 的正确连接，计算机串口 1 的第 3 脚与报警控制器的 RX（R232）连接，计算机的第 2 脚与报警控制器的 TX（T232）连接，GND 对 GND。

（九）误报警的原因及解决方法

产生的原因及其解决方法：①移动报警灵敏度过高，可以通过测试，选择合适的灵敏度值；②报警探头与报警控制器连接有误，请按说明书正确连接。

（十）采集长时间的视频图像时采集声音会产生不同步的原因及解决方法

产生的原因：当使用普通型的硬盘录像卡时，由于采集视频时使用的是录像卡 DSP，而采集音频时使用的是主机的声卡，所以长时间（50min 以上）压缩时，根据主机速度的不同会产生不同程度的声音和图像不同步现象。

解决的方法：改用带有单独音频输入的硬盘录像卡可以避免这种情况的发生，所以对音频、视频同步要求较高的应用场合，应该使用带有视、音频同时输入的硬盘录像卡。同样，可以多块卡同时使用，所有与视频相关的指标不变。

（十一）系统不能录像的原因及解决方法

产生的原因及其解决方法：①没有设置录像（定时录像，手动录像），所有设置是在设置完毕后的下一分钟开始时有效；②磁盘空间不够，磁盘出错导致系统统计磁盘空间不准，扫描磁盘后即可恢复。

（十二）录像回放质量差的原因及解决方法

产生的原因及其解决方法：硬盘录像机在普通的压缩质量下，录像回放质量比较满意。但有时发现马赛克现象比较严重，特别是对于运动图像，图像变得模糊不清。其主要原因是摄像机亮度过低（在此不要试图改变硬盘录像机的亮度来补偿），要重新调整摄像机的亮度来加以补偿。

（十三）实时监视的图像不清晰的原因及解决方法

产生的原因及其解决方法：在数字硬盘录像机的系统设置里，根据所配置摄像机的型号或者清晰度，选择"普通摄像机"或者"高清晰度摄像机"；同时，可以通过调整视频的亮度、色度、对比度及饱和度的值，以达到满意的效果。

（十四）图像静止不动的原因及解决方法

产生的原因：可能是音/视频卡已死机，或是音/视频卡和计算机的 PCI 插槽接触不良好。

解决的方法：可以重新启动计算机；如果出现较为频繁的死卡现象，可以考虑换卡；如果不是很频繁的情况，可能是因为系统工作时间太长，可以设定系统每天定时重新启动以缓解系统工作压力和释放内存；也可以在系统的某一张卡上增加与计算机连接的复位线，以达到自动恢复系统的目的。

（十五）视频干扰严重的原因及解决方法

产生的原因及其解决方法：①视频电缆接口处接触不良；②视频电缆受到强电干扰，

视频电缆不能和强电线路一并走线；③摄像机不能接地，在整个系统中，只能采用中心机单点接地，不能使用多点接地，否则会引起共模干扰。

（十六）移动报警不准确的原因及解决方法

产生的原因及其解决方法：移动检测报警的准确性与摄像机有关系，可以通过移动检测灵敏度测试功能对每一台摄像机进行测试，找出能够准确检测的灵敏度值。

任务8 数字录像设备的日常维护与保养

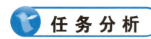

某北方城市一高校电教中心的数字磁带录像机在放像时有轻微马赛克现象，检查磁鼓，用清洁带清洗磁鼓，用清洁剂清洁磁鼓都无用。由于该机是在室外大风天使用后损坏的，估计是沙尘吹进机器内损伤磁头造成的。换一个新磁头后，用全新的磁带在此机内反复走带，两天之后，马赛克消失，图像清楚。

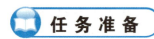

上面案例中数字磁带录像机出现的故障原因如下：北方天气多风沙，使用时没有做好保护措施，使用后没有及时地维护与保养，导致沙尘损伤磁头。因此，做好日常维护与保养能够延长录像机的使用寿命，降低使用成本。下面就介绍数字录像设备的日常维护与保养。

必备知识

一、数字磁带录像机的日常维护与保养

录像机日常维修与保养主要包括录像机本身、视频磁头和盒式录像带三个方面。

（一）录像机的维护与使用

（1）使用录像机之前，应认真阅读使用说明书，找到机器的开关、键钮。如果不了解所用机器的情况，胡乱连接和操作，就不能使机器正常运转，甚至还有损坏机器的危险。

（2）使用前，注意检查电源条件是否符合录像机供电电路的要求，一般情况下录像机本身具有稳压电路，允许供电电压有所变化，但其变化范围必须在允许范围内。

（3）录像机不能在高温、寒冷、潮湿的地方使用。一般录像机的工作环境，温度为5~40℃，湿度为35%~80%，如果强迫录像机在寒冷、潮湿、高温下工作，很容易将磁带黏在磁鼓上，将造成磁鼓、磁头和其他机件的严重磨损。

（4）录像机应尽量避免在通风不好的地方工作。录像机在空气流通的环境中工作，可

以避免机内的热量和潮湿聚集。要防止将录像机放在地毯、毛毯等柔软物上或靠近窗帘、帏幔处，否则容易堵塞机器的通风孔。更不要将录像机靠近暖气，否则机器工作时易造成机内温度过高，而使机器损坏。

（5）不要过长时间使用暂停键。因为暂停时，录像带仍包绕在视频磁鼓外，并且磁鼓仍在高速旋转扫描包绕它的那部分录像带。若暂停时间过长，将造成录像带和磁鼓间的严重磨损，甚至损坏磁鼓和磁带。因此，在录像机工作时，磁带暂停时间不宜过长。

（6）应当选择灰尘少，并且没有有害气体的场所使用。避免头发、棉纱、烟灰等物品掉入机内，以免给录像带和视频磁头带来危害。

（7）平时不使用录像机时，应严禁日晒雨淋，严禁在其上放置重物或零碎物，以防录像机被压损，或小物品掉入机内。要经常清扫录像机外壳，保持机壳整洁。清扫录像机表面时，要用酒精或稀释液等挥发性药品擦拭，以免损伤录像机表面的光洁度。录像机较长时间不用时，机内不得放置磁带。一般每隔1个月左右应通电半小时以上，防止机械和电器元件因受潮而损坏。另外，录像机应加防尘罩，防止灰尘进入机内。

（二）视频头的维护和保养

视频头是录像机的心脏，而且价格昂贵，它的好坏直接影响录像机的质量，因此，必须加强对视频磁头的维护和保养，以延长它的使用寿命。

如视频磁头有灰尘，应及时清洗。视频磁头顶部的刮擦作用会引起磁带表面上微量氧化物的脱落，特别是低质量录像带将会更严重。脱落的磁粉和侵入的灰尘形成黑色糊状，堵塞在视频磁头的缝隙内，污垢越来越多，就会造成信号失落，严重时录像机将完全不能放出图像。因此，定期清洗视频磁头和磁带路径是十分必要的。为了减少视频磁头的清洗次数，应尽量少用劣质录像带。

清洗视频磁头时，应十分小心，并且要有正确的方法，否则，不但清洗不了磁头，反而会损坏磁头，造成无法挽回的损失。清洗时，应使用清洁剂和不起毛的工具来完成。清洗剂最常用的是酒精（无水酒精为好），将棉花卷蘸酒精进行清洗，较好的清洗工具是录像机生产厂家提供的鹿皮包头的磁头清洗棒。另外，清洗视频磁头时，还可用盒式清洗带清洗。盒式清洗带是含有精细瞎料（研磨混合物）的非磁性磁带，目的是让录像机使用者不打开录像机盖就可以清洗视频磁头。用盒式清洗带清洗是比较方便和有效的，但应注意清洗时间不宜过长（一般5s左右）。

使用清洁剂和不起毛的工具清洗视频磁头的正确方法如下：首先切断录像机的电源，打开机器盖，然后用沾有清洁剂的鹿皮紧贴在上鼓组件的侧面，慢慢地转动上鼓数圈，重复数次，使整个上鼓组件保持光洁。在清洗过程中要注意以下几点：

（1）不能在机器加电运转的情况下清扫磁上鼓组件，这样容易损坏磁头和造成人身事故。

（2）不能用棉花或棉织物清扫上鼓组件，由于物品起毛容易挂在磁头上。

（3）不可沿鼓的垂直方向擦拭上鼓和磁头，否则容易使磁头尖损坏。

（4）不能用镊子或其他金属工具夹着鹿皮擦洗，这样容易损坏磁头或划伤上鼓表面。

在维护和保养视频磁头的同时，须定期对录像机机械系统的供卷托盘的主轴和快进、倒带、重放舵轮的轴承加润滑油。精油一般使用的是轻机油（如缝纫机油），但所加的润滑油不能太多，不能加在不该加的位置上，否则将比不加润滑油的危害更大。

（三）盒式录像带的维护和保养

（1）谨慎启封，小心取放。磁带启封应在洁净的房间以及双手干净的情况下进行。使用时，要小心轻放，不要叠放 5 盒以上，防止滑落、摔坏。

（2）录放操作时，磁带应水平放置，平稳推入带仓。停电时，不要急于取出卡在机内的录像带，若强行取带，很容易造成录像带损坏或机器零件位置的错动。

（3）录像磁带本身很长、很薄，正反面都十分光滑清洁。不允许用手指接触磁带表面，防止磁带沾上汗迹或油迹。更不能用硬性锐利物体或金属物件触及磁带，以防止划伤。不要随意打开带盒前面的保护盖。

（4）不要使用有接头的磁带。录像带与磁头之间作高速相对运动，进行螺旋扫描，要求磁带表面十分光滑。如果录像带上有垂直接缝，必然会影响到画面的质量。同时，由于接头处不平，还会增加视频磁头的磨损。

（5）不要在走带机构不良的录像机上录放节目。严禁在不工作的机器上多次重复插入和取出录像带，这样会损坏录像带。

（6）由于磁带的整个宽度都被用来记录图像和声音，因此，盒式录像带不可倒转使用。

（7）录像带要装在带盒里，像书架上的图书一样竖直存放。

（8）录/放像后，应将磁带重绕到供带盘上（即倒回到头）。长期存放时，应将录像带放入存储盒内。

（9）防止高温。录像带的存储温度为 12～25℃，要远离暖气片和火炉，远离有日晒的窗。平时放在桌子上也要防止日光照晒，特别是在夏天，应防止其变形。

（10）防止潮湿。录像带适合在相对湿度为 35％～45％ 的条件下存放。湿度过大时，磁带会变得发黏，走带时摩擦增大，使磁头和录像带寿命缩短。

二、DVR 的日常维护与保养

硬盘录像机的维护与保养主要从以下几个方面进行。

（1）定期除尘：电路板上的灰尘在受潮后会引起短路，为了使硬盘录像机能长期正常工作，应该定期用刷子对电路板、接插件、机箱视频风机、机箱等进行除尘工作。

（2）接地良好：保持硬盘录像机电源插座上中间接地端要接地良好，以避免视频、音频信号受到干扰，以及避免硬盘录像机被静电损坏。

（3）不能带电插拔：视频、音频信号线以及 CONSOLE、RS－232、RS－485 等接口不能带电插拔，否则容易损坏这些端口。

（4）正确进行视频输出：尽量不要在硬盘录像机的本地视频输出（VOUT）接口上使用电视机，否则容易损坏硬盘录像机的 VOUT 输出电路。

（5）规范关机操作：硬盘录像机关机时，不要直接关闭电源开关，应使用菜单中的关机功能，或面板上的关机按钮（按下大于 3s），使硬盘录像机自动关掉电源，以免损坏硬盘。

（6）远离热源：硬盘录像机应远离高温热源及高温场所。

（7）保持散热：保持硬盘录像机机箱周围空气流通，以利于散热。

项目验收

一、职业技能鉴定指导

1. 按存储介质分，录像设备可分为哪几类？
2. 简述光盘存储技术的发展历程。
3. 数字磁带录像机的基本组成有哪些？
4. 目前实用的 DV 录像设备主要有哪几种形式？
5. 索尼的高清晰度数字磁带录像机有哪几种格式？
6. DVR 系统由哪些部分组成？
7. DVR 有哪些类型？
8. 网络存储结构大致分几种？
9. 简述光盘录像机的发展历程。
10. BD 盘具有哪些特点？
11. 什么是半导体记录卡？
12. 常用的 P2 产品有哪些？
13. 索尼 DSR－1800P 数字磁带录像机录像操作分几个步骤？
14. 大华 DH－DVR3104 数字硬盘录像机可以通过什么方式实现备份？
15. 试分析数字磁带录像机图像出现马赛克的原因。
16. 试分析某小区 DVR 系统没有检测到报警的原因？
17. 数字磁带录像机的维护与使用要注意哪些问题？
18. DVR 的日常维护与保养主要从哪些方面进行？

二、项目考核评价表

项目名称	录像机原理与维修				
专业能力（70%）			得分		
训练内容	考核内容	评分标准	自我评价	同学互评	教师寄语
录像技术概况（5分）	了解录像设备的分类及主流录像技术	优秀100%；良好80%；合格60%；不合格30%			
数字磁带录像机（10分）	1. 了解磁带录像技术及数字磁带录像机组成；2. 认识常用数字磁带录像机	优秀100%；良好80%；合格60%；不合格30%			

续表

项目名称	录像机原理与维修				
硬盘录像设备（10分）	1. 了解硬盘录像技术； 2. 认识DVR； 3. 理解网络存储技术	优秀100%； 良好80%； 合格60%； 不合格30%			
光盘录像机（10分）	了解光盘录像机的发展、特点及常用光盘录像机	优秀100%； 良好80%； 合格60%； 不合格30%			
半导体记录卡（10分）	认识松下公司的P2卡及常见的P2产品	优秀100%； 良好80%； 合格60%； 不合格30%			
常用数字录像设备的操作使用（10分）	1. 学习常用数字录像设备的特点； 2. 熟悉常用数字录像设备的操作使用	优秀100%； 良好80%； 合格60%； 不合格30%			
常用数字录像设备的故障及维修（10分）	掌握数字磁带录像机及DVR常见故障及其维修	优秀100%； 良好80%； 合格60%； 不合格30%			
数字录像设备的维护与保养（5分）	掌握数字磁带录像机及DVR日常维护及保养	优秀100%； 良好80%； 合格60%； 不合格30%			
社会能力（30%）		得分			
团队合作意识（10分）	具有团队合作意识和沟通能力；承担小组分配的任务，并有序完成	优秀100%； 良好80%； 合格60%； 不合格30%			
敬业精神（10分）	热爱本职工作，工作认真负责、任劳任怨，一丝不苟，富有创新精神	优秀100%； 良好80%； 合格60%； 不合格30%			

项目名称	录像机原理与维修			
决策能力 （10分）	具有准确的预测能力；准确和迅速地提炼出解决问题的各种方案的能力	优秀100％； 良好80％； 合格60％； 不合格30％		

参考文献

[1]刘修文.数字电视技术实训教程[M].3 版.北京:机械工业出版社,2015.

[2]雷玉堂.安防视频监控实用技术[M].北京:电子工业出版社,2012.

[3]章夔.电视机原理与维修[M].3 版.北京:高等教育出版社,2012.

[4]郭鸿雁.现代视频技术[M].北京:北京师范大学出版社,2011.

[5]王璇,马晓阳.彩色电视机原理及维修技术[M].北京:科学出版社,2011.

[6]刘修文.数字电视机顶盒安装与维修一点通[M].2 版.北京:机械工业出版社,2011.

[7]张丽华.电视原理与接收机[M].2 版.北京:机械工业出版社,2009.

[8]刘毓敏等.数字电视制作技术[M].北京:机械工业出版社,2008.

[9]张宏伟.数字电视技术[M].北京:兵器工业出版社,2008.

[10]刘达.数字电视技术[M].2 版.北京:电子工业出版社,2007.

[11]孙景琪,孙京等.视频技术与应用[M].北京:北京工业大学出版社,2006.